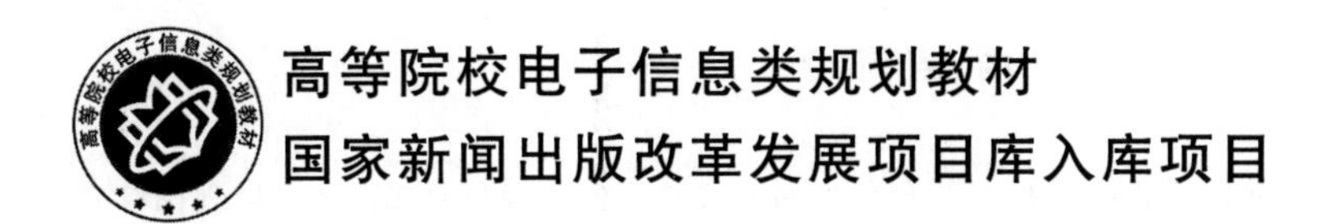

3D 显示原理

于迅博　高　鑫　邢树军
桑新柱　颜玢玢　编著

北京邮电大学出版社
www.buptpress.com

内容简介

本书由作者研究了大量的中外相关文献，并结合自身的一线科研内容编写而成。全书以理论结合工程实践的方式，全面地介绍了三维（3D）显示技术与显示设备，主要包括以下几方面内容：人眼产生立体视觉的原理；助视3D显示技术的分类及其成像原理；利用计算机的立体图像获取技术；光栅三维显示技术、集成成像三维显示技术、全息三维显示技术、体三维显示技术、近眼3D显示技术、空气成像、投影与定向扩散膜的3D显示的发展历程、成像原理、各种显示器及其系统结构和存在问题。

本书可作为图像处理及显示、虚拟现实、数字广播、文化娱乐、人机交互、3D视觉传达、互动媒体等领域从业人员的工作参考用书；相关专业本科生、研究生的学习用书；高校教师实施教育教学、科研工作的参考材料；希望了解并入门3D显示技术相关领域人员的读本。

图书在版编目(CIP)数据

3D显示原理 / 于迅博等编著. -- 北京 ：北京邮电大学出版社，2022.9

ISBN 978-7-5635-6745-4

Ⅰ. ①3… Ⅱ. ①于… Ⅲ. ①三维-显示器 Ⅳ. ①TN873

中国版本图书馆CIP数据核字（2022）第151809号

策划编辑：姚　顺　刘纳新　　**责任编辑**：满志文　　**责任校对**：张会良　　**封面设计**：七星博纳

出版发行：北京邮电大学出版社
社　　址：北京市海淀区西土城路10号
邮政编码：100876
发 行 部：电话：010-62282185　传真：010-62283578
E-mail：publish@bupt.edu.cn
经　　销：各地新华书店
印　　刷：唐山玺诚印务有限公司
开　　本：787 mm×1 092 mm　1/16
印　　张：14
字　　数：303千字
版　　次：2022年9月第1版
印　　次：2022年9月第1次印刷

ISBN 978-7-5635-6745-4　　定　价：39.00元

前　言

视觉系统是人类感知外界环境的重要工具，但当人们借助二维显示设备观察丰富多彩的三维世界时，不仅无法通过距离关系去判断物体在三维空间中的相对位置关系，而且只能接收到单个角度上的空间场景信息。3D显示技术旨在模拟人眼观看真实世界的视觉特性，利用特制的显示设备完整再现物体的空间三维信息，实现三维场景的真实重建。它承载着显示技术发展进程的初心——尽可能真实地还原物理世界。《"十三五"国家战略性新兴产业发展规划》指出，应加大空间和情感感知等基础性技术研发力度，加快全息成像、裸眼3D图形显示等核心技术创新发展。在《"十四五"规划和2035年远景目标纲要》中，又提出应推动三维图形生成、动态环境建模、实时动作捕捉、快速渲染处理等技术创新，发展虚拟现实整机、感知交互、内容采集制作等设备和开发工具软件、行业解决方案。3D显示作为一个多学科交叉的新兴产业，在综合国力提升和国民经济发展中都有着重要的战略意义和巨大的经济前景，是信息时代下的先导性、支柱性产业。

然而，目前市面上介绍3D显示技术的书籍并不多，专业的中文图书更是寥寥无几。在新工科教育改革和创新背景下，本书把握工科人才培养的新要求，从3D显示技术的实现原理出发，讨论当前3D显示技术的发展状况、核心问题、制约瓶颈和潜在应用场景等方面的内容。其中包括了作者本人作为项目负责人或主要研究人员参与的国家自然科学基金、国家重点研发计划课题、国家"863"计划课题、北京市科技计划重点课题等项目的研究内容，方便广大读者获得对3D显示技术由表及里、由浅入深的全方位认识。

在内容上，本书强调连续性和发展性的编写特点。连续性，即在本书的编写过程中，充分使用已被业界证明是科学的基本理论，继承地使用受认可的专业术语和前人已有的研究成果。发展性，即在本书的编写过程中，在保证连续性的基础上结合3D技术的发展近况，将领域内的前沿技术和工程实践案例一一介绍。

本书由于迅博、高鑫、邢树军、桑新柱、颜玢玢编著，由于迅博负责全书的统稿工作和全书框架结构与写作提纲的确立，并参与全书所有章节的编写，主要负责第1、2、5、7、10、12章的编写；高鑫主要负责第3、6、8章的编写；邢树军负责第4章的编写，桑新柱负责第

11、13 章的编写，颜玢玢负责第 9 章的编写。李涵宇、粟曦雯负责对全书内容的校对。

本书在编写过程中，北京邮电大学的余重秀教授和桑新柱教授等专家提出了许多宝贵意见，在此作者向他们衷心地表示感谢。同时，本书的编写参阅了大量相关中英文资料，也在此对这些文献的编著者们致以诚挚的谢意。

由于作者的水平有限，编写时间仓促，书中难免存在不妥之处，还望同行及广大读者批评指正。

作　者
于北京邮电大学

目 录

第1章 绪论

1.1 引　言

视觉系统是人类感知外界环境的重要工具，研究表明在人们的日常生活中有70%的信息是通过视觉被接收到的。显示技术作为信息技术的一个重要组成部分，涉及现代生活中的每一个环节，它对满足人们的视觉要求有着巨大的意义。因此人们对显示技术有着孜孜不倦的追求。从黑白到彩色，从静态到动态，从标清到高清，人类在显示领域的发展从未放慢脚步。可以说显示技术的发展水平标志着一个国家科技水平的高低，是历来各国科技发展的必争环节，它有效地带动了上下游产业，促进了整个国民经济的发展。

真实世界中的任何物体都可以用三维(Three-dimensional,3D)空间坐标(x,y,z)来表示其自身的形状、尺寸与物体相互之间的位置关系。然而，传统的平面显示设备包括：投影机、液晶显示器、等离子电视等，都只能传递二维(Two-dimensional,2D)图像，丢失了真实世界中的距离信息。人们通过2D显示设备观察丰富多彩的3D世界时，不仅无法通过距离关系去判断物体在三维空间中的相对位置关系，而且人眼只能接收到单个角度上的空间场景信息。当人眼从不同角度观察2D显示器时，看到的内容都是相同的，没有任何的视差关系，这与人们观察世界的实际感官不符。在日常生活里，人眼观察世界的过程中，不仅会接收到物体发出的光强与色彩信息，还会通过3D空间的深度信息对物体的尺寸与位置关系进行判断。传统的显示技术严重地影响了人们对客观世界的感知，降低了人们对空间信息获取、处理、表达的精确度、速度与效率。随着当今科学技术的飞速发展，传统的二维平面显示技术已经远远无法满足目前各个行业领域对于深度数据与空间立体感的需求。越来越多的应用领域，如医学成像、科学研究、外太空探索、重要远程会议和军事等，要求能够实现3D场景的真实重建，从而使得观看者可以更加精确地捕获相关信息，准确地进行现场判断。由于3D显示相对于传统的平面显示具有很多的优点，因此可以预见3D显示技术将成为下一代显示科技的主要发展方向，而这项技术在给人们生活带来便捷的同时，必将给未来的生活注入更多活力。

目前 3D 显示技术主要应用在电影产业上，电影《阿凡达》[图 1-1-1(a)]与《泰坦尼克号》[图 1-1-1(b)]都在世界范围内产生了巨大的影响，掀起了 3D 显示技术研究的热潮。与此同时，中国的 3D 电影也迅猛发展，2015 年上映的《捉妖记》[图 1-1-1(c)]、《大圣归来》[图 1-1-1(d)]、《寻龙诀》[图 1-1-1(e)]等电影以它们精良的制作吸引了众多观众的眼球，赢得了广泛的好评。随着科技的发展，3D 显示技术正在逐渐摆脱辅助设备的限制，以全新的姿态进入人们的生活。

(a)　(b)　(c)　(d)　(e)

图 1-1-1　3D 电影海报

1.2　立体视觉原理

立体视觉原理

产生立体视觉的基本因素包括两个方面：心理因素和生理因素。

1.2.1　心理因素

心理因素是人们在长期的生活中观察总结得来的经验，它可以“欺骗”大脑，使其产生一种“伪立体视觉”。这里的“伪立体视觉”是指它虽然具有立体感，但其本质上只是一种心理错觉，它所显示的仍然只是一幅 2D 的画面，不包含深度信息，而且它与真实物体所具有的立体感仍有很大差距。心理因素主要包括线性透视关系、遮挡、阴影、纹理和先验知识五个部分。

1. 线性透视关系

线性透视关系是指人眼所看到景物的大小将随着距离的增大而线性减小。如图 1-2-1(a)所示，路旁的房屋、汽车、行人会随着距离的增大而变得越来越小，同样道路也会随着距离的增大而越变越窄，最终会在远处会聚于一点。

2. 遮挡

光是沿直线传播的，在前面的物体将会遮挡住后面的物体，从而通过物体间的遮挡关系就能够判断物体间的深度关系。如图 1-2-1(b)所示，能够很明显地看出苹果 A 在苹果 B 的前方。

3. 阴影

阴影主要是由于光照对人的意识的影响，不同方向的光照会在物体表面产生不同方向的阴影。通常人们认为暗的部分是由于光线被遮挡，亮的部分是光线直接照射，对阴影形状的判断可以帮助人们推断物体的形状，如图 1-2-1(c)所示。

4. 纹理

纹理是指观看规律重复的动、静态特征分布而产生的立体视觉，如图 1-2-1(d)所示。

5. 先验知识

先验知识是指在人们对物体的空间形状以及结构等具有了充分的了解后，当再次看到该类型的物体时，即使只是物体的一个侧面，也能够联想到物体的整个空间形状，从而产生立体感，如图 1-2-1(e)所示。

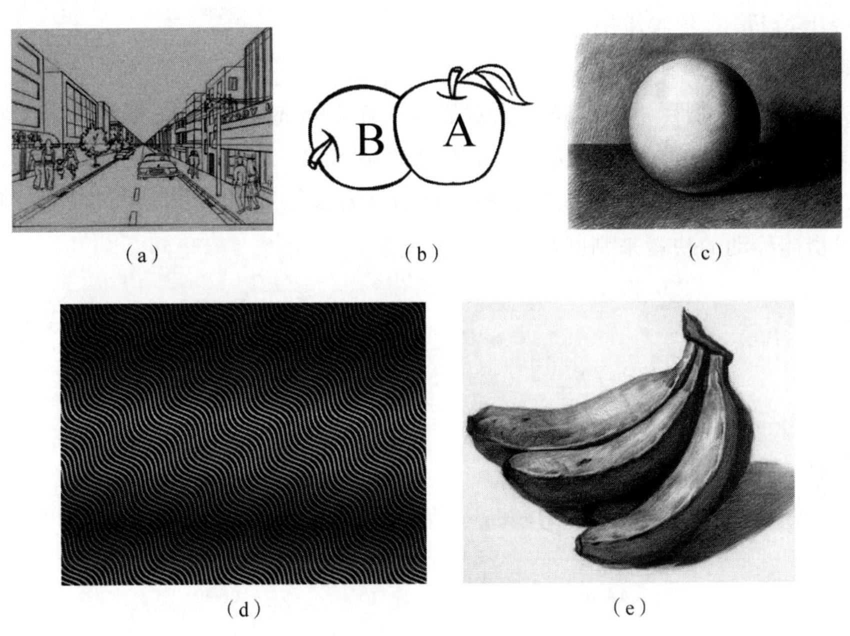

(a) (b) (c) (d) (e)

图 1-2-1 心理因素

(a)线性透视关系；(b)遮挡；(c)阴影；(d)纹理；(e)先验知识

1.2.2 生理因素

正是由于上述心理因素的存在，使得即使在 2D 的显示屏上，也可以分辨出物体的远近深度关系。但由于缺少生理因素的存在，使得 2D 显示所产生的立体感也只是一种心理上的“欺骗”，既不生动也不准确。而生理因素则更加真实和准确，它主要包括调节、辐辏、运动视差和双目视差四部分，其中双目视差最为重要，是立体视觉的主要来源。

1. 调节

人的眼睛就像是一个透镜，当我们观看不同距离的物体时，人眼通过睫状肌的收缩来调节晶状体的厚度从而改变眼睛的焦距，使不同距离的物体能够在视网膜上成清晰的图像，如图 1-2-2(a)所示。大脑的神经中枢就能够根据睫状肌收缩的程度来判断物体的远近。然而，实验证明，调节对立体视觉的有效作用区域只在 10 m 的范围以内，对于远处的物体，调节的作用几乎消失。

2. 辐辏

人眼在观看物体时，需要转动眼球注视物体，两眼视线所成的夹角称为集合角，如图 1-2-2(b)所示。从图中可以看出集合角的大小与物体的距离成反比，物体的距离越近，眼球转动幅度越大、集合角越大；反之，物体的距离越远，眼球转动幅度越小、集合角越小。从而人的大脑就能够通过眼球转动角度的大小来判断物体的远近。与调节一样，随着距离的增大，集合角间的改变将变小，辐辏对立体视觉的作用也将减小。根据实验得出，辐辏的有效作用距离在 20 m 以内。

3. 运动视差

众所周知，当人们以不同的角度去观看同一个物体时所看的图像也是各不相同的。因此，当人们移动位置或者转动头部时所看到的画面都不相同，一般将此称为运动视差，如图 1-2-2(c)所示。当观看者移动时，近处的物体比远处的物体移动得更快。因而人们能够根据物体移动的快慢来判断物体的深度关系。

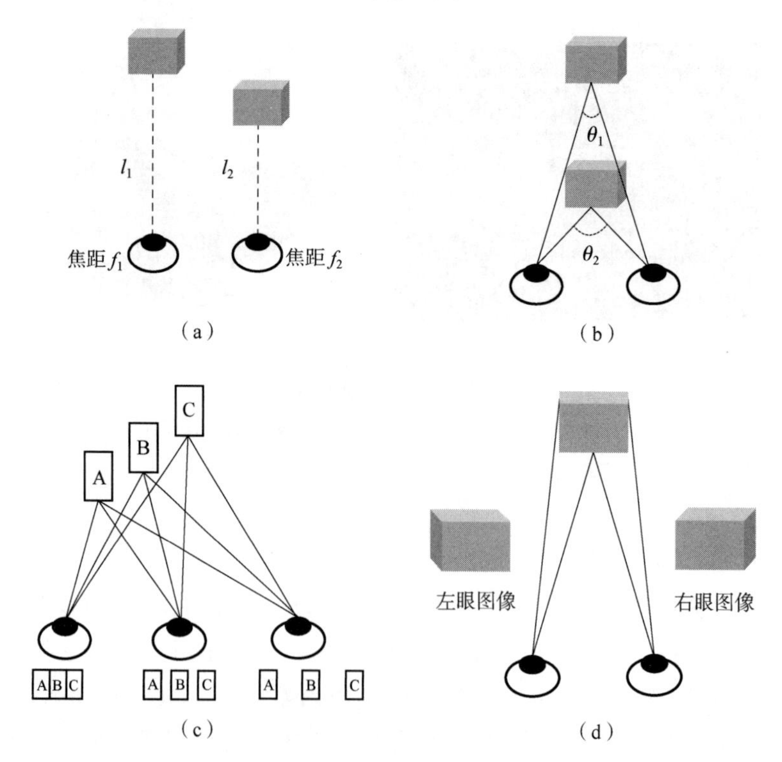

图 1-2-2 生理暗示

(a)调节；(b)辐辏；(c)运动视差；(d)双目视差

4. 双目视差

人双眼之间的距离约为 65 mm，因而当双眼同时观察一个物体时，两只眼睛的观看角度各不相同，每只眼睛将观察到物体的一个侧面，两只眼睛最终所获取的图像也都不相同，人们将这种左右眼的视觉差异称为双目视差。人的大脑就是将左右眼在视网膜上所成的两幅视差图像进行融合后再形成一幅完整的立体图像。双目视差是产生立体视觉的最重要的生理因素，几乎在所有的三维显示技术中都应用到了双目视差的原理，其中目前市面上最常见的助视 3D 显示以及光栅 3D 显示技术等的实现原理更是主要基于双目视差，而其他诸如体三维显示、集成成像显示、光场显示等真三维显示技术则是由基于包含双目视差在内的多种心理以及生理深度暗示共同作用的结果。在三维显示技术中运用双目视差原理，首先需要利用相机来模拟人的两只眼睛对物体不同角度图像进行采集，得到所对应的左右眼视差图像；之后利用时分或空分等方法将视差图像显示在 2D 显示屏上；最后也最关键的则是采用相应的技术手段使所显示的左右眼视差图像能够分别进入到观看者的左眼或右眼，如此根据双目视差的原理，人们就能够看到立体图像。

双目视差包括水平视差和竖直视差两部分，其中水平视差是产生立体感的主要因素。水平视差又可分为零视差、正视差和负视差，并可由此来判断物体的空间深度。如图 1-2-3 所示，当人的双眼同时观察到显示屏幕上的O_2点时，经过大脑的融合作用，将能够看到 3D 物体O_2恰巧位于显示屏幕上，此时水平视差为零视差；当人的左眼观察到显示屏幕上的 B 点，而右眼观察到与其相对应的 C 点时，经过大脑的融合作用，将能够看到入屏的 3D 物体O_3，感觉上物体是凹进屏幕内的，此时水平视差为正视差；当人的左眼观察到显示屏幕上的 D 点，而右眼观察到与其相对应的 A 点时，经过大脑的融合作用，相对地人们将能够看到出屏的 3D 物体O_1，感觉上物体是凸出屏幕外的，此时水平视差为负视差。如此，便可以通过控制显示屏上相应像素间的间距来控制显示场景的景深，从而让人眼能够感受到空间的不同深度，实现立体感。

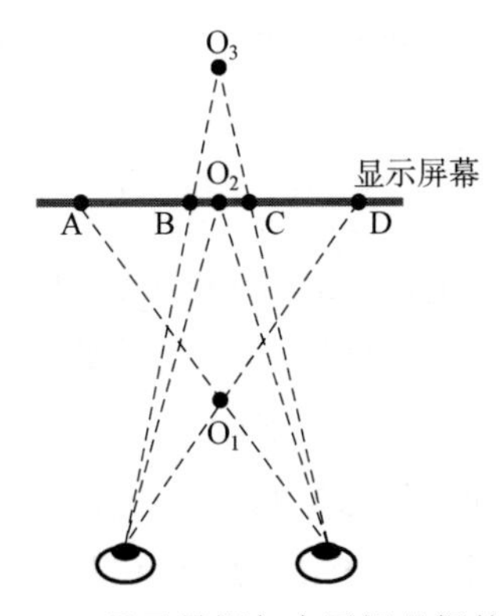

图 1-2-3 显示景深与水平视差间的关系

第2章 助视3D显示技术

助视3D显示技术是指在3D显示的观看过程中,需要借助眼镜、头盔等辅助设备的3D显示技术。目前主流的助视3D显示技术主要有分色3D显示技术、偏振光3D显示技术、快门3D显示技术和头盔3D显示技术。助视3D显示技术一般都是借助辅助设备来达到双目视差,从而实现3D显示。虽然佩戴辅助设备不是十分便捷,但是因为助视3D显示技术容易实现且观看质量良好稳定,所以助视3D显示技术是目前最成熟,最普及的主流3D显示技术,本章将具体介绍几种主流的助视3D显示技术。

2.1 分色3D显示技术

分色3D显示技术的关键是对颜色的分离,利用分离的颜色分别显示左右视差图像,最终借助分色眼镜观看分色3D显示器,从而为观众提供双目视差,实现3D显示。根据颜色分离的方法不同,分色3D显示分为基于互补色原理的分色3D显示和基于光谱分离原理的分色3D显示,本节将对两种技术的工作原理和性能进行详细的阐述。

2.1.1 基于互补色原理的分色3D显示

如果两种色光可以混合为白光,则称这两种颜色为互补色,常见的互补色有红色和青色(水蓝色)、黄色和蓝色、品红色和绿色,它们均彼此互为补色。互为补色的两种颜色没有交集,彼此互不包含,因此,会存在相互隔离的效果。

互补色3D显示利用互补色原理,配合使用对应互补色制作的分色眼镜,可以实现双目视差,从而达到3D显示的效果。如图2-1-1所示,以利用红蓝互补色的分色3D显示为例,在制作图像时,用红光(图中虚线)来保存一幅视差图像,用蓝光(图中实线)来保存另一幅视差图像,融合在一起形成合成图像并显示,观众在佩戴对应的红蓝3D眼镜观看时,透过红色的镜片的眼睛只能观察到红光记录下的图像,透过青色镜片的眼睛只能观察到另一幅青光记录的图像,这就形成了双目视差,观众因此获得了立体感。

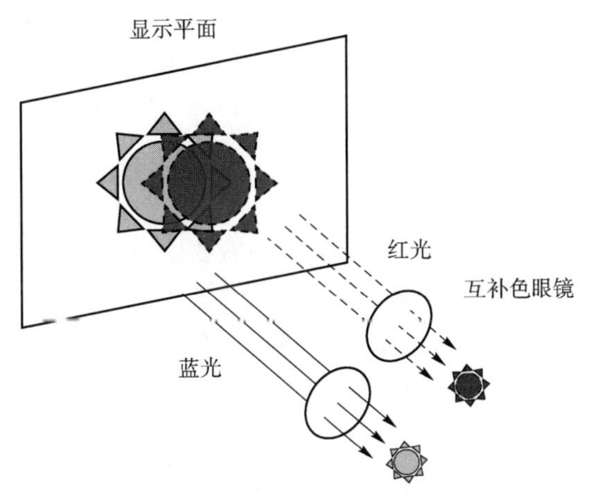

图 2-1-1　基于互补色原理的分色 3D 显示

基于互补色原理的分色 3D 显示中，常见的互补色组合有红蓝（青）、黄蓝、红（品红）绿。互补色 3D 显示对显示设备的要求非常低，除了普通的显示器外，甚至可以通过彩色打印的方式，在照片和纸张上实现。另外，互补色 3D 眼镜的制作也十分简便，如图 2-1-2 所示为一种红蓝互补色 3D 眼镜，这种 3D 眼镜只需要制作两个互为补色的镜片安装在镜框上即可。因此，基于互补色原理的分色 3D 显示制作简易，成本低廉，具有突出的优点，但是，由于对左右视差图像的分色，互补色 3D 显示在观看时会出现颜色失真，降低观看质量，其发展及应用没有得到大范围普及。

图 2-1-2　红蓝互补色眼镜

2.1.2　基于光谱分离原理的分色 3D 显示

人眼中不同颜色的光其实是大脑对不同波长的光的感知，而对每种颜色的感知，都有一个波长范围，一般用峰值响应波长和半峰响应宽度来表示这个范围，表 2-1 所示为人眼对红绿蓝三基色的峰值响应波长和半峰响应宽度。在峰值响应波长上，人眼对三基色光的感知最敏感，而在半峰响应宽度内，人眼仍然可以分辨出三基色的光。

表 2-1　人眼对红绿蓝三基色的峰值相应波长和半峰响应宽度

三基色	峰值响应波长	半峰响应宽度
红	600 nm	70 nm
绿	550 nm	80 nm
蓝	450 nm	60 nm

基于光谱分离的分色 3D 显示利用光谱分离技术，在人眼可识别的范围内，分离出两组不同波长的窄带光波，分别用来显示对应左右眼的视差图像，观看者佩戴对应的窄带滤波眼镜。从不同的滤波镜片下，观察到由不同窄带光谱显示的视差图像，从而获得了双目视差，形成立体感。而由此进行的分色显示，由于不再是简单意义的分色，可以实现全彩色的分色 3D 显示，避免了颜色失真的问题。

基于光谱分离的分色 3D 显示对显示设备稍有要求，如常用的投影法，需要两台经过滤波的投影机分别投影两幅视差图像到屏幕上，再配合相应的窄带滤波眼镜，就可以实现 3D 观看。除此之外，光谱分离 3D 显示同样可以借助基于液晶显示面板（Liquid Crystal Display，LCD）等直视方式来实现，利用 LCD 的光谱分离显示通过具有不同光谱的发光二极管（Light-emitting Diode，LED）背光点亮 LCD，并通过编码的方式使不同的视差图像以不同的光谱分别显示。利用时分复用的原理刷新不同光谱的视差图像，还可以保证图像的分辨率不会损失。总体来说，基于光谱分离的分色 3D 显示中，显示设备和辅助眼镜的制作并不复杂，成本也不高，并且，光谱分离 3D 显示技术是全彩色显示，不需要复杂的信号同步设备，可以实现稳定的高质量观看。因此，基于光谱分离的分色 3D 显示是一种有良好前景的 3D 显示技术。

2.2 偏振光 3D 显示技术

偏振光 3D 显示技术采用偏振光原理进行视差图像的分离，配合偏振光眼镜使双眼分别观看到以不同偏振光显示的视差图像，从而达到双目视差，以实现 3D 显示。偏振光 3D 显示技术是目前影院和家庭中广泛应用的 3D 显示技术，技术已经比较成熟。本节将分别介绍以投影方式和直视方式实现的偏振光 3D 显示技术，并对它们的工作原理和性能作详细的阐述。

2.2.1 投影偏振光 3D 显示

偏振光 3D 显示利用偏振光的原理实现分光，并配合佩戴的偏振片眼镜达到双目视差，从而实现 3D 显示。投影偏振光 3D 显示系统由两个投影机和一个可以保持偏振性的投影屏幕组成，如图 2-2-1 所示。两个投影机前面放置有不同偏振态的偏振片。显示时，两个投影机透过偏振片同时向屏幕投影出不同的视差图像，这样，在保持偏振性的投影屏幕上显示的两幅视差图像的光便具有了不同的偏振态。配合佩戴的偏振光眼镜的镜片是由对应的两种偏振片制作而成的，这样，在观看的时候，不同的眼睛透过不同的偏振镜片观看到对应的视差图像，就可以实现 3D 显示。

偏振片是一种只能通过特定偏振光的光学结构。在上述的过程中，如果使用线偏振片，就要求显示两幅视差图像的偏振光的偏振方向是相互垂直的，这样，才能保证左右眼可以独立地看到相应的视差图像。但是，当人的头部发生倾斜时，左右眼看到的图像将会发生串扰，大大影响观看质量。所以，线偏振光的显示要求较为苛刻。如果使用圆偏

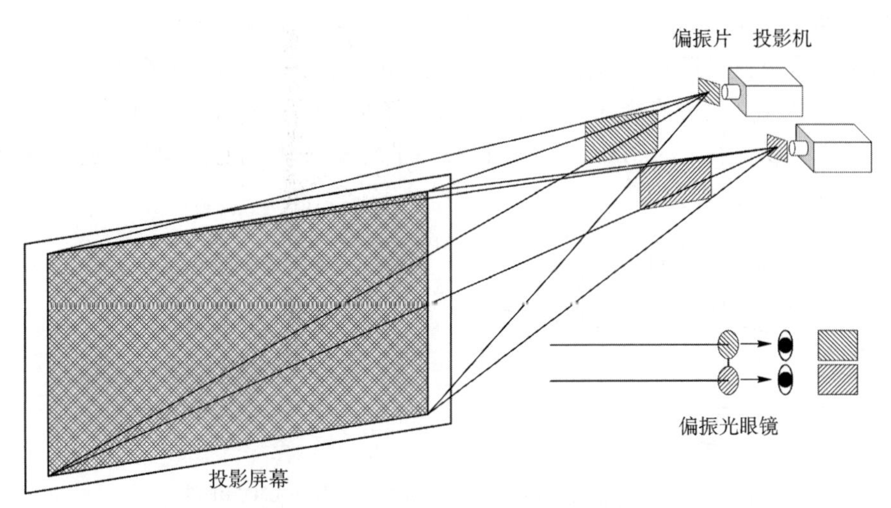

图 2-2-1　双投影机偏振光 3D 显示系统

振片，就要求显示两幅视差图像的分别是左旋圆偏振光和右旋圆偏振光，这样的显示则不要求我们的头部姿势，无论怎样摆动头部，都能使左右眼看到正确的视差图像，显示效果较为理想。图 2-2-2 所示为一种偏振光眼镜。

图 2-2-2　偏振光眼镜

除此之外，偏振片会使投影机投射的光的亮度造成很大的损失。因此，偏振光 3D 显示要求投影机具有较高的亮度。另外，两台投影机要将图像同时投影到一个屏幕上，所以，还需要对投影图像校正使它们可以完美重合。

单投影机偏振光 3D 显示系统可以避免双投影机系统中图像不重合的问题。在投影机前放置偏振光转换器并配合高速刷新的左右视差图像可以实现单投影机的偏振光 3D 显示系统。偏振光转换器在通断电的状态下可以分别投射两种偏振光，因此，配合左右视差图像的刷新频率，在显示一幅视差图像时偏振光转换器通电，显示另一幅视差图像时，偏振光转换器断电，就可以实现两种视差图像以不同偏振光显示，达到偏振光 3D 显示的要求。由于使用的是单个投影机，在显示时不会再存在左右视差图像不重合的问题，省去了图像校正的过程，同时也节约了一个投影机的成本，因此单投影机偏振光 3D 显示系统具有较为广阔的应用范围。

2.2.2　直视偏振光 3D 显示器

直视偏振光 3D 显示器由平板显示器和置于前端的微相位延迟面板组成，如图 2-1-3 所示，其中，平板显示器发出的是线偏振光。LCD 显示器发出的光本身就是线偏振光，所以可以直接使用。但如果使用等离子显示板（Plasma Display Panel，PDP）为平板显示器，就必须在 PDP 和微相位延迟面板之间加入偏振片，使 PDP 发出的自然光转化为线偏振光。微相位延迟面板由很多条状相位延迟膜间隔排列而成，其中相位延迟均为 $\lambda/2$。

这样，这种偏振光 3D 显示器将会对应微相位延迟面板发出偏振方向相互正交的两种线偏振光，利用这两种偏振光分别显示两幅视差图像并配合相应的偏振光 3D 眼镜，即可实现偏振光 3D 显示。这种直视偏振光 3D 显示器将原平面显示器分成两部分分别显示左右视差图像，所以观看到的 3D 图像将会损失一半的分辨率，而且微相位延迟面板的制作和耦合也存在一定困难。

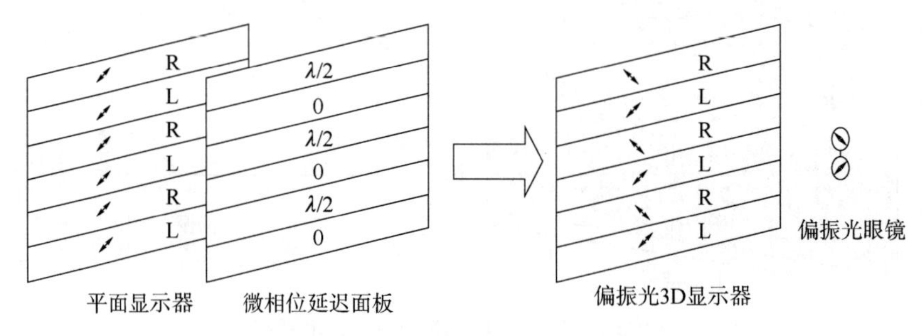

图 2-2-3　基于微相位延迟面板的直视偏振光 3D 显示器

基于偏振光转换器的全分辨率直视偏振光 3D 显示器可以很好地避免上述的问题。如图 2-2-4 所示，基于偏振光转换器的全分辨率直视偏振光 3D 显示器同样具有要求发出线偏振光的平板显示器，不同的是以偏振光转换器来实现线偏振光的转换，这里的偏振光转换器可以使用扭曲向列液晶（Twisted Nematic-Liquid Crystal，TN-LC），它可以在断电时施加 $\lambda/2$ 的相位延迟，在通电时不施加相位延迟。这样，在平面显示器上快速刷新左右视差图像，并以相应的频率给偏振光转换器通断电，使两幅视差图像正好使用正交的线偏振光分别显示，配合相应的偏振光 3D 眼镜观看，由于人眼的暂留效应，便可以使双目观看到正确的视差图像，从而实现偏振光 3D 显示。基于偏振光转换器的直视偏振光 3D 显示器使用时分复用的原理，避免了分辨率的下降，可以实现全分辨率的偏振光 3D 显示。但是，为了保证观看质量，不出现频闪现象，平面显示器必须采用较高的刷新频率。

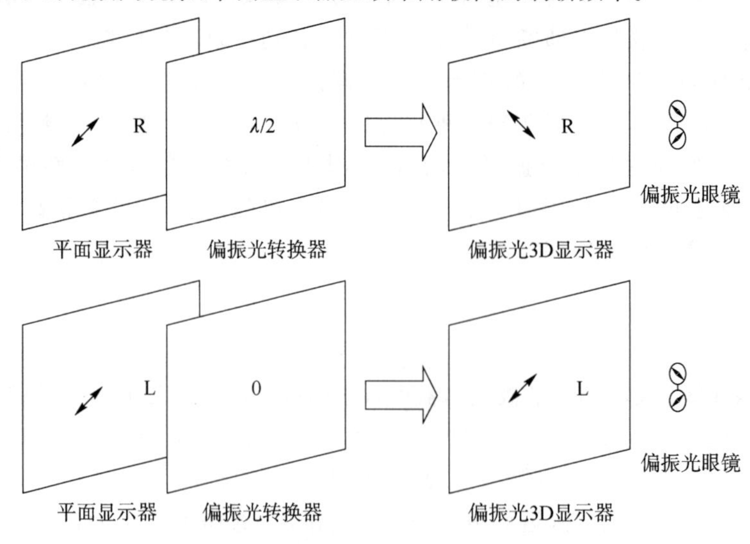

图 2-2-4　基于偏振光转换器的全分辨率直视偏振光 3D 显示器

2.3 快门3D显示技术

快门3D显示技术不同于已经介绍过的两种利用光性质实现的3D显示技术，它利用时分复用的原理，在快门3D显示器上高速刷新视差图像，然后利用配对的快门3D眼镜，使左右眼在不同的时间内观看到正确的视差图像，由于人眼的暂留效应，最终达到双目视差，实现3D显示。本节将详细阐述快门3D显示技术的工作原理和性能，并介绍几种配合快门3D显示的显示模式。

快门3D显示技术

2.3.1 快门3D显示原理

快门3D显示通过时分复用的方式，在显示器上快速刷新左右视差图像，配合佩戴的快门眼镜，达到了双目视差，从而实现了3D显示。快门3D显示由显示设备、控制设备和快门眼镜组成。

快门3D显示中，显示设备通常采用普通的2D显示器，因此，快门3D显示在2D显示和3D显示之间存在很好的兼容，在不进行3D显示时，显示器可以作为普通的2D显示器使用。控制设备起到的作用是控制整个快门3D显示系统，快门3D显示中，显示设备和快门眼镜都需要高速的刷新频率，所以控制设备的精确控制是实现快门3D显示的关键。如图2-3-1所示，整个系统运行时，控制设备根据频率信号同时控制显示设备和快门眼镜的状态，在处于左眼观看的状态下，显示设备显示左眼的视差图像，快门眼镜的镜片处于左开右关的状态；在处于右眼观看的状态下，显示设备显示右眼的视差图像，快门眼镜的镜片处于左关右开的状态，以此保证在某一状态下，只有对应的眼睛可以看到正确的视差图像。控制设备根据频率信号高速刷新两种状态，根据人眼暂留效应，观众便可以获得正确的双目视差，从而实现3D图像的观看。

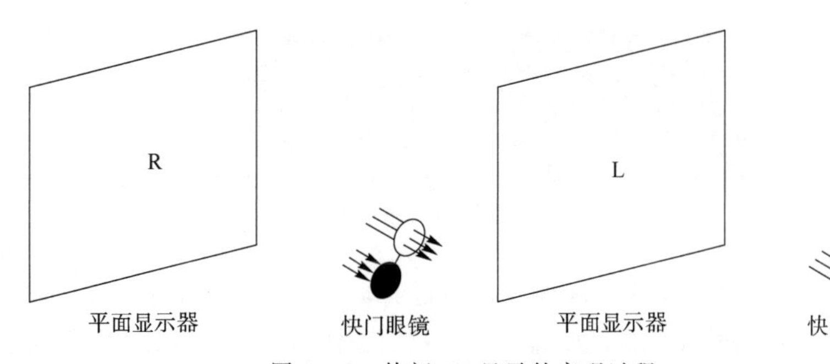

图2-3-1 快门3D显示的实现过程

常用的液晶快门眼镜中有一种特殊的液晶偏振开关，当给眼镜附加电压时，液晶快门眼镜则处于关态，光线无法透过镜片，当不附加电压时，液晶快门眼镜呈现开态，可以正常地观察外界。因此，利用控制器分别给左右镜片正确地通断电，就可以配合快门3D

图 2-3-2 快门眼镜

显示器实现 3D 显示，图 2-3-2 所示为一种快门眼镜。连接快门眼镜最普遍的方法是先将快门眼镜连接到一个触发器上，触发器再与控制器连接，由控制器统一的控制快门 3D 显示器的显示和快门 3D 眼镜的开关状态。控制器也可以使用红外等无线方式连接眼镜触发器，利用无线方式连接可以使眼镜更方便地佩戴，同时，也更利于多个快门眼镜同时连接控制器。

当同步信号的不匹配时会出现图像串扰，也就是所谓的“鬼影”现象，例如快门 3D 显示器从显示左视差图刷新为右视差图，但快门眼镜未及时的从左开右关的状态转换为左关右开，这样的现象就会导致观看者左眼看到右视差图的残留或者右眼看到左视差图的残留。并且由于快门 3D 显示的刷新机制，很容易导致快门 3D 显示出现闪烁的问题。

2.3.2 快门 3D 显示技术的显示模式

为了实现视差图像的刷新，必须配合快门眼镜采用合理的显示模式。下面介绍几种常用的显示模式。

图 2-3-3 所示为隔行扫描模式。过去的 2D 显示器都是隔行扫描的方式，阴极射线管(Cathode Ray Tube，CRT)的画面是由扫描线组成的，它把图像分为奇数场和偶数场，在显示的时候，显示器先扫描图像的奇数行，结束之后再扫描图像的偶数行，奇数行和偶数行组成的行组就被称为奇数场和偶数场。利用这种显示的性质，可以把左右视差图像分别放入显示器的奇数场和偶数场，这样，就可以实现先刷新一幅视差图像，再刷新另一幅视差图像。最后，利用场同步信号就可以配合控制快门眼镜，实现快门 3D 显示技术。这种显示模式的优点是，对显示器没有额外的要求，操作简便，只需要普通的 CRT 显示器即可。但是，奇偶数场的分类显示，使观看到的 3D 图像分辨率下降一半。

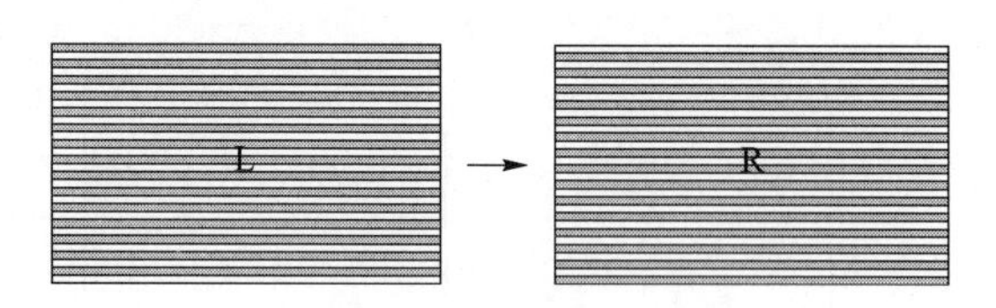

图 2-3-3 隔行扫描显示模式

图 2-3-4 所示为页交换模式。这种方式通过驱动程序控制交替刷新左右视差图像，然后利用相同的同步信号控制快门眼镜，以实现快门 3D 显示，但是由于需要交替刷新左右视差图像，就需要更快的刷新频率来满足显示质量，通常需要高于 100 Hz，且需要显卡、显示器和快门眼镜同时满足这样高的频率。这种显示模式是一种全分辨率的显示模式，具有较好的显示质量。但是，由于高刷新率需要多个硬件同时满足且同步，所以这种显示模式对软硬件的要求很高，若同步不够精确，很容易出现“鬼影”现象，影响显示质

量。而交替式刷新的显示模式，在观看时则会出现闪烁的现象，为了弥补这一问题，垂直扫描的频率必须要达到 120 Hz 或者更高。

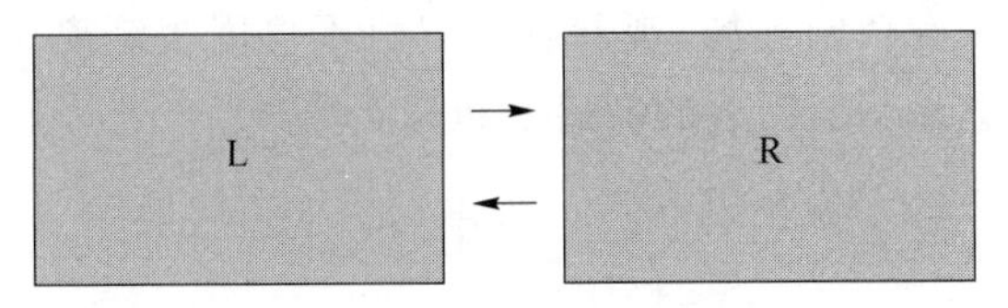

图 2-3-4　页交换显示模式

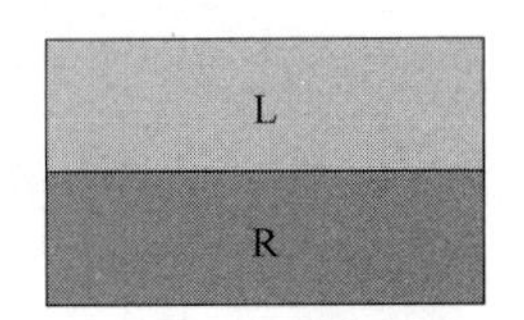

图 2-3-5　同步倍频显示模式

图 2-3-5 所示为同步倍频模式。这种方式首先用软件将视差图像在垂直方向上压缩至一半，然后将对应压缩后的左右视差图放到一幅图片的上下部分，并将其从显卡输出到一个硬件电路上。电路在每幅合成的图像之间增加一个场同步信号，即将刷新的频率翻倍，这样就可以将两部分的视差图像分别显示出来，再利用翻倍后的场同步信号控制快门眼镜，就可以实现快门 3D 显示。由于硬件电路将原本的场同步信号翻倍，所以显卡的刷新频率不可以设置得过高，可能会超过显示器的极限。本方法的优点是所有的 3D 加速显示芯片都可以支持倍频电路，因此，这种方法无须任何驱动程序，只需要利用软件将左右视差图像压缩并排列即可，但是，由于压缩后的图像在垂直方向上损失了一半的分辨率，所以最终观看到的 3D 图像也存在分辨率的下降。

2.4　头盔 3D 显示技术

头盔 3D 显示器是基于头盔显示器（Helmet Mounted Display，HMD）的一种 3D 显示技术。头盔 3D 显示器直接利用头盔内装配的两个微型显示设备为观看者的左右眼分别提供视差图像，使观看者形成双目视差，从而实现 3D 显示。由于头盔 3D 显示技术独具的微显示系统和高度集成的头盔设备，可以为双目直接提供 3D 图像，并且，通过高度集成的头盔，可以添加其他硬件系统，使头盔 3D 显示系统实现运动视差、多种视觉交互等多种其他功能，具有极高的拓展性。

头盔 3D 显示器

2.4.1　头盔 3D 显示原理

头盔 3D 显示器通常由微显示设备、光学成像系统、电路控制系统和头部跟踪系统等部分组成。通过这些部件的帮助，观看者可以通过头盔显示器体验到舒适的 3D 图像观看感受，由于微显示设备距离人眼很近，直接佩戴头盔显示器观看微显示设备将会导致双目难以聚焦，观看到的图像难以充满观看者的视场等种种问题。因此，在头盔 3D 显示器的设计中，人眼和微型显示设备之间加入了光学成像系统，图 2-4-1 所示为头盔显示器的简化光学模型，通过放置在微型显示设备前的光学系统，人眼观察到的不再是微型显示设备上直接显示的图像，而是经过光学系统处理放大过的虚拟图像，这样的虚拟图像经过放大可以填充满观看者的视场，观看者的双目不再因短距离聚焦而感到不适，从而提高了观看者佩戴头盔显示器观看的舒适度和真实性。

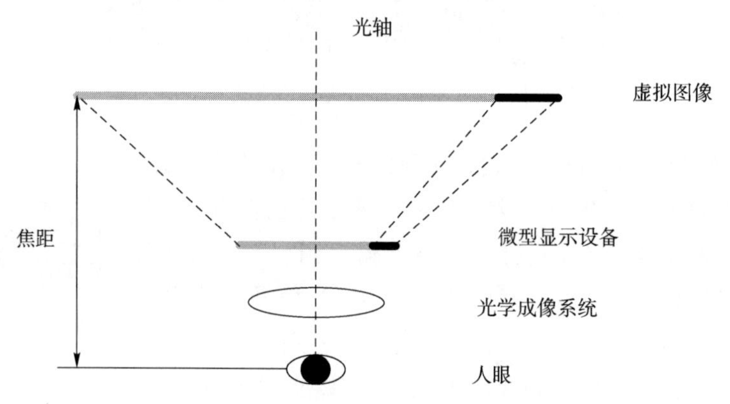

图 2-4-1　头盔显示器的简化光学模型

头盔 3D 显示技术因为只能观看到头盔显示器为观众提供的虚拟图像，也被称为虚拟现实(Virtual Reality，VR)技术，这种技术可以为观众营造以假乱真的虚拟三维场景，让观众沉浸其中，目前 VR 技术在游戏娱乐等领域具有广泛的应用场景。而增强现实(Augmented Reality，AR)技术和 VR 极其相似，不同的是，AR 技术不单只能看到由头盔显示器提供的虚拟图像，还可以同时观察到真实的三维环境。AR 技术可以将虚拟的 3D 图像叠加在真实的三维物体上，使观看者可以将虚拟的信息与现实交互，提升获取信息的能力，在医疗、精密仪器制造、导航等领域应用广泛。

2.4.2　头盔 3D 显示的关键技术

头盔 3D 显示技术将可以根据观看者的位置等信息实时地显示准确的三维图像，甚至可以通过观看者的动作，使观看到的三维场景做出相应的变化，实现观看者与观看场景之间的实时交互。这样的头盔显示技术涉及很多的技术，下面介绍部分关键技术。

动态三维场景的建立是头盔显示技术的核心内容，这其中涉及了动态场景的建模技术。为了创造一种完美的 3D 显示享受，首先要做的就是构建一个虚拟或真实的三维场景模型，只有在具备了三维场景模型之后，3D 显示才能具有很强的真实性。构建一个虚拟空间或是搭建现实生活中的场景模型，通常需要通过 3D 计算机建模或 3D 实景扫描等多种方式来实现。在动态三维场景构建完成之后，还可以通过即时定位与地图构建(Simultaneous Localization And Mapping，SLAM)技术使虚拟世界与真实世界完美地融合，方便实现虚拟世界与真实世界的交互。

人眼在真实的世界中观察三维场景时，由于人眼位置移动而引起的运动视差是人类感知立体的一种途径，为了使头盔 3D 显示技术具有运动视差，头盔 3D 显示技术采用了头部追踪技术。头盔3D显示技术可以通过头部追踪技术实现人双目位置的感知,并通过双目的实时位置即时刷新三维图像实现运动视差,提供优秀的3D观看感受。头部跟踪技术的实现方法有很多种,如机械法、电磁法、光电法和超声波法等。其中,电磁法的基本原理是首先建立特定的磁场,然后通过电磁接收器来获取实时的磁场信息,通过获得的磁场信息计算接收器所在的位置与姿态。

除此之外,头盔3D显示技术还需要高分辨率的微显示屏技术、精确的电路控制技术等。而以头盔3D显示技术为基础的VR、AR技术现在已经不单单是一种3D显示技术。为了实现更多的感官体验,人们加入了更多的感知交互,如语音的识别与反馈,触觉的实现等,达到完美的沉浸感。模仿人类本能的自然交互体验成为一项重要的基础,其中涉及的技术有动作捕捉技术、眼球追踪技术、语音交互技术、触觉反馈技术等。而为了实现如此多的交互,人们还需要高速的处理和传输技术等,以最大限度地降低延迟。如今的VR、AR技术是一种多种高新技术交叉的探索领域,出色的多感官享受使这种技术具有极大的发展潜力。

第3章 立体图像获取技术

3.1 多相机采集

多相机采集

对于自由立体三维显示与光场三维显示而言，3D信息的采集是至关重要的，它为显示设备提供了立体信息的数据来源。根据采集对象的不同可以将采集技术分为真实相机采集与虚拟相机采集。真实相机采集是针对现实世界中的3D场景利用一组规格完全相同的相机阵列对其进行不同角度的信息拍摄。虚拟相机采集是在建模软件中利用虚拟相机阵列对计算机3D模型进行多角度的拍摄，常见的建模软件包括3ds Max、Maya等。虚拟相机采集相对于真实相机采集的最大优点是没有相机尺寸的约束，相机采集间隙可以无限小。

根据相机摆放结构的不同可以将立体采集技术分为平行式、汇聚式、离轴平行式与弧形式四种，如图3-1-1所示。图中虚线代表相机镜头光轴的方向，实线夹角区域代表相机拍摄范围。

在平行式拍摄的立体相机结构中，各相机镜头的光轴相互平行，如图3-1-1(a)所示。根据透视关系可知，这种拍摄模式采集的内容只有负视差，如果不对采集的图像进行处理，而是直接进行视点立体显示，会导致显示的3D内容只有出屏效果，没有入屏效果。如果对拍摄的图像进行剪裁与平移处理，保留公共采集区域，虽然可以得到同时具有正视差与负视差的3D内容，但是会导致采集图像部分信息的丢失。

在汇聚式拍摄的立体相机结构中，各相机镜头的光轴相交于一点，如图3-1-1(b)所示。这种拍摄模式采集到图像的公共区域比较大，且同时具有正视差、零视差与负视差。由于采用汇聚式拍摄时，各个相机的光轴之间存在一定的夹角，因此拍摄的内容会出现梯形失真的现象，且光轴间夹角越大，梯形失真越严重。在3D显示中，图像序列的梯形失真不但会引入垂直视差，同时会导致显示深度偏差，这将严重地影响观看质量。因此在使用汇聚式拍摄的图像序列之前，需要进行图像梯形失真矫正。

在离轴平行式拍摄的相机结构中，各相机镜头的光轴相互平行，相机电荷耦合器件(Charge Coupled Devices，CCD)中心与镜头光心的连线相交于一点，如图3-1-1(c)所示。

这种拍摄方式兼顾了平行式拍摄与汇聚式拍摄的优点：无梯形失真，拍摄公共区域大，同时具备正视差与负视差。但是这种拍摄方式对相机的结构有特殊要求，普通相机难以胜任，因此在实际拍摄过程中很少采用离轴式拍摄的方法。

如图 3-1-1(d)所示，弧形式立体相机结构与前三种结构有所不同，各相机光心不是位于同一水平线上的，而是位于一圆弧形上，相邻相机的光轴夹角相等且相机光轴相交于该圆弧的圆心。

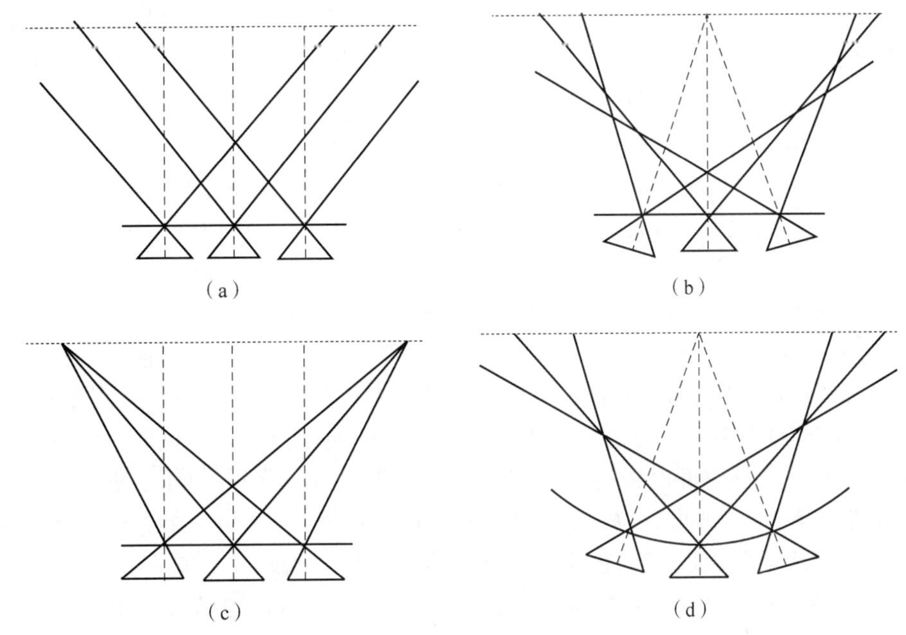

图 3-1-1　立体相机摆放结构

(a)平行式结构；(b)汇聚式结构；(c)离轴平行式结构；(d)弧形式结构

各个相机视场相交构成一个圆形区域，位于该圆形区域内的物体可被所有相机拍摄到。当所采用的相机个数较多时，弧形式结构将会是一个很好的选择。与汇聚式结构相似，由于各相机光轴存在一定夹角，弧形式结构拍摄的图像也会出现梯形失真。当只采用两个相机时，弧形式立体相机结构与会聚式立体相机结构相同。

3.2　光场相机

光场相机

在真实拍摄的立体图像获取技术中，除了多个相机的阵列式采集，单个光场相机无须移动也可以对 3D 信息完成采集。“光场相机”机身与一般数码相机并无过多差别，但其内部结构却大有不同。光场相机将透镜阵列放置在相机中，以达到获取 3D 信息的目的，相比于多个相机的阵列式采集，光场相机体积小且校正难度低。

一般相机以主镜头捕捉光线，再聚焦在镜头后的胶片或感光器上，所有光线的总和形成像面上的小点来显示影像。光场相机在主镜头及感光器之间，有一个微透镜阵列，每个微透镜在接收来自主镜头的光线后，将光线传送至感光器表面，3D 信息被以数码的方式记下。利用相机内置软件操作，追踪每条光线在不同距离的影像上的交点，经数码重新对焦后，光场相机便能拍出完美照片。

数码相机是在像素点上形成鲜亮的光像，并把此光像反映成数码影像的装置。光场相机则是采用与数码相机完全不同的原理。与数码相机相比，光场相机有几点显著特点：①先拍照、再对焦。数码相机只捕捉一个焦平面对焦成像，中心清晰，焦外模糊；光场相机则是记录所有方向光束的数据，采集 3D 信息，后期在计算机中根据需要选择对焦点，照片的最后成像效果要在计算机上处理完成。②体积小、速度快。由于采用与数码相机不同的成像技术，光场相机没有数码相机那样复杂的聚焦系统，整体体积较小，操作也比较简单；同时由于不用选择对焦，拍摄的速度也更快。

美国斯坦福大学博士吴义仁与几名研究员创制出手提“光场相机”，这种相机在低光及影像高速移动的情况下，仍能准确对焦拍出清晰照片。2012 年 2 月 29 日，由美国 Lytro 公司研发的全球首款“先拍照后对焦”的光场相机在美国上市，如图 3-2-1 所示。它可以让任何景物立刻成为拍摄焦点，完全不去考虑景深问题，还可以改变观看照片的视角，并且将一张照片在 2D 和 3D 模式之间来回切换。这款相机之所以能做到这一切，是因为它安装了所谓的“光场感应器”，可以收集进入相机所有光线的“颜色、强度和方向”。Lytro 公司甚至都不用人们熟悉的像素指标来给它的相机归类。相机的分辨率为 1 100 万射线(Ray)，也就是说可以捕捉到 1 100 万束光线。Lytro 相机的样子也非常另类，它差不多就像一个短小、方形、可放入口袋的伸缩式望远镜，一端是一个 8 倍内变焦镜头，另一端是一个触屏取景器，只有两个按钮和一个放大缩小滑动钮。基本款内存为 8 GB，产品售价为 399 美元，可容纳约 350 张照片；内存为 16 GB 的售价 499 美元，可容纳约 750 张照片。

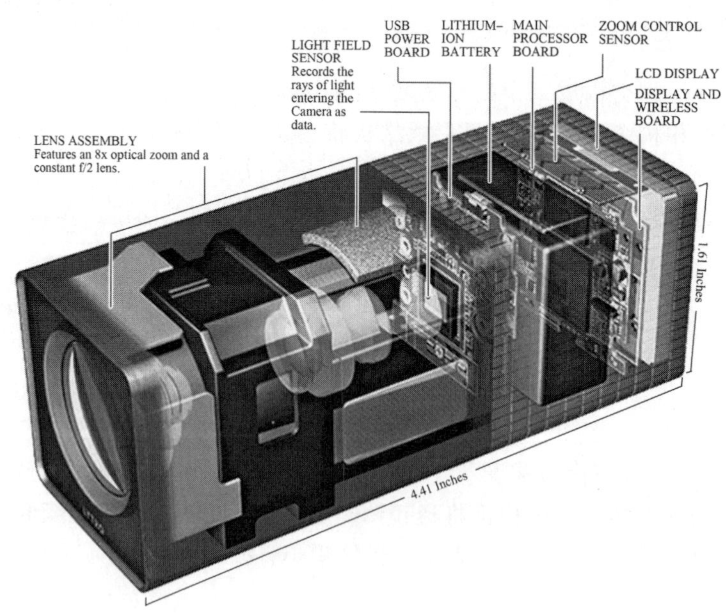

图 3-2-1 Lytro 结构图

美国多位技术专栏作家在使用 Lytro 产品后表示，相机在光线良好的条件下拍摄近物和远景的效果令人惊叹。美国最具影响力的技术专栏作家沃尔特·莫斯伯格认为，它有望带来大众数码摄影的一场革命。

3.3 数字 3D 模型采集

模型渲染工具能提供从建模、动画、材质、渲染、到音频处理、视频剪辑等一系列动画短片制作解决方案。使用模型渲染工具可以方便地实现立体内容的渲染和生成。

3.3.1 基础概念和物体基本操作

官方推荐在使用模型渲染工具的过程中选择三键的滚轮鼠标，如果使用的是双键鼠标，也可以借助组合键 Alt＋单击鼠标左键来替代滚轮功能。同时，尽量使用标准的 Windows 全键盘，如果使用的是没有小键盘的笔记本，也可利用组合键 FN＋Num Lk 来开启数字小键盘功能。

3D View(三维视图)窗口是模型渲染工具最常用的窗口之一，它用于显示当前所创建的 3D 场景，同时提供了大部分工具菜单和属性菜单，如图 3-3-1 所示。在三维视图中只需要将鼠标挪动到视图中，按住滚轮来回拖动旋转观看角度，滑动滚轮可以放缩视图，Ctrl＋滚动滑轮可以左右移动视图，Shift＋滚动滑轮可以上下移动视图。

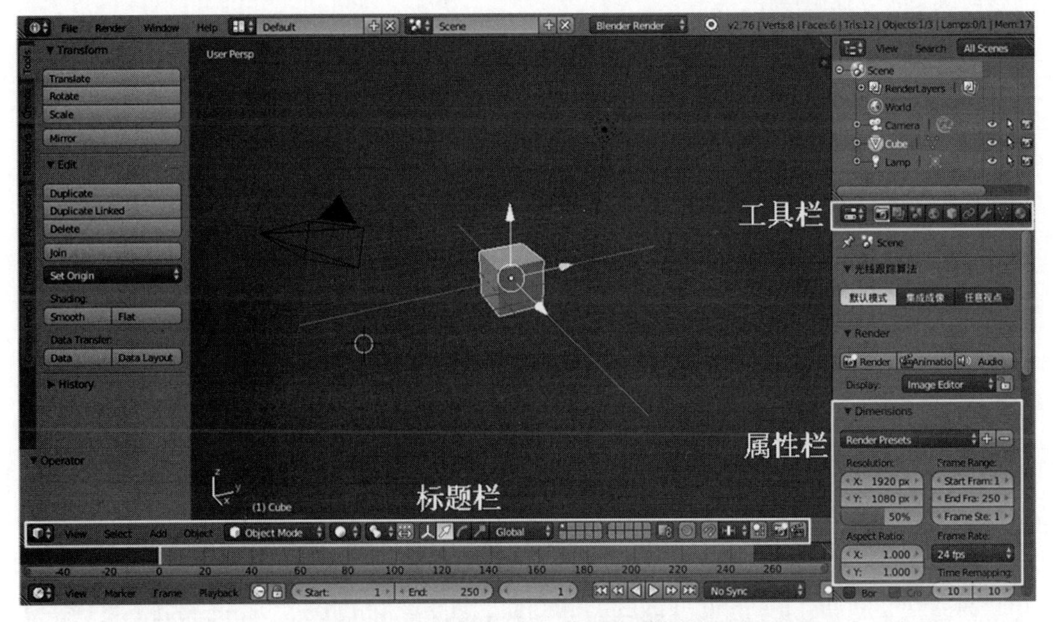

图 3-3-1　3D View(三维视图)编辑窗口

在模型渲染工具中，一个基础的控制单位称为 Object（物体）或者对象。一个物体可以是一个网格模型，也可以是一盏灯或是一台照相机，上述三者也被称为三要素。每一个物体都有一个 Origin（原心），用于标识物体本地坐标系的原点和控制杆的默认位置。如图 3-3-2 所示，多边形、灯光和照相机上的橙色圆点，分别为各个物体的原心。

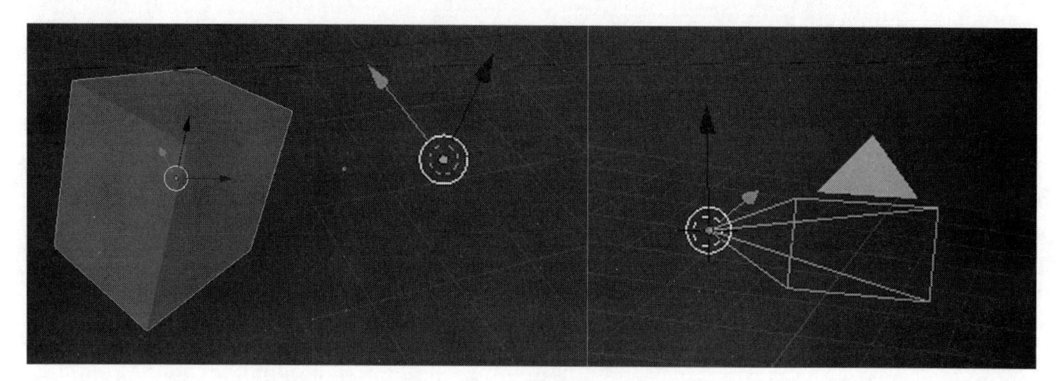

图 3-3-2 不同物体的原心

在模型渲染工具中对物体进行选择操作，是将鼠标的光标移动至物体轮廓线内的任意表面位置上，然后单击鼠标右键。如果需要同时选择多个物体，可以使用组合键 Shift＋鼠标右键来完成多选操作。当一个物体被选中时，它的轮廓线会默认变成橙色，此时其原心位置也会出现一个控制器，分别使用了红、绿和蓝三种颜色，来表示 X、Y 和 Z 轴三个坐标方向以及对应方向上的控制杆。在控制杆的箭头处单击鼠标左键，即可对控制杆执行相应的移动或旋转等控制操作。

模型渲染工具有三种不同类型的控制杆，单击标题栏上的按钮，可开启控制杆在场景中的显示。三种控制杆分别代表移动、旋转和缩放功能，如图 3-3-3 所示，从左至右分别为三种类型的控制杆在物体上的显示效果。除了采用控制杆，单击页面左侧的 TOOLS 中的 ▾Transform 也可以分别实现移动 Translate 、旋转 Rotate 和缩放功能 Scale 。单击对应功能键将鼠标移向模型界面即可完成对应功能的使用。

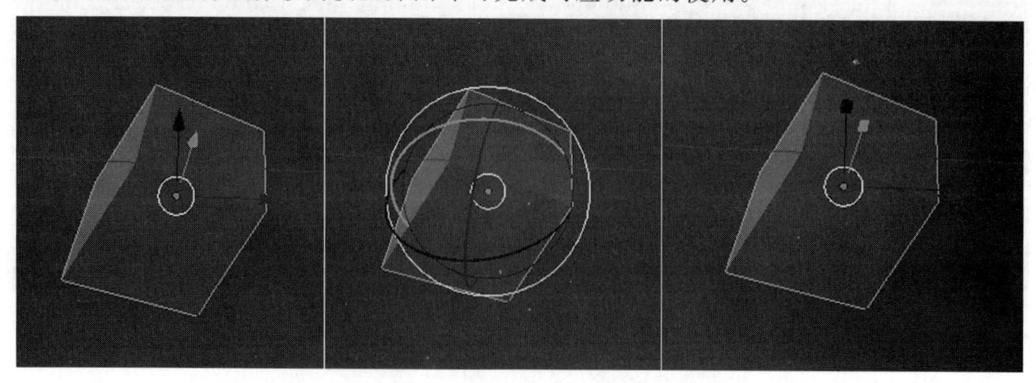

图 3-3-3 不同类型的控制杆

也可以在工具栏按钮选择 ，在下方属性栏对物体的坐标、角度和大小进行更改，如图 3-3-4 所示。

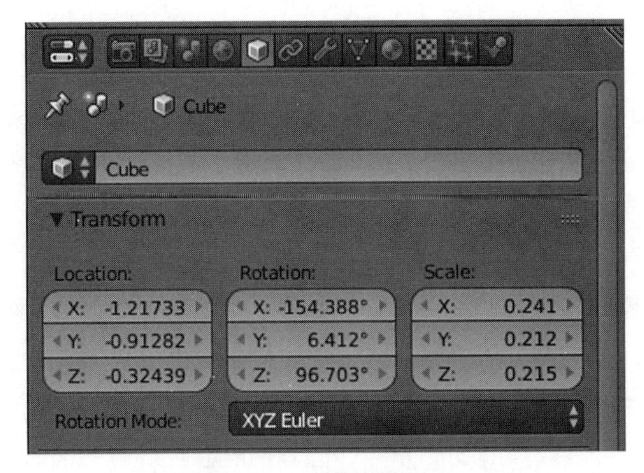

图 3-3-4　物体属性更改

3.3.2　灯光的添加以及设置

在采用模型渲染工具进行视图合成的过程中，灯光作为关键要素，是人们经常使用到的功能。优秀的灯光设计能激活一个很简单的模型，而一个呆板的灯光照明则可能毁掉一个精心搭建的场景。如何布灯是一个难以定量的问题，因为这里没有可量化的参数来快速调节，往往需要靠经验和大量的实验来逐渐修改和优化。

灯光需要根据不同的场景来做灵活搭配，为了获得更好的效果，人们通常会利用照明，在不同的方向打上多盏灯对三维模型进行照亮。这样在重构过程中，细节才不会因为光线不足而被吞没。

模型渲染工具中内置了五种不同类型的灯光，每一种都有特殊的作用和不同的功能。可以在视图窗口中单击 Shift＋A 来添加灯光，也可以在标题栏中单击添加（add）和灯光（lamp）来添加五种灯光，如图 3-3-5 所示。

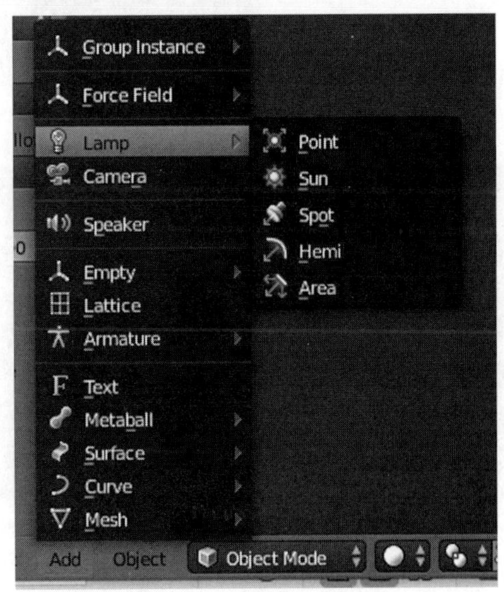

图 3-3-5　灯光的添加选项

五种灯光分别为点灯光（Point）、日光（Sun）、聚光灯（Spot）、半球灯（Hemi）和面光源（Area）。点灯光是一种全方位发散的灯光，在视图中显示为一个带圆心的圆圈。日光提供了太阳光的模拟光源，它可以按照一定方向辐射到场景中。聚光灯又称为射灯，它能按照指定的方向向一个锥形区域的范围内投射光线。半球灯提供了一个 180°的半球形光照模型。面光源能模拟出一种由表面发光的光照效果。

3.3.3 关于相机的设置以及视图的输出

新编译版本的模型渲染工具经过程序改写与原始模型渲染工具不同，可以同时摆放多个相机。这些相机阵列可以为后续自由立体成像和集成成像提供虚拟视差图。在摆放相机阵列之前，需要先摆放主相机确定整体相机阵列位置。

若模型中没有主相机，可以如图 3-3-6 所示，通过标题栏添加单个相机。如图 3-3-7 所示，主相机的坐标以及朝向可以在选中相机之后，通过工具按钮的物体更改。主相机的视场角(Field of View，FOV)可以通过工具按钮的摄像机更改，如图 3-3-8 所示的几何关系，相机 FOV 的计算公式为

$$\text{FOV}=2\arctan\left(\frac{\text{显示屏宽度}}{2\times\text{观看距离}}\right) \tag{3-1}$$

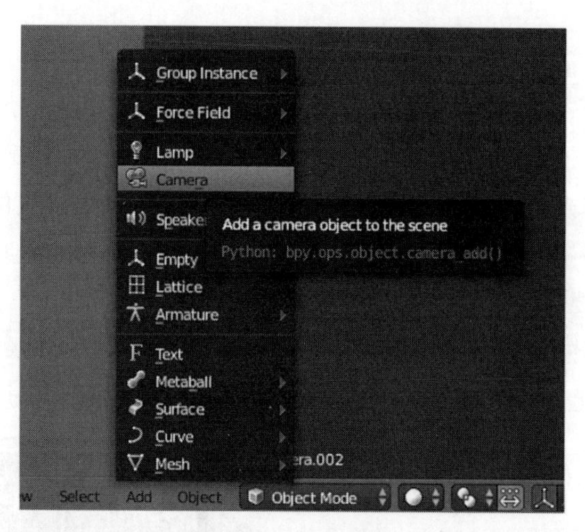

图 3-3-6 添加相机

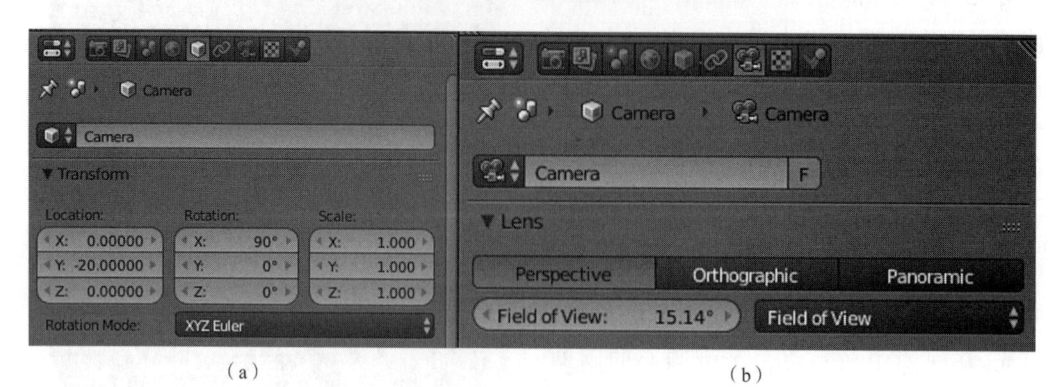

(a) (b)

图 3-3-7 更改属性

(a)主相机的坐标朝向属性栏；(b)相机 FOV 属性栏

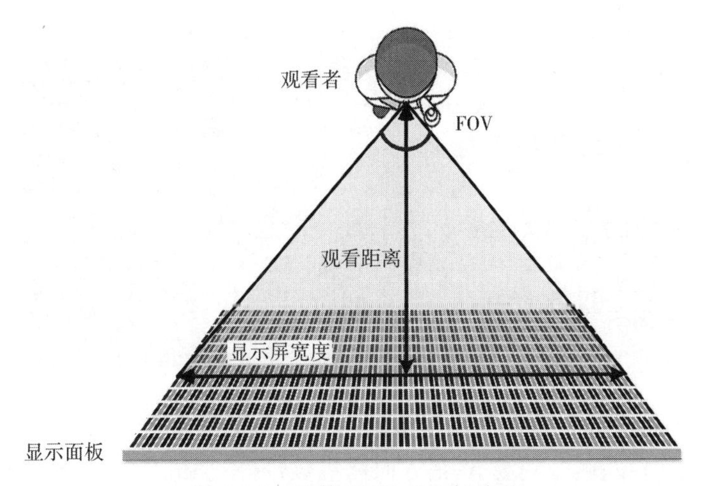

图 3-3-8 计算 FOV 的几何关系

单击小键盘的 0 键可以帮助我们对主相机拍摄的图片进行预览，效果如图 3-3-9 所示，通过再次单击小键盘的 0 键可以退出预览。如果使用的是没有小键盘的笔记本，也可利用组合键 FN＋Num Lk 来开启数字小键盘功能。如果预览照片中，出现被拍摄物体过大、过小或者未在图片中央等情况，可以通过工具按钮中的物体反复调节，以求达到最佳效果。

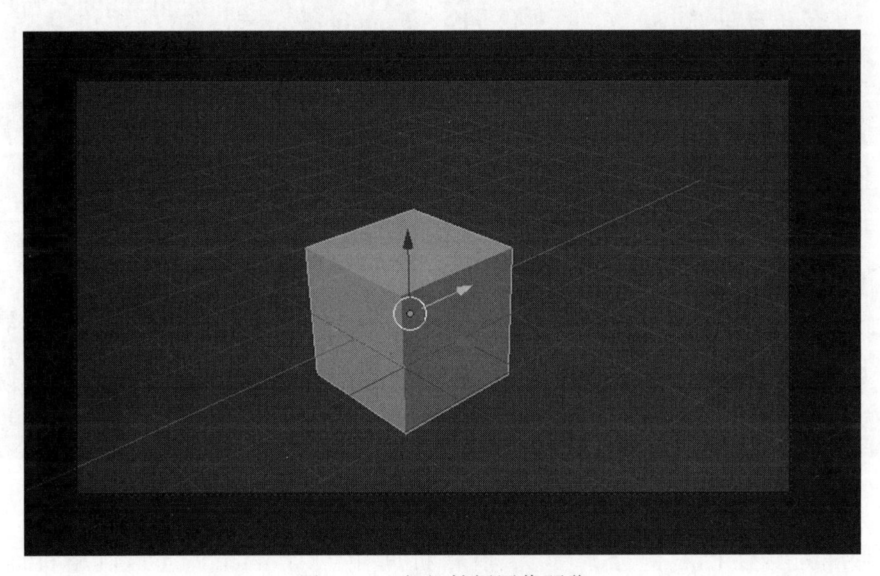

图 3-3-9 相机拍摄图像预览

在主相机位置确定之后，就可以进行相机阵列的摆放。相机阵列属性栏可以通过单击工具按钮中的获得，如图 3-3-10 所示。相机阵列类型分为环形(Annular)、矩形(Rectangular)和方形(Square)，我们在拍摄视差图的过程中最常使用的相机阵列为矩形阵列，因此接下来的阵列介绍将以矩形阵列为例。

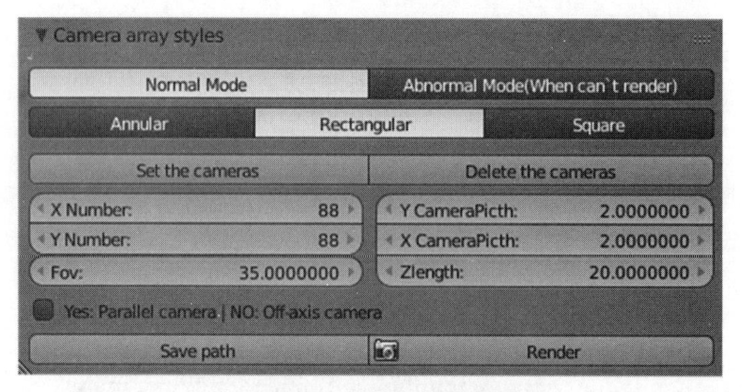

图 3-3-10　相机阵列属性

矩形阵列属性栏左侧分别为 X 轴方向相机数目(X Number)、Y 轴方向相机数目(Y Number)和 FOV。当拍摄自由立体显示视差图时，可以将 X 轴相机数设为 4，Y 轴相机数设为 1，这样就会得到一个由四个相机组成的单行相机阵列，效果如图 3-3-11 所示。当拍摄集成成像视差图时，X 轴和 Y 轴的相机数目都可以设为 4，这样将会产生一个 4×4 的相机矩阵，效果如图 3-3-11 所示。注意，这里的 FOV 参数要与前文中主相机的 FOV 设置为同一数值。

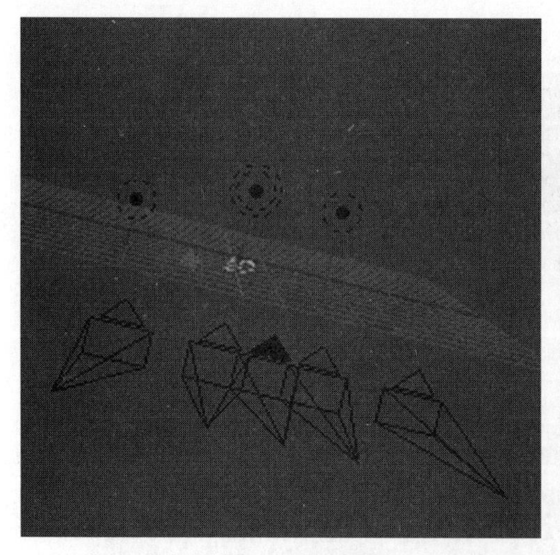

图 3-3-11　单行相机阵列和 4×4 相机阵列

矩形阵列属性栏右侧分别为 X 轴相机间距(X CameraPi)、Y 轴相机间距(Y CameraPi)和相机到零平面距离(Z length)。相机间距可由(观看范围/视点数目)计算得到。注意，相机到零平面距离要与主相机的相机坐标一致，如图 3-3-12 所示。勾选 Yes: Parallel camera | NO: Off-axis camera 采用的拍摄方式为平行拍摄，不勾选采用的拍摄方式为离轴拍摄。一般采用离轴方式进行拍摄，因为离轴拍摄更符合人眼观看特性。

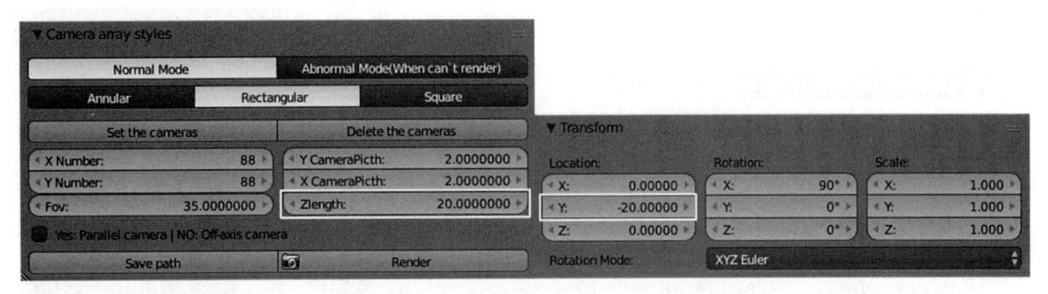

图 3-3-12　相机到零平面距离要与主相机的相机坐标调整一致

此时单击 Set the cameras 即可放置相机。

之后，需要对视差图的路径和分辨率以及文件格式进行设置。输出路径需要在两个属性栏完成设置，如图 3-3-13 所示，且两路径需要保持一致。在 Output 属性栏下可以对输出文件类型进行更改。输出图像的分辨率可以在 Dimensions 属性栏进行更改，如图 3-3-14 所示。X、Y 分别为输出图片的最大宽高，下方百分比代表图片输出分辨率占最大宽高的比例。

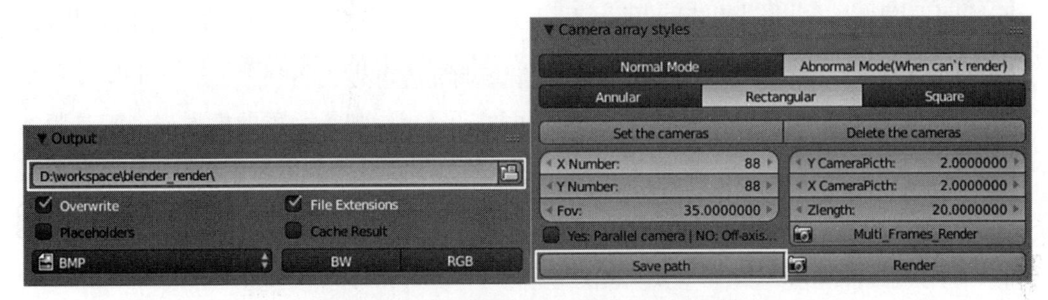

图 3-3-13　输出路径以及文件类型属性栏

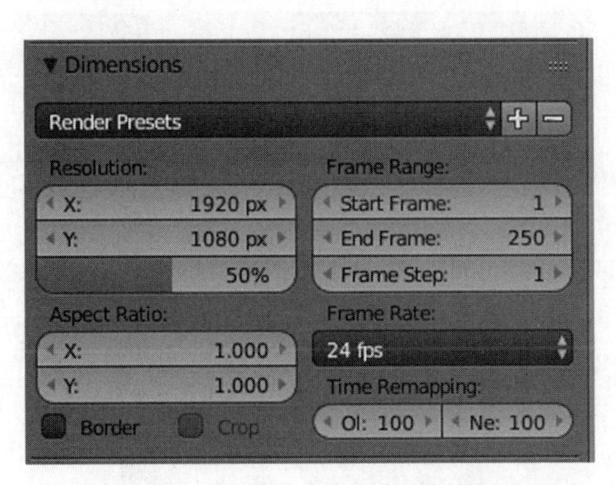

图 3-3-14　输出分辨率属性栏

做好上述设置后即可单击透镜阵列参数属性栏里的 Render 进行渲染。

(注:如果单击渲染依然无法输出图像,则将相机阵列属性栏上方的 Normal Mode 改为 Abnormal Mode(When can`...,即可正常渲染。)

除了利用相机阵列拍摄视差图进行合图,还可以直接利用模型渲染工具中的光线追踪算法直接合图。在使用光线追踪算法之前,需要将上方工具栏中的 Blender Render 模式改为 Cycles Render 模式。

以集成成像为例,光线追踪算法具体参数如图 3-3-15 所示。单击 Integrated Imaging 即可进行集成成像参数设置。PixelShift: 2.0000000 代表合成图 X 轴方向偏移量,PixelShif: 32.0000000 代表合成图 Y 轴方向偏移量,这两个参数是为了解决透镜阵列左上角无法与显示面板对齐的系统装配误差。CameraPi: 0.2000000 为相机间距,X Step: 88.0000000 为 X 轴方向单个透镜覆盖的像素数,Y Step: 88.0000000 为 Y 轴方向单个透镜覆盖的像素数,Zlength: 20.0000000 为相机到零平面的距离(注:如果手里的模型渲染工具版本中,参数下方还有确定按钮,请一定记得单击确定)。此时单击参数下方 Render 按钮就可以完成渲染,渲染结果如图 3-3-16 所示。

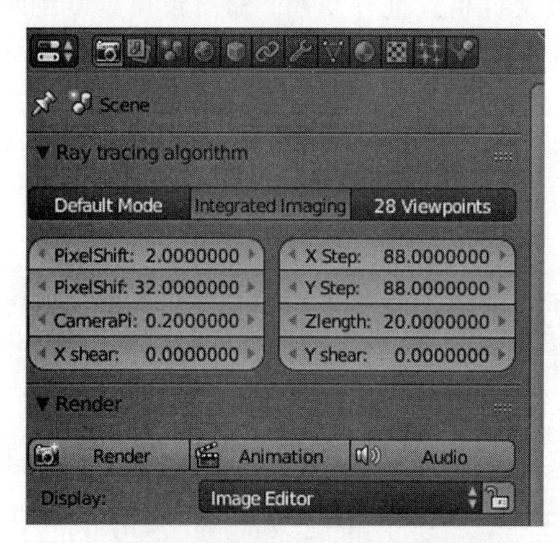

图 3-3-15 集成成像光线追踪算法参数属性栏

图 3-3-16 集成成像光线追踪算法结果

利用光线追踪算法直接合成自由立体合成图时，需要将 Integrated Imaging 切换为 28 Viewpoints，具体参数如图 3-3-17 所示。左侧参数中，ViewNum: 28.0 代表合成图的视点数，CameraPicth: 0.2000000 代表相机间距，InclinationAngle_tan: 0.2 代表光栅倾角。右侧参数中，Zlength: 20.0000000 代表相机到零平面距离，LineNum: 4.7 代表光栅线数，ViewNumShift: 0.0 代表视点偏移量，一般都是以第一个视点为起点，所以为 0，改变这个参数的值，可以改变一个观看完整立体效果周期的位置，可以让立体图像正好在中间视区，TShift: -1.0 代表移动整个合成图的位置。勾选 Using Subpixel Mode 代表使用子像素算法。此时单击参数下方 Render 按钮就可以完成渲染，渲染结果如图 3-3-18 所示。

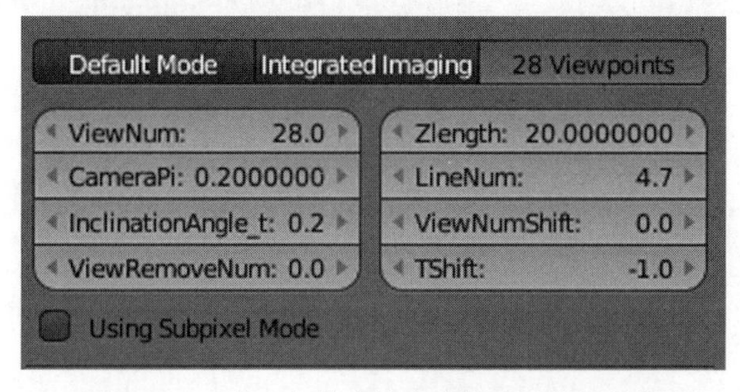

图 3-3-17　自由立体光线追踪算法参数属性栏

图 3-3-18　自由立体光线追踪算法结果

与输出视差图的方式不同，光线追踪算法要等待图像渲染完成后再进行保存。具体保存方式如图 3-3-19 所示,单击下方状态栏的 Image 并单击 Save As Image 即可。后续图像保存路径以及格式设置都可以在 Save As Image 界面中完成。

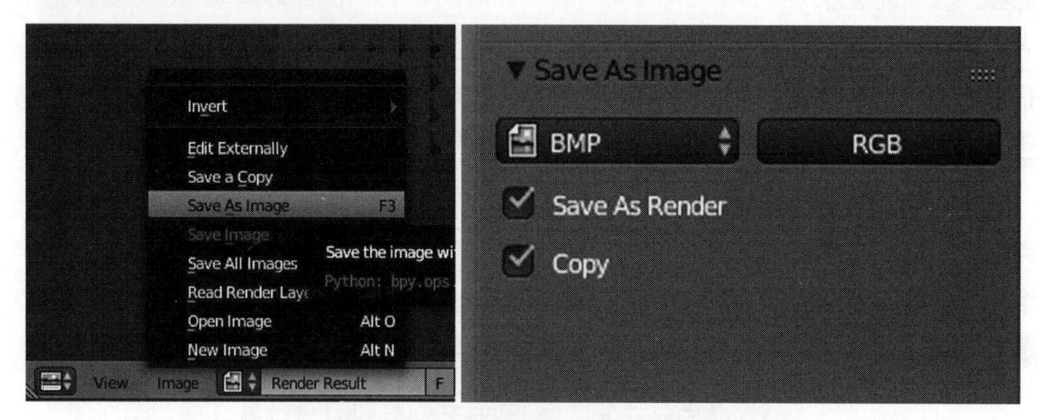

图 3-3-19 光线追踪算法图片保存过程

第 4 章 光栅三维显示技术

4.1 光栅三维显示的发展历史与研究现状

4.1.1 发展历史

光栅立体显示器概述

光栅三维显示的本质是使人左右眼分别看到不同角度的图像，形成双目视差，从而形成立体视觉效果。1903 年，美国科学家 F.E.Ives 发现了人眼的“视差”成像原理，将狭缝光栅与特制图像进行组合，提出了视差遮障法(Parallax Barrier)[1]。20 世纪 30 年代，H.E.Ives[2] 在他父亲研究的基础上，结合 G.Lippmann 提出的集成成像技术，将其方案中的微透镜阵列简化为柱透镜阵列，提出了柱透镜阵列式自由立体显示技术。然而在 20 世纪中期，由于设备和技术等方面的限制，人们转向研究助视(眼镜式)三维显示。直到 20 世纪末期，基于狭缝和透镜的光栅在实现技术上取得了重大突破，液晶显示(LCD)技术凭借其图像质量、功耗以及价格方面的优势，迅速取代显像管(CRT)成为主流显示技术[3]，光栅三维显示技术又焕发出了新的活力。

1996 年，飞利浦研究院的 Berkel 等人提出将柱透镜光栅倾斜放置在显示器前方[4-5]，这种方案可以利用竖直方向上的像素来构建视点，实现具有密集视点排布的 3D 显示，并且消除了摩尔纹的影响。2005 年，佳能株式会社提出通过以时分方式在每个光栅的投射状态和遮挡状态之间切换，可以达到提高 3D 显示分辨率的目的。2006 年，H.J.Lee 等人[6] 针对光栅三维显示中分辨率低于普通二维显示的问题，通过时序性地分割、平移光栅结构并同步地改变图像编码方式，实现了全分辨率光栅三维显示[7]。2008 年，三星电子株式会社提出可以通过指向背光单元选择性地向显示面板提供光来改善多视角 3D 显示图像的分辨率。2010 年，东京农工大学的 Y. takaki 等人提出可以利用多投影系统将多个光栅三维显示器所产生的图像叠加在一个共同的屏幕上，从而增加视图数量[8]。

在显示设备方面，2002 年 9 月日本的三洋(Sanyo)电机宣布研究出基于等离子显示面板的障栅式自由立体显示器。同年 10 月，日本夏普(Sharp)与夏普欧洲研究所联合开发了可以量产的基于液晶显示面板的障栅式自由立体显示器。飞利浦(Philip)公司则致力于研究并推广柱透镜光栅的自由立体显示器,带动了整个三维显示市场的发展。2007 年年底,民族企业欧亚宝龙国际科技(北京)有限公司推出了当时全球尺寸最大的自由立体显示器——宝龙 Bolod 61 英寸自由立体显示器[9]。此外,索尼、日立、Newsight、东芝等公司,包括国内的 TCL、超多维(SuperD)、易维视等公司都相继推出了光栅三维显示设备,并投入市场。

4.1.2 研究现状

近年来,随着光学技术、液晶显示技术的不断进步,光栅三维显示技术得到了快速发展,目前主要可以分为狭缝光栅显示、柱透镜光栅显示、投影式显示和指向背光型显示四类。为了提升光栅三维显示的显示性能,优化显示效果,国内外学者对此进行了大量的实验和研究,研究内容主要包括增大观看视角、提高显示分辨率、减少串扰和 2D/3D 切换技术四个方面。

1. 增大观看视角

2011 年,卡西欧公司[10]利用了一个距离信息获取单元和一个狭缝宽度控制单元来增大观看视角。2015 年,范航等人[11]提出利用一种新型的曲面背光(FFSB)技术,结合一个混合空间和时间的控制单元,可以将视角增大到 45°。2016 年,黄开成等人[12]提出了一种动态自由立体显示背光控制系统,采用柱透镜光栅作为指向性光学部件,以 LED 阵列作为可寻址背光组件,以步进电动机改变栅屏距离,采用 Atmega128 单片机作为控制处理器,辅以高精度实时人眼跟踪模块与之通信,在观看距离为 0.4 m 时,将视角增大到 41.6°。

2. 提高显示分辨率

2012 年,黄乙白等人[13]利用一种用于时间扫描自由立体显示的多透明电极快速响应超带菲涅尔液晶透镜,在理想情况下,将三维图像的分辨率提高了三倍。同年,Kwang-Hoon Lee 等人[14]采用透镜光栅和多投影仪的混合光学系统将分辨率提高了五倍。2013 年,天马微电子股份有限公司提出了两片液晶光栅分别根据显示的图像为第一帧图像或第二帧图像而交替开启,实现了全分辨率的立体显示功能[15]。2018 年,马晓丽等人[16]提出采用时分复用的方法可以为时间序列提供不同位置的像素,从而将水平分辨率提升了四倍。

3. 减少串扰

2016 年,杨兰等人[17]提出可以利用图像插值的合成方法对图像进行缩放处理,来解决柱透镜光栅参数与显示器像素不匹配造成的串扰问题,利用该方法可以将串扰比率降低到 1.4%。2017 年,陈芳萍等人[18]提出了一种液晶显示屏光开关蝶形单元结构,设计了基于该蝶形单元的定向背光自由立体显示背光源模组来减小串扰,该方法将视点平面 90%观看区域的串扰比率降低到 0.5%以下。2019 年,谭艾英等人[19]基于回归反射,提出了一种棱镜反射光栅自由立体投影显示方法,该方法可以有效减少串扰,将主视区的串扰比率降低到 0.57%~0.92%之间。

4. 2D/3D 切换技术

由于 3D 电视有片源限制,以及观看后产生的视觉疲劳等原因,2D/3D 兼容的显示器更能满足用户的需求。2012 年,梁东等人[20]提出了一种基于聚合物稳定蓝相液晶(PSBPLC)透镜的光栅三维显示器,可实现 2D/3D 快速切换。2014 年,刘建春等人[21]通过在背光上方放置一层聚合物分散液晶膜实现了 2D/3D 可切换背光。2015 年,Tai-

Hsiang Jen 等人[22]提出了一种局部可控的液晶透镜阵列用于部分可切换的 2D/3D 显示,可以同时产生高分辨率的 2D 图像和 3D 图像。

光栅三维显示技术已经成为目前最成熟、商用最广泛的 3D 显示技术,如图 4-1-1 所示,在军事领域、医疗卫生领域、展览展示领域等都有着广泛的应用前景[23-26]。目前,国外研发单位主要有飞利浦、Aliscopy、LG、NEC、艺卓等公司,国内研发光栅三维显示的公司主要包括:康得新、万维、维真等。此外,牛津大学、麻省理工学院、北京邮电大学、四川大学、浙江大学、西安电子科技大学、清华大学、北京航空航天大学、吉林大学等众多高校也都对光栅三维显示技术进行了大量的研究。

图 4-1-1 自由立体显示技术的应用

(a)在军事领域应用;(b)在医疗领域应用;(c)在展览领域应用;(d)在商业领域应用;(e)在建筑领域应用;(f)在娱乐领域应用

总之，相比于真三维显示技术，光栅三维显示技术更加成熟，成本更低，更加容易实现；相比于助视三维显示技术，光栅三维显示不需要依赖设备，使用户更加舒适。因此，光栅三维显示技术具有广泛的市场应用和广阔的发展前景，能够给人们的生产、生活带来更大的便利和全新的体验。

4.2 光栅三维显示器的基础实现原理

光栅三维显示器主要由显示面板和光栅精密耦合而成，包含三维场景多个角度信息的编码合成图像被加载到显示器上显示，分光器件光栅被放置在显示器的前方或后方，用来调控光线的传播方向，实现视点图像的空间分离。根据所采用光栅类型的不同，光栅三维显示器主要分为狭缝光栅三维显示器和柱透镜光栅三维显示器两类。本节将主要介绍这两种光栅三维显示器的原理及结构。

光栅立体显示器显示效果

4.2.1 狭缝光栅三维显示

1. 狭缝光栅

狭缝光栅是由透光条与遮光条交替排列共同组成的，其中一个遮光条与一个透光条构成一组控光单元。遮光条通常是完全不透光的黑色条纹，用于遮挡来自显示屏上像素的光线，因此狭缝光栅也通常被称为黑光栅。透光条即光栅上的条状狭缝，使来自显示屏上像素的光线透过并被人眼接收，通常观看者的一只眼睛透过一条透光条只能观看到一列像素。图 4-2-1 是狭缝光栅的示意图。

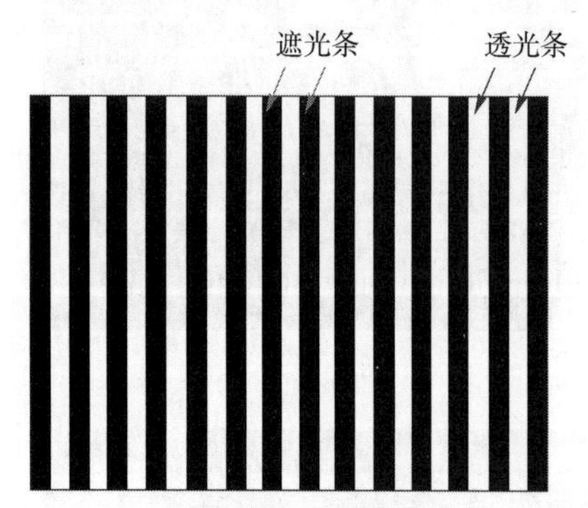

图 4-2-1　狭缝光栅的示意图

狭缝光栅的设计原理简单，可以通过在透明胶片或者玻璃上间隔印刷、光刻的方式实现，相比其他三维显示设备的制作，其印刷与刻制工艺较为成熟。因此，狭缝光栅具有结构简单，实现成本低等优点。但狭缝光栅由于存在遮挡的结构，会有明显的光损耗。为了减少成像过程中不同子像素光线间的互相影响，狭缝光栅的透光条宽度被设定得非常小，通常小于一个子像素宽度，这样便导致了狭缝光栅光能利用率低，三维显示亮度低。

2. 狭缝光栅三维显示器结构

狭缝光栅三维显示器由显示面板与狭缝光栅两部分组成，根据光栅与显示器的位置关系，又可分为前置狭缝光栅三维显示器和后置狭缝光栅三维显示器两种，结构图如图 4-2-2 所示。光栅三维显示器通常采用自身不发光的 LCD 显示屏，需要背光源来提供照明，背光源上任意一点发出的是向四周发散的散射光线。图 4-2-2(a)中，狭缝光栅放置于显示面板与观看者之间，观看者左、右眼透过狭缝光栅的透光条，可以看到显示屏不同位置上的像素被背光源发出的散射光点亮；在图 4-2-2(b)中，狭缝光栅放置于显示面板与背光源之间，背光源发出的散射光部分被狭缝光栅的遮光条遮挡，部分穿过透光条点亮显示屏上的像素。当观看者位于合适的观看区域时，左右眼可以看到不同位置上被点亮的像素，由此产生立体视觉。

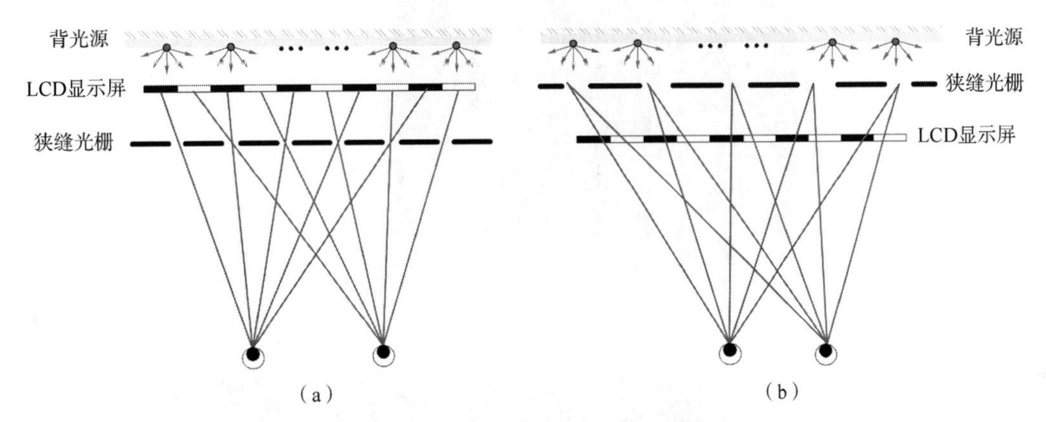

图 4-2-2　狭缝光栅三维显示器结构图

(a)前置狭缝光栅；(b)后置狭缝光栅

在阐述光栅三维显示器之前，需要先明确本书中用到的名词概念。

(1) 视差图像：模拟人眼立体视觉，对同一场景从不同角度拍摄时，所获得的两幅或多幅有视差的图像。

(2) 合成图像：将视差图像的像素按照光栅的光学结构，以一定的规律排列生成的图像。

(3) 视点：视差图像在空间中形成的可正确观看的位置。

(4) 视区：不同视差图像的光线向不同方向传播，在空间中形成的视差图像观看区域。

(5) 视点数：观看者在一个观看周期范围内，所观察到的视差图个数。

狭缝光栅三维显示器通过在显示面板上加载具有不同视差图像信息的合成图像，利用狭缝光栅上透光条与遮光条对光线的透射与遮挡，将来自不同视差图像的光线分离，并在空间中不同位置汇聚构成视点，当观看者左右眼分别位于两个相邻视点上时便可以观看到立体图像。前置狭缝光栅三维显示器结构如图 4-2-4 所示。

图 4-2-5 所示为前置狭缝光栅三维显示器 4 个视点的构建过程。背光板可以看成是由多个点光源组成的发光面板，显示器上的像素被背光板发出的散射光点亮。LCD 显示屏上加载了具有多个视差图信息的合成图像，狭缝光栅再对 LCD 显示器上像素发出的光线进行调制。一组控光单元覆盖四个子像素，透过透光条只可以看到一个子像素，其他子像素则被遮光条遮挡。同一视差图的光线汇聚形成视点，在视点 1 位置，人眼只能

看到视差图 1 的四个子像素，当人的左右眼分别位于视点 1、2 或 2、3 或 3、4 位置时，就可以观察到具有立体感的图像。

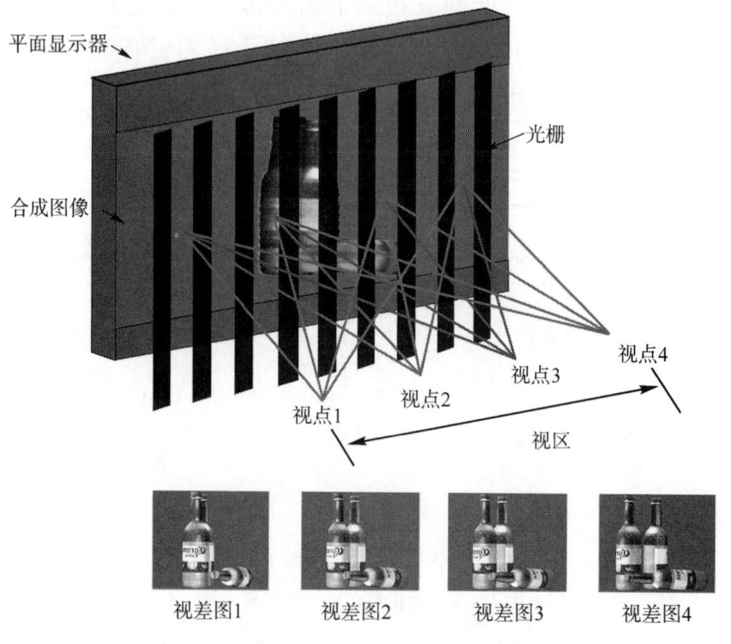

图 4-2-3　光栅三维显示的常用名词示意图

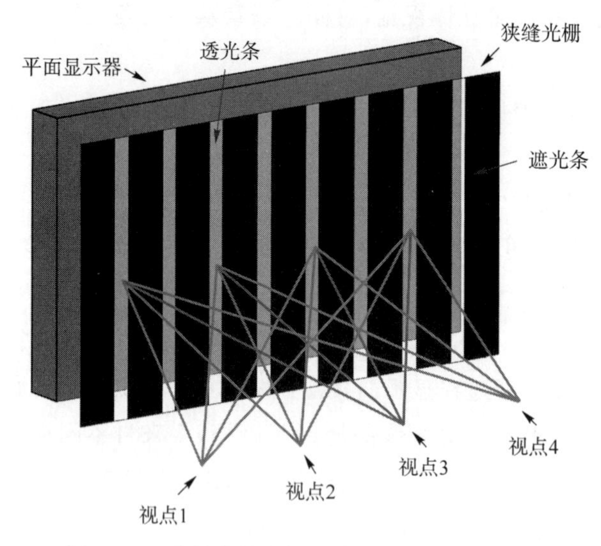

图 4-2-4　前置狭缝光栅三维显示器结构示意图

图 4-2-5 所示为狭缝光栅三维显示器最终形成的视点数目为 $N=4$。LCD 显示屏的子像素宽度为 W_p；LCD 显示器与光栅的间距为 l；狭缝光栅的遮光条与透光条的宽度分别为 W_b 与 W_s；构建的视点到显示器的距离为 L，视点间距为 T。根据相似三角形几何关系可以推导出人眼观看位置参数与显示设备参数之间的关系：

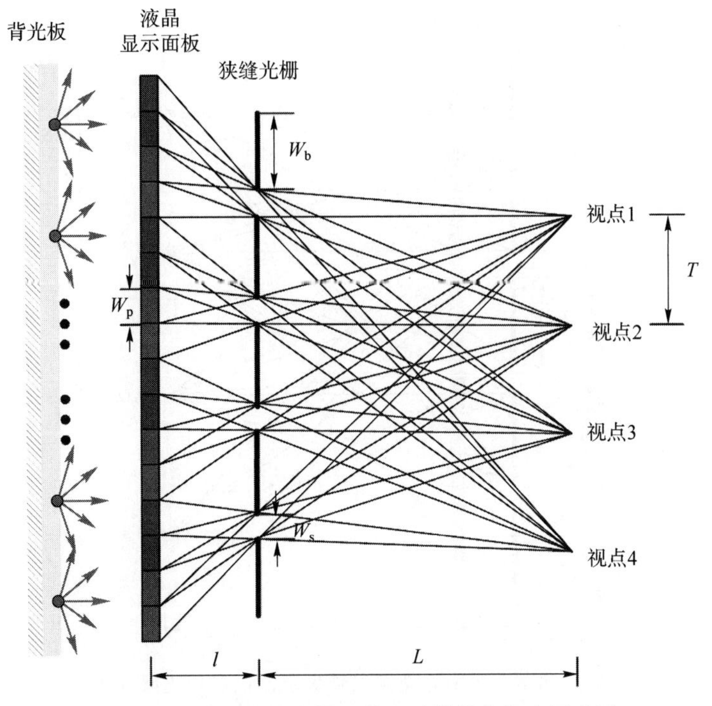

图 4-2-5 前置狭缝光栅三维显示器视点构建原理图

$$\frac{W_s}{W_p}=\frac{L}{L+l} \tag{4-1}$$

$$\frac{T}{W_p}=\frac{L}{l} \tag{4-2}$$

$$N=\frac{W_b+W_s}{W_s} \tag{4-3}$$

后置狭缝光栅三维显示器视点的构建原理与前置狭缝光栅三维显示器类似，图 4-2-6 所示为后置狭缝光栅三维显示器四个视点的构建过程。背光源发出的光线部分被狭缝光栅的遮光条遮挡，部分穿过透光条照亮 LCD 显示屏上的像素。由于一组控光单元下覆盖的四个子像素相对于狭缝光栅的透光条有不同的相对位置，四幅视差图的像素光线分别向四个方向传播，多组控光单元下同一幅视差图的光线最终汇聚形成视点。

根据图 4-2-6 中的几何关系，可以推导出人眼观看位置参数与显示设备参数之间的关系：

$$\frac{W_p}{W_s}=\frac{L}{L+l} \tag{4-4}$$

$$\frac{T}{W_p}=\frac{L+l}{l} \tag{4-5}$$

$$N=\frac{W_b+W_s}{W_s} \tag{4-6}$$

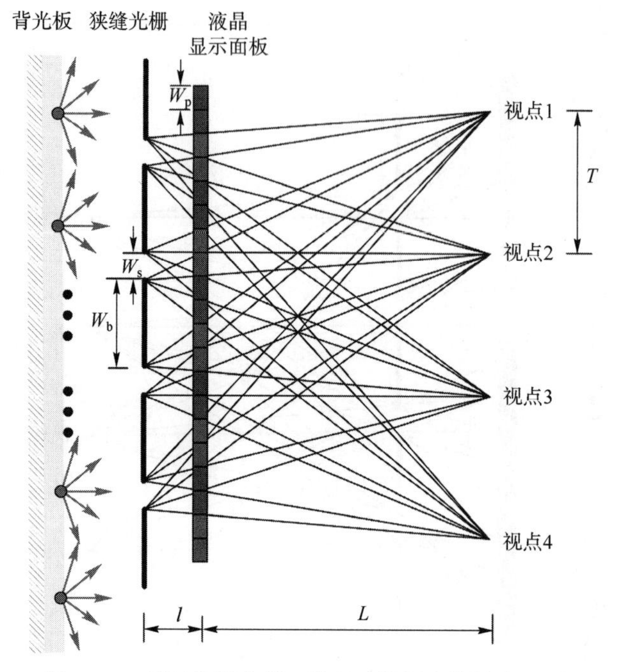

图 4-2-6　后置狭缝光栅三维显示器视点构建原理图

为了提供良好的三维显示效果，通过设计狭缝光栅透光条与遮光条的宽度、控制显示面板与狭缝光栅之间的距离，可以实现对自由立体显示设备观看距离与视点间距等参数的控制，从而满足观看者正确观看立体视差图像的目的。通常情况下，最佳观看距离 L 的取值为显示器宽度的三倍以上，相邻视点间距 T 的取值可以等于或者小于双目的瞳孔间距。选定适合尺寸与分辨率的显示面板之后，根据需要的最佳观看距离 L 与相邻视点间距 T，利用公式(4-1)～公式(4-6)便可以计算出需要设计的狭缝光栅三维显示器的具体参数。

3. 狭缝光栅三维显示器的串扰现象

狭缝光栅三维显示器虽然具有结构简单，实现成本低等优点，但它同样存在一些问题。显示面板上的像素发出的光线被狭缝光栅在特定角度范围内遮挡，不同视差图像的光线在特定小角度范围内出射到空间中形成各幅视差图对应的视点。但是，光栅三维显示器往往不能使不同视差图像的光线在空间中完全分离，观看者在某个视点除了接收到来自于相应视点子像素所发出的光线外，还会接收到来自相邻视点子像素所发出的光线。

形成的每个视点位置上在空间中的亮度会达到峰值。在空间中某个特定位置上，来自两个不同视点的亮度峰值产生交叠时，就会看到混叠且互相干扰的图像。在 3D 显示过程中，这种现象被定义为串扰。狭缝光栅三维显示器的串扰现象如图 4-2-7 所示。

串扰是影响成像质量的一个主要因素，表示其他视点的光强对人眼所要观看视点光强的干扰程度。一般将串扰率作为评价光栅三维显示质量的指标来衡量串扰的大小。

串扰率被定义为非主视点的串扰亮度与主视点非串扰亮度的比值，串扰率公式(4-7)如下：

$$\text{crosstalk}=\frac{I_{\text{other}}}{I_{\text{major}}}\times 100\% \tag{4-7}$$

式中，I_{other}为某一位置串扰视点光强，I_{major}为某一位置主视点光强，串扰率越小，光栅三维显示器的串扰光强就越小，显示性能也就越好。

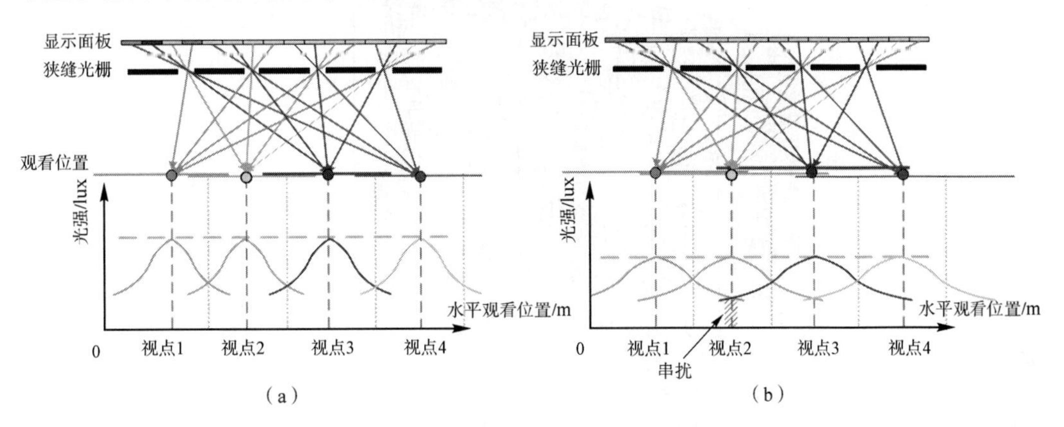

图 4-2-7　狭缝光栅三维显示器的串扰现象

(a)理想光栅三维显示器成像与串扰示意图；(b)实际光栅三维显示器成像与串扰示意图

4.2.2　柱透镜光栅三维显示

1. 柱透镜光栅

柱透镜光栅是由许多结构相同的柱面透镜平行排列组成，光栅一面是平面，另一面是周期性排布的柱面透镜。不同于狭缝光栅利用光栅的遮挡来实现对光线的控制，柱透镜光栅中一个柱面透镜为一个控光单元，利用柱面透镜对光线的折射进行定向控光。图 4-2-8 是柱透镜光栅的示意图。

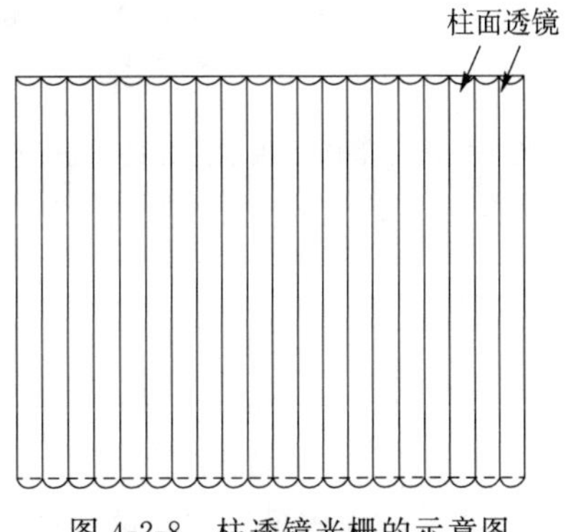

图 4-2-8　柱透镜光栅的示意图

柱面透镜通常采用透明介质材料制作，因此在调制时不会对光线造成遮挡。相比狭缝光栅，柱透镜光栅拥有高的透光率与光能利用率，可以实现高亮度的 3D 显示。但是柱透镜光栅基于折射原理的控光方式会产生像差，并且造价也会远高于狭缝光栅。柱透镜光栅中一个柱面透镜单元覆盖的子像素数目称为光栅的线数，当光栅的线数较小时，柱面透镜的焦距较长且厚度较厚，适用于制作大尺寸远距离观看的 3D 显示设备；相反，当光栅线数较小时，柱面透镜的焦距较短且厚度较薄，适用于制作小尺寸近距离观看的 3D 显示设备。

2. 柱透镜光栅三维显示器

柱透镜光栅自由三维显示器的结构如图 4-2-9 所示，它由显示面板与柱透镜光栅两部分组成，利用柱透镜阵列对光线的折射作用，将不同视差图的光线折射到不同方向形成视点，并分别提供给观看者的左、右眼，经过大脑融合后产生具有纵深感的立体图像。

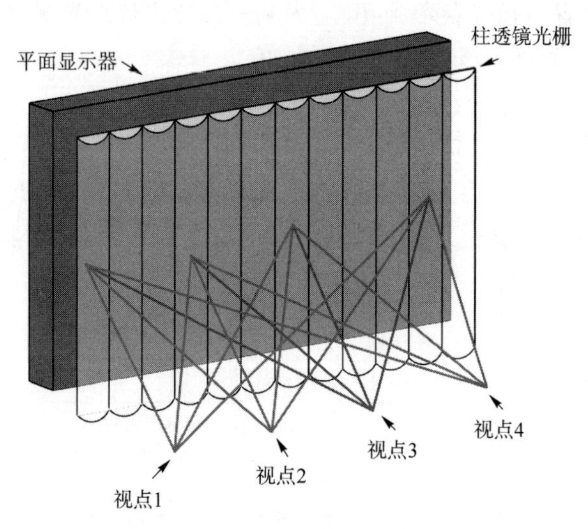

图 4-2-9　柱透镜光栅自由三维显示器的结构

在 3D 显示中，柱透镜的作用是将平面像素所呈现的二维信息转化为包含方向信息的三维信息，并形成具有特定强度、色彩和方向角的视点光线。因此，在设计柱透镜光栅三维显示器时，需要考虑柱透镜本身的参数，包括材料折射率 n、光栅厚度 d、柱面透镜截距 p、透镜焦距 f 和曲率半径 r。图 4-2-10 为单个柱面透镜控光原理的示意图，H_1 表示柱透镜的第一主平面，H_2 表示柱透镜的第二主平面，F 是柱透镜的物方焦平面。根据于几何光学可以得到主平面与焦平面位置关系的数学关系：

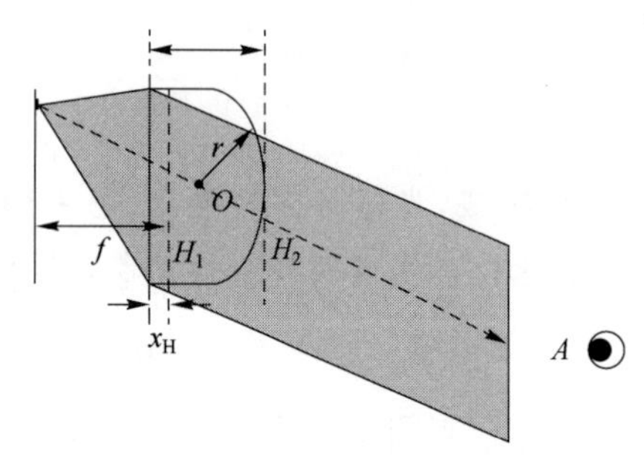

图 4-2-10　单柱面透镜控光的示意图

$$f=\frac{r}{n-1} \tag{4-8}$$

$$x_{\mathrm{H}}=\frac{d}{n} \tag{4-9}$$

当显示面板放置于柱面透镜的焦平面 F 上时，显示面板上的每个子像素发出的多条散射光线，经过柱面透镜后形成过透镜光心的平行光束。当人眼位于图中位置 A 时，只会接收到该像素发出的光线，其他子像素发出的光线由于被折射到其他位置，所以不会被人眼接收到，此时人眼会观察到整个透镜都被该子像素占据，即整个透镜被该子像素点亮。由于显示面板上不同视差图的像素相对柱透镜光轴具有不同的相对位置，不同视差图的像素所发出的光线通过柱透镜的折射后形成向不同方向传播的平行光束，这些光线束在空间中汇聚形成不同的视点。

图 4-2-11 所示为柱透镜光栅三维显示器视点构建的过程（只画出每个像素过透镜光心的光线）。每个柱面透镜控光单元覆盖了四个子像素，子像素的光线分别向空间中不同方向传播，而不同透镜下覆盖的同一视图的子像素发出的光线在四个位置交汇，就构成了 4 个视点。与狭缝光栅三维显示器类似，在视点 1 位置，人眼只能看到视差图 1 的四个像素，当人的左右眼分别位于 1、2 或 2、3 或 3、4 位置时，就可以感知到具有立体感的图像。

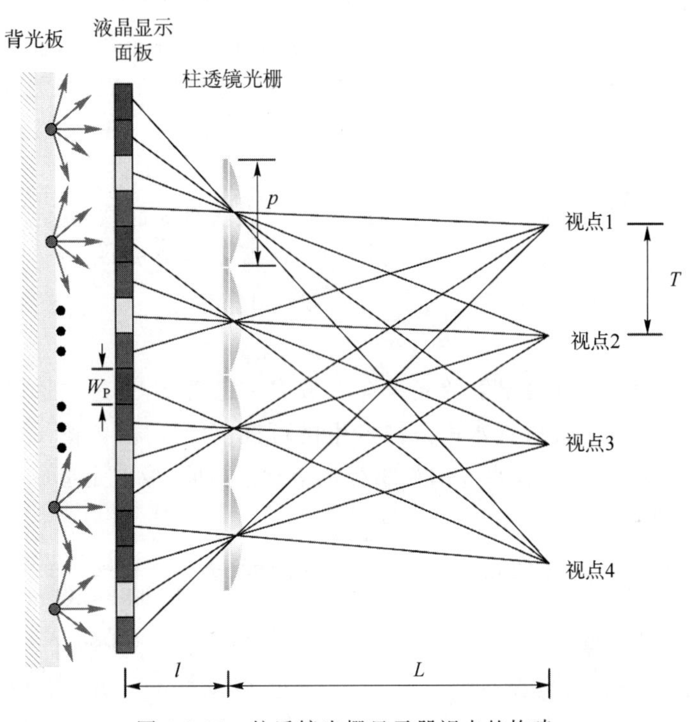

图 4-2-11　柱透镜光栅显示器视点的构建

图中所示三维显示器最终形成的视点数目为 $N=4$。LCD 显示屏的子像素宽度为 W_P；LCD 显示屏与光栅的间距为 l；柱面透镜光栅的透镜截距为 p；构建的视点到显示器的距离为 L，视点间距为 T。根据柱面透镜控光原理和相似三角形几何关系可推导出参数公式为

$$\frac{W_p}{T}=\frac{l}{L} \tag{4-10}$$

$$\frac{p}{N\times W_p}=\frac{L}{L+l} \tag{4-11}$$

通过调整光栅厚度 d、透镜截距 p 和曲率半径 r 的取值，可以设计出满足柱透镜光栅三维显示器所需的柱透镜光栅；通过调整显示面板与柱透镜光栅之间的距离，可以实现对观看距离与视点间距等参数的控制，达到满足三维显示需求的目的。

3. 柱透镜光栅三维显示串扰问题

相比狭缝光栅三维显示，柱透镜光栅可以对像素发出的光线以特定折射角度出射，在一定视角范围内汇聚形成视点，并且克服显示亮度低的问题。但是，柱透镜光栅三维显示和狭缝光栅三维显示一样面临串扰影响显示质量的问题。

柱透镜的像差会导致柱透镜光栅三维显示相邻视点间串扰加重，此外，倾斜放置的柱透镜光栅以及二维显示面板与柱透镜光栅之间的装配误差，都会使串扰更加严重。

在理想的柱透镜光栅三维显示器中，柱透镜光栅上每一个柱透镜单元都是理想的柱透镜，且显示面板放置在柱透镜光栅的焦平面上，显示面板上像素发出的光线通过柱透镜光栅后被出射为平行光，人眼在水平方向观看到的三维图像光强如图 4-2-12(a)所示，不同视点之间不存在串扰。但是在实际的柱透镜光栅三维显示器中，柱透镜单元存在像差，并不是理想的光学结构。孔径角度 u 的增大会引起严重的球面像差现象。球面像差 δL 可以由公式(4-12)表达：

$$\delta L = a_1u^2 + a_2u^4 + a_3u^6 + \cdots \tag{4-12}$$

式中，a_1u^2 代表一级球面像差，a_2u^4 和 a_3u^6 分别代表次级球面像差和第三级球面像差。当孔径角度较小时，δL 可以用 a_1u^2 来表示。然而，当 u 值增大时，就需要用更高阶级次的球面像差表示 δL，例如 a_2u^4 和 a_3u^6。在公式(4-12)中，$a_1 \sim a_3$ 表示球面相差系数，由透镜参数计算得到。

由于像差的影响，从透镜出射的光线会发散成一定角度，透过柱透镜光栅出射的光线是非平行光，各个视点光线在水平方向产生的可视范围变宽，如图 4-2-12(b)所示，在视点 2 处混入相邻视点 1 和视点 3 的光线产生串扰。因此，像差是造成柱透镜光栅三维显示器串扰的主要原因。

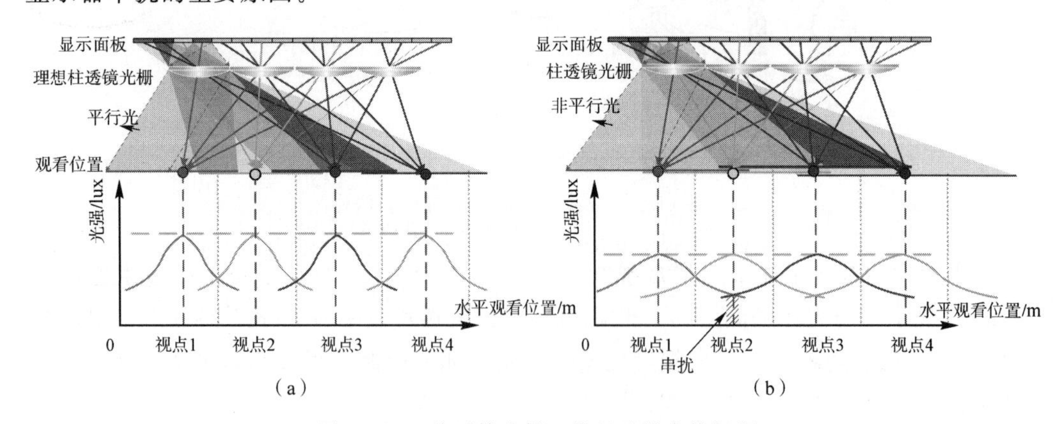

图 4-2-12　柱透镜光栅三维显示的串扰问题

(a)理想柱透镜光栅三维显示器成像与串扰示意图；(b)实际柱透镜光栅三维显示器成像与串扰示意图

为了解决柱透镜像差引起的串扰问题，可以采用反向光路进行分析。基于反向光路的优化设计可以更简便地确定像差的优化阈值。根据光学定义，先初步建立理想的光学系统，如图 4-2-13(a)所示，对单个理想柱透镜和该透镜覆盖的像素进行分析。反向光路中，入射平行光穿过理想柱透镜汇聚在二维显示面板上主像素一点。而在考虑柱透镜像差的反向光路中，如图 4-2-13(b)所示，入射的平行光经过柱透镜汇聚在二维显示面板前方，光路继续传播在二维显示面板上形成弥散斑。入射光线孔径角度 u 的增大会导致像差增大，因而透镜像差形成的弥散斑直径过大，覆盖了主像素及其相邻像素，即观看者在观看位置上会看到相邻视点的串扰光。通过模拟在系统中引入非球面透镜或复合透镜，缩小反向光路像面的弥散斑，从而达到减小柱透镜像差并降低串扰的目的。若优化后弥散斑直径小于子像素尺寸，则该优化系统产生的串扰是可被人眼接受的。

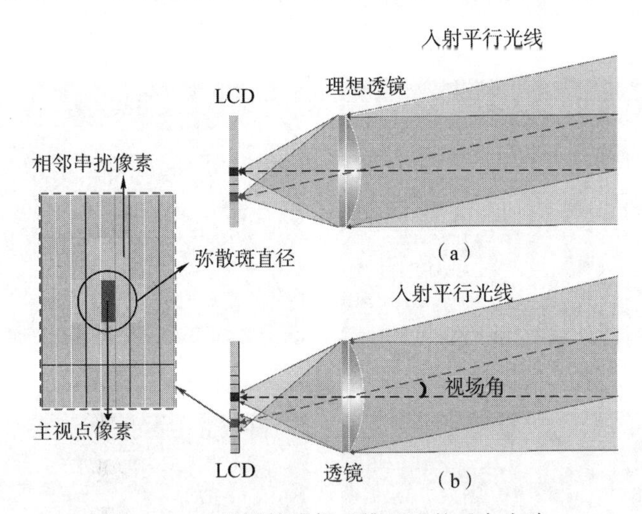

图 4-2-13　柱透镜光栅三维显示的反向光路

(a)理想柱透镜光栅三维显示的反向光路;(b)实际柱透镜光栅三维显示的反向光路

4.2.3　显示面板与摩尔纹

1. 显示面板与像素排布

显示面板是光栅三维显示器中加载合成图的显示部件，由于不同视差图的信息可能会被加载到相邻的像素上，因此，显示面板需要满足像素能被独立调控的条件，常见的LCD、OLED 与 PDP 等平面显示器都能满足该条件。

使用发光二极管作为显示单元的 LED 显示器，具有自发光、亮度高、像素颗粒大、密度低、分辨率低的特点。图 4-2-14 为 LED 显示面板上像素的不同排列方式。

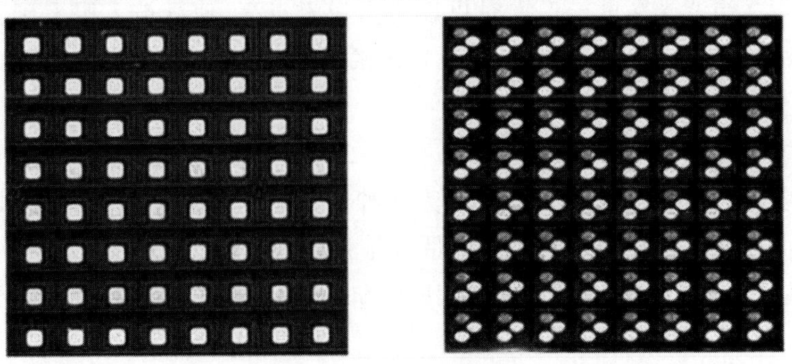

图 4-2-14　LED 显示面板上像素的不同排列方式

与 LED 屏幕类似但又存在不同的 OLED 屏幕，通过电流驱动有机薄膜来发光，可以发出红、绿、蓝等单色光，也以组合成全彩光。常见的 OLED 像素排列一般有 Pentile 排列(简称 P 排)、钻石排列，虽然样式有所差异，但它们都只有两个像素点，需要借助临近像素点才能正常成像。这种借助邻近像素的方法会为字体带来彩边锯齿问题，使观看者无法看见清晰的边缘细节。对比 RGB 的排列方式，OLED 显示屏的成像效果无疑要比 LCD 显示屏的成像效果粗糙许多。图 4-2-15 为 OLED 显示面板上常见子像素的排列方式。

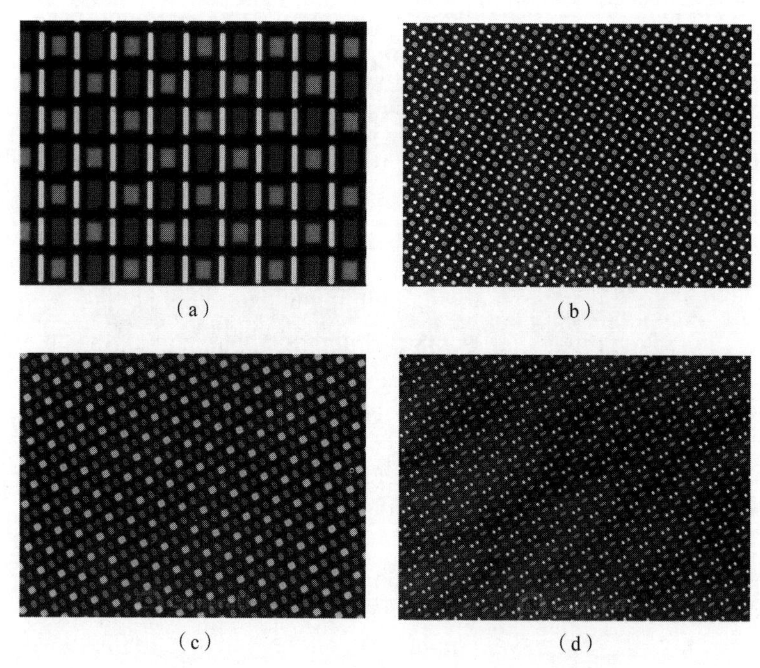

图 4-2-15　OLED 显示面板上常见子像素的排列方式

(a)Pentile 排列；(b)钻石排列；(c)Delta 排列；(d)BOE 排列

LCD 液晶显示器自身不发光，需要用专门的背光结构提供照明。不同于 LED 显示器，LCD 显示器上像素是显示器最基本的显示单元，子像素是最小的发光单元。其中子像素一般为宽高比为 1∶3 的长方形，三个分别为红(R)、绿(G)、蓝(B)的像素构成一个正方形的像素。当背光穿过子像素时可以将子像素点亮，使其被人眼看到。因此，尽管 LCD 显示器的亮度比 LED 显示器低，但它像素密度和分辨率高的优点使之更适用于室内小尺寸的显示。

LCD 显示器通过改变红(R)、绿(G)、蓝(B)三个子像素，并利用它们之间的相互叠加来得到各种各样的颜色。图 4-2-16 所示为几种常见的子像素排列方式。用于光栅三维显示的显示面板像素排列方式大多采用带状排列方式，像素单元由 R、G、B 三个子像素并排组成，在水平方向上子像素按 R、G、B 周期排布，竖直方向上每列子像素的 R、G、B 相同。

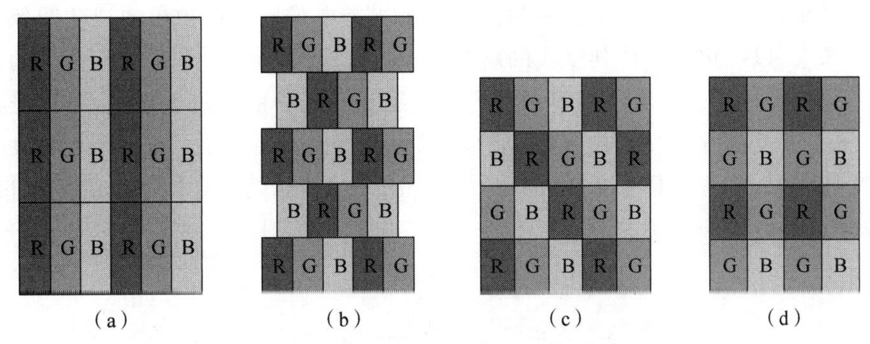

图 4-2-16　液晶显示面板上子像素的排列方式

(a)带状排列;(b)三角形排列;(c)马赛克排列;(d)正方形排列

显示分辨率是在显示器像素的基础上衍生的概念,作为显示面板的重要性能参数,影响着三维显示的显示效果。显示分辨率(显示器的物理分辨率)描述的是显示器自身可用于显示的像素数目,是固定不可改变的。例如:3 840×2 160 的显示分辨率,代表显示器水平方向有 3 840 个像素,竖直方向有 2 160 个像素。由于显示器上像素可以构成任意的点、线、面,显示器可显示的像素越多,画面就越精细,同样的屏幕区域内能显示的信息也越多。

2. 摩尔纹

在日常生活中,使用数码设备(手机、相机)拍摄有密纹纹理的景物时,成像画面会存在一些不规则的水波纹状图案,这种现象被称为摩尔纹现象,如图 4-2-17 所示。

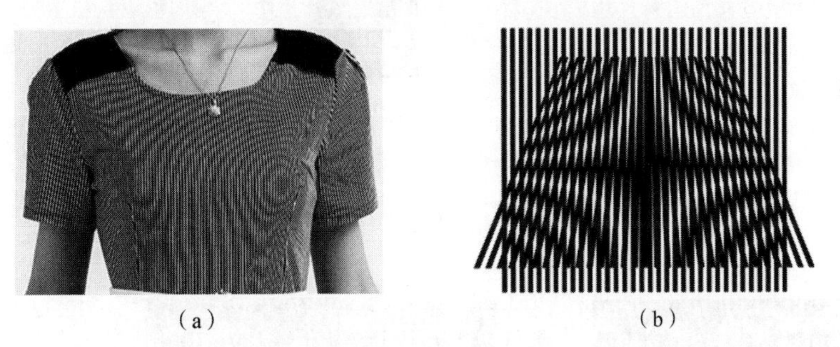

图 4-2-17　摩尔纹现象

(a)生活中常见的摩尔纹现象;(b)两个周期性图案产生的摩尔纹

从波的干涉角度出发,频率相同的两列波叠加,使某些区域的振动加强,某些区域的振动减弱,而且振动加强的区域和振动减弱的区域相互隔开。因此,摩尔纹是由两个周期性结构相互作用产生的周期性的条纹。

4.3　光栅三维显示器的合成图生成方法

根据上节中提到的双目视差原理,可以模拟人眼立体视觉过程,用两个或多个具有一定间距的相机从不同角度拍摄同一三维场景,获得多幅有差异的图像。这个过程被称为图像的采集过程,这些被采集到的图像被称为视差图像。提取拍摄的视差图像序列中的特定子像素,以一定规律排列生成的新图像称为合成图,图 4-3-1 所示为拍摄的视差图和最后所得的合成图。将合成图显示在光栅三维显示器中的显示面板上,通过光栅的控光作用,子像素发出的光线会在空间中形成不同的视点显示区域,观看者左右眼处在不同视点区域内时,将看到具有立体效果的图像,这个过程称之为立体图像的再现过程,如图 4-3-2 所示。

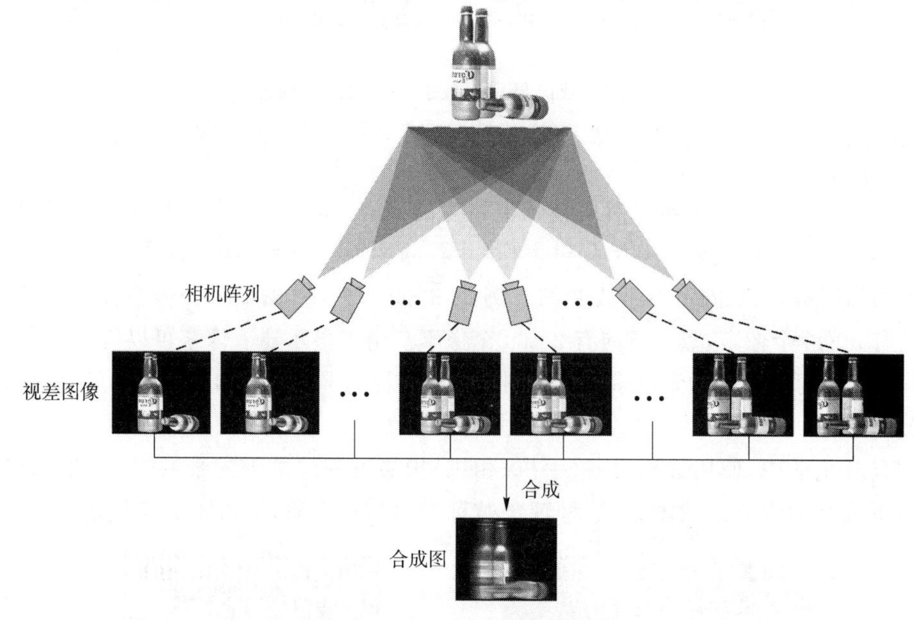

图 4-3-1　视差图像与合成图像

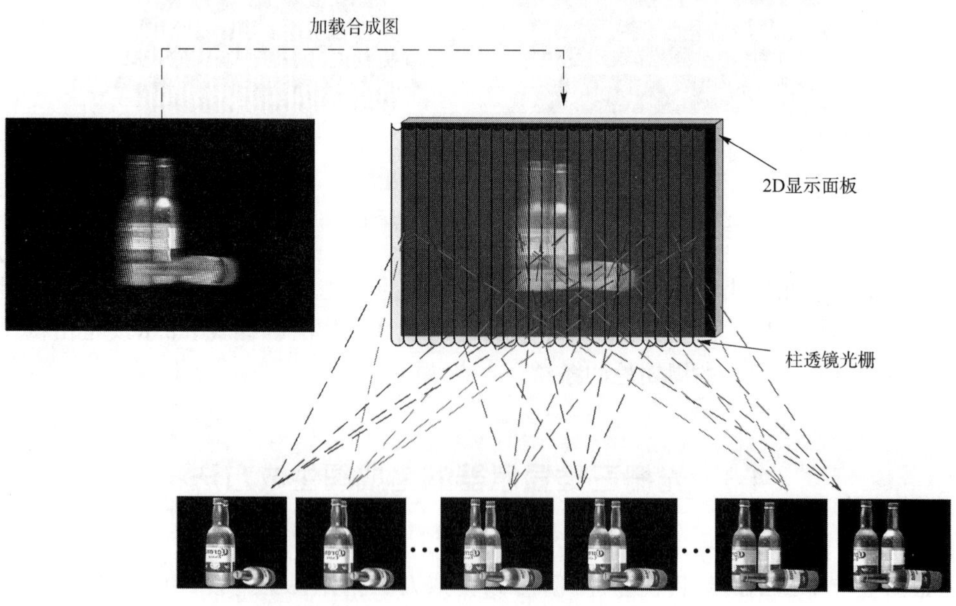

图 4-3-2　光栅三维显示装置显示图片

本节以柱透镜光栅为例，介绍合成图像的生成方法，即合成图像的编码规则。在开始介绍具体内容前，需要先明确和光栅相关的参数含义，相关参数已在图 4-3-3 中标明。

倾斜角 θ：光栅偏离竖直方向的倾斜角度，如图 4-3-3(a)所示。为了避免由于光栅周期与子像素周期所带来的摩尔纹与彩虹纹现象，在 2D 显示面板前装配柱透镜光栅时，通常让光栅单元的条纹与竖直方向存在一定的倾斜角度 θ。本书对 θ 的正负规定如下：当光栅相对于竖直方向按顺时针方向旋转一定角度放置时，θ 取正值；反之，θ 取负值。

节距 P_1：光栅单元横截面的宽度，也称为光栅周期，如图 4-3-3(a)所示。

水平节距 P_x：光栅单元在水平方向上的宽度，如图 4-3-3(a)所示。

线数 P_e：光栅单元在水平方向上覆盖的子像素区域宽度，如图 4-3-3(b)所示。

由图 4-3-3 中的几何关系可推出光栅节距 P_1 和光栅线数 P_e 的关系，推导过程如下：

$$P_x=\frac{P_1}{\cos\theta} \tag{4-13}$$

$$\frac{P_x}{P_e}=\frac{L}{L+L_g} \tag{4-14}$$

$$P_e=\frac{(L+L_g)P_1}{L\cos\theta} \tag{4-15}$$

式中，L 表示观看位置离光栅平面的垂直距离，L_g 表示 2D 显示面板和光栅的间距。

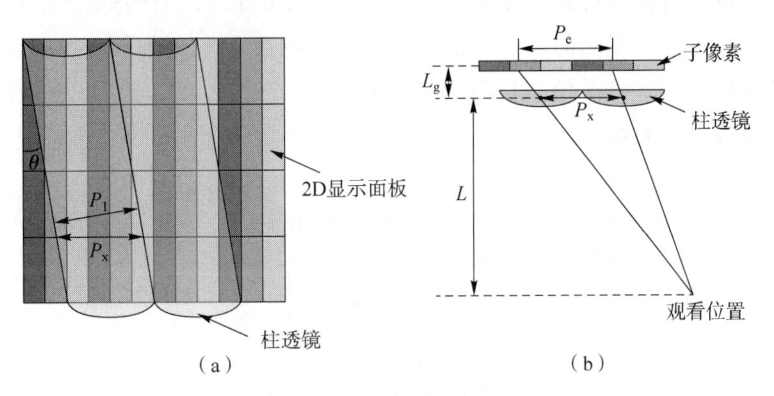

图 4-3-3 光栅相关参数图示

(a)正视图；(b)俯视图

由几何光学知识可知，子像素发出的光线，经过柱透镜的折射，会偏折到空间的不同区域形成视区，光线偏折角度与子像素中心离所在透镜光轴中心的距离有关。为了让观察者的左右眼分别看到正确的视差图信息，就需要先确定显示面板上子像素所表达的视点信息，也就是确定合成图中子像素与视差图子像素间的关系，光栅三维显示中合成图像生成方法正是基于此映射关系。

显示面板上与透镜单元光轴中心距离相同的子像素，其发出的光线经过透镜后会映射到空间中同一区域，所以这些子像素应当填充同一幅视差图信息，才能保证正确的观看效果。为方便提取视差图中子像素坐标，可将每幅视差图缩放成与合成图等大分辨率。由于合成图像加载于 2D 显示面板上，合成图分辨率应和显示面板的分辨率一致。据上所述，图像的合成方法可归结为三个步骤：首先，确定视点数 N，得到合成图像各子像素与各幅视差图映射关系的视点数矩阵；然后，利用图像插值算法将各幅视差图像缩放，使之与合成图像具有相同分辨率；最后，根据视点数矩阵，对各视差图像进行采样得到合成图像。

显然，光栅线数 P_e 和倾斜角 θ 不同，光栅三维显示器能够实现的视点数目 N 也将有不同的选择，相应的合成图子像素映射关系也将不同。本节将根据光栅线数和倾斜角的不同，对光栅三维显示器合成图的生成方法进行详细说明，为方便说明，本节以下内容假设子像素宽度为 1。

首先考虑当光栅柱透镜单元覆盖整数个子像素，且光栅无倾角放置时的情况。在此以单个柱透镜覆盖 4 个子像素且光栅无倾角放置为例进行说明，如图 4-3-4 所示。由视点构建原理与光栅控光原理可知，子像素发出的光线在空间中所构建的视点位置和子像素中心离柱透镜光轴中心间的距离密切相关，为方便分析，子像素与所在透镜的相对位置关系可以根据子像素左边缘到其所在透镜左边缘的距离来判断。此外，为方便说明，将如图 4-3-4 虚线框范围内所示的 4 个子像素与其所在的柱透镜定义为一个显示单元，显示单元内所有子像素与它们对应的透镜有着不同的相对位置关系。该显示单元中的 4 个子像素与其所在透镜左边缘的距离有 4 种，分别为 0、1、2、3 个子像素单位长度，最多只能在空间中构建 4 个不同的视点。由此可确定视点数矩阵，如图 4-3-4 所示，图中子像素上的数字标号代表了该子像素信息来自哪幅视差图像，例如，与所在透镜左边缘距离为 0 的子像素都应填充视差图 1 的信息。

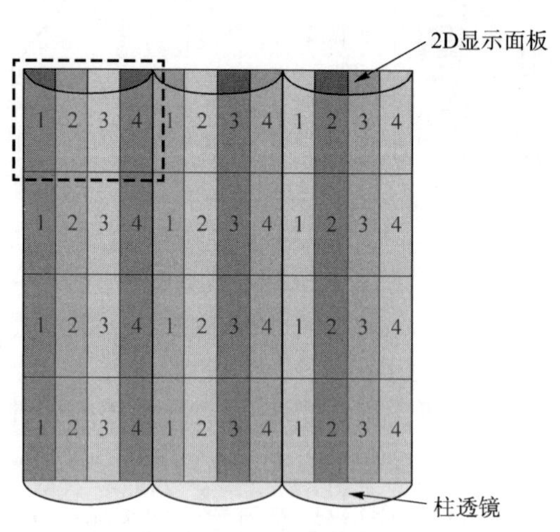

图 4-3-4　$\theta=0$ 时子像素编码示意图

在上述情形中，要想实现更多视点，只能成比例地增大光栅节距，但光栅节距的增大又降低了视点观看区域的立体分辨率。为了解决视点数目与光栅节距间的矛盾关系，可以利用竖直方向的子像素在水平方向上构建视点，从而增加视点数目。

下面以光栅柱透镜单元覆盖 4 个子像素且光栅倾斜角 $\theta=\arctan(-1/6)$ 为例进行详细说明。如图 4-3-5 所示，第一行的子像素与其对应透镜左边缘的距离有 4 种，前面已经说明本节假设子像素宽度为 1，则这 4 种距离分别为 0，1，2，3，如图虚线所标注的区域 1 所示。第二行的子像素与所在透镜左边缘的距离有 1/2，3/2，5/2，7/2 这 4 种，如图虚线所标注的区域 2 所示。当 $\theta=\arctan(-1/6)$ 时，显示面板上奇数行子像素与其所在透镜的相对位置关系与第一行子像素相同，偶数行子像素与其所在透镜的相对位置关系与第二行子像素相同，所以采用此光栅参数的三维显示器，其子像素与所在透镜的相对位置关系总共有上述 8 种，可以构建 8 个视点，区域 1 内 4 个子像素和区域 2 内 4 个子像素与其对应柱透镜共同构建一个显示单元。这样，在不改变光栅节距的基础上，可通过改变光栅倾角来增加可构建的视点数目。

在确定视点数矩阵时，首先需要计算出合成图任意子像素左边缘与其所在透镜左边缘的距离，判断该距离在上述 8 种相对位置关系中的序号，根据该序号选择所需要填充的视差图编号。例如，将区域 1 内 4 种距离与区域 2 内 4 种距离集合排序，区域 1 内 4 个子像素可分别标号为 1、3、5、7，区域 2 内 4 个子像素分别标号为 2、4、6、8，此标号同时也代表了合成图中子像素信息来自于哪幅视差图像。

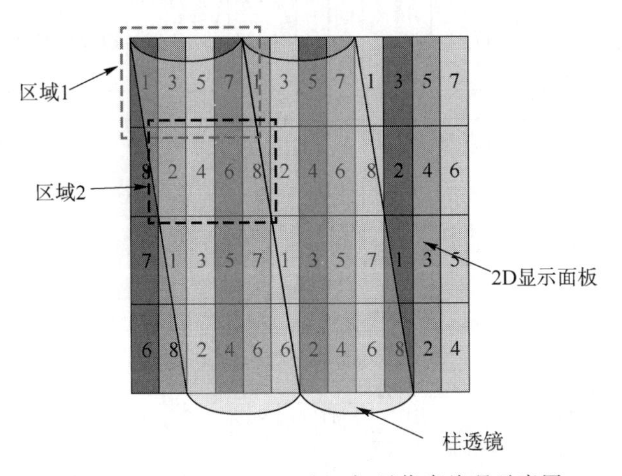

图 4-3-5　$\theta=\arctan(-1/6)$时，子像素编码示意图

除了利用竖直方向子像素构建视点外，也可以通过使光栅覆盖非整数个子像素来达到小节距光栅实现更多视点的目的。例如，光栅线数 P_e 为 5.333，光栅倾斜角为 $\theta=\arctan(-1/6)$。此时由三个透镜覆盖的两行子像素形成了 6 个不同的区域，每个区域的标号如图 4-3-6(a)所示，虚线部分的 6 个区域形成一个显示单元。从子像素离所在透镜边缘距离来看，区域(1)的子像素组左端起始位置距离其对应柱透镜左端的距离为 0；区域(2)的子像素组左端起始位置距离其对应柱透镜左端的距离为 1/2；区域(3)的子像素组左端起始位置距离其对应柱透镜左端的距离为 2/3；区域(4)的子像素组左端起始位置距离其对应柱透镜左端的距离为 1/6；区域(5)的子像素组左端起始位置距离其对应柱透镜左端的距离为 1/3；区域(6)的子像素组左端起始位置距离其对应柱透镜左端的距离为 −1/6，每个区域由一个透镜覆盖。

为了进一步观察 32 个子像素和 6 个区域的相对位置，在图 4-3-6(b)中给出了在一个显示单元中的 6 个区域及其相应子像素的布置。可以看到，对于前面的透镜阵列，这些子像素位于不同的相对位置。由于显示单元中的子像素和相应的透镜阵列具有相对位置偏差，因此在水平方向上的不同位置形成定向视点。由一个透镜覆盖的相邻子像素形成的视点之间的距离被设置为 w。假设区域(1)的第一视点在观察平面上的位置为参考位置，那么区域(1)、区域(2)、区域(3)、区域(4)、区域(5)和区域(6)的第一视点分别形成在 0、$1/2w$、$2/3w$、$1/6w$、$1/3w$ 和 $-1/6w$ 的位置。根据空间位置，它们是显示系统的第二、第五、第六、第三、第四和第一视点，6 个区域的第二视点是第八、第十二、第十一、第九、第十和第七视点。一个显示单元中的 32 个子像素发出的光线被分布在观察平面上形成了不同位置的视点，如图 4-3-6(c)所示。

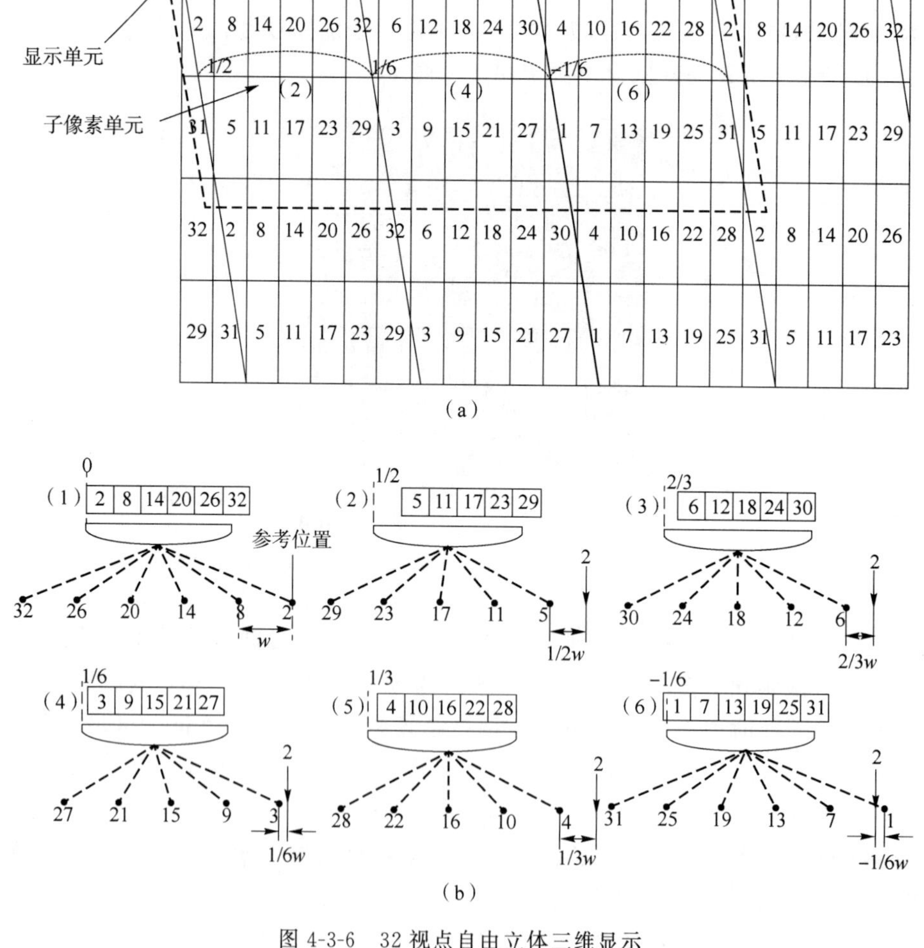

图 4-3-6　32 视点自由立体三维显示

(a)子像素排列；(b)显示单元的子像素的等效排列

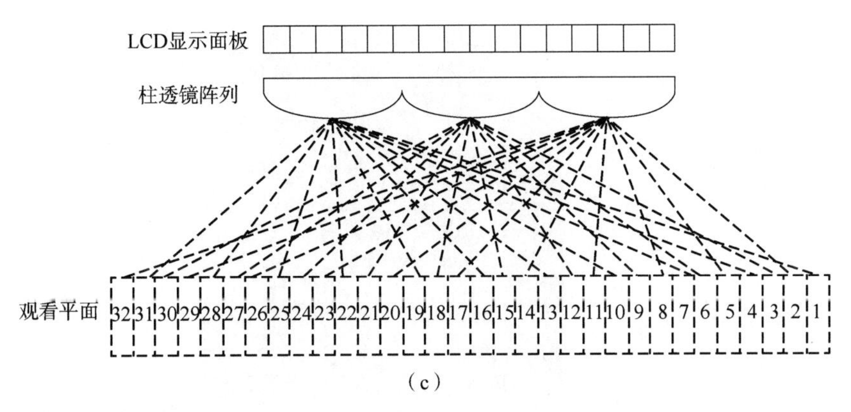

(c)

图 4-3-6 32 视点自由立体三维显示(续)

(c)观看平面处的视点

上述立体图像合成方法只适用于具有特定线数值和倾斜角值的柱透镜光栅，而且一般也只能合成具有固定视点个数的立体图像，由此便弱化了这样的立体图像合成方法的普适性。对此，通过总结上述各类不同光栅参数所确定的视点数矩阵，可以推导出一种光栅普适的多视点合成图像生成方法，下面将详细说明这种方法。

对于光栅三维显示器而言，子像素左边缘到其所在透镜左边缘的距离是位于$[0,P_e)$区间内的，根据视点构建原理，子像素与所在透镜的相对位置关系决定了其所要填充的视差图信息，所以当确定了光栅三维显示器的视点数目 N 后，可将该区间均分为 n 个子区间，子区间宽度为 $d=P_e/N$，子像素应当填充的视差图信息可根据子像素左边缘到其所在透镜左边缘的距离所处的子区间来决定。合成图中任意子像素(i,j,k)左边缘到最左侧光栅单元左边缘的水平距离记为 D_p，该子像素左边缘到该对应光栅单元左边缘的距离记为 A_p，则

$$D_p=3\times(j-1)+3\times(i-1)\times\tan\theta+(k-1) \tag{4-16}$$

$$A_p=D_p \bmod P_e \tag{4-17}$$

式中，坐标(i,j,k)表示为第 i 行第 j 列像素中第 k 个子像素，mod 表示取余函数。

以图 4-3-7 标号为 1 的子像素为例，其左边缘到最左侧光栅单元左边缘的水平距离 D_p 和到其所在光栅单元左边缘的距离 A_p 如图中所示。

当子像素左边缘到其对应光栅单元左边缘的距离 A_p 满足 $0\leqslant A_p<\frac{p}{N}\times 1$ 时，这些子像素应填充第 1 幅视差图相应位置的子像素信息，满足 $\frac{p}{N}\times 1\leqslant A_p<\frac{p}{N}\times 2$ 的子像素应填充第 2 幅视差图相应位置的子像素信息，以此类推，当子像素左边缘到它所在光栅单元左边缘的距离 A_p 满足$\frac{p}{N}\times n\leqslant A_p<\frac{p}{N}\times(n+1)$时，这些子像素应填充第 n 幅视差图相应位置的子像素信息，即任意子像素(i,j,k)在视点数矩阵中的视点编号 n 可由公式(4-18)得出，符号“⌈ ⌉”表示向下取整。

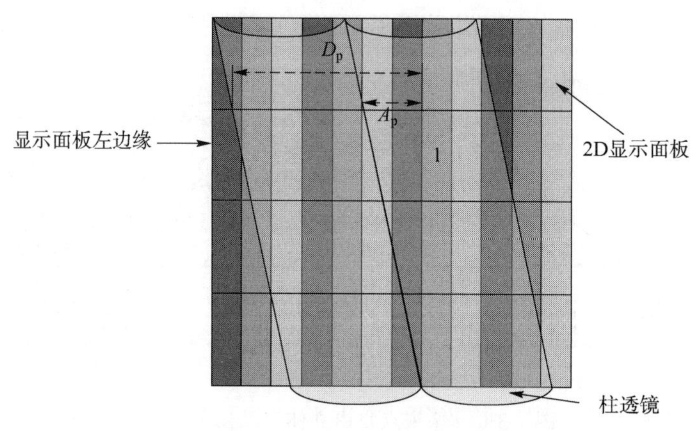

图 4-3-7　D_p 和 A_p 示意图

$$n=\lceil A/d \rceil \tag{4-18}$$

按照这个方法,可以确定合成图中子像素与视差图子像素的映射关系,也就确定了视点数矩阵,这一步是立体合成图生成方法的核心。之后,将各视差图像伸缩为与合成图像大小相等;最后,根据视点数矩阵提取相应视差图像相同位置处的子像素填充到合成图中。

该方法具体实施过程是基于 Visual Studio 2019 平台与 OpenCV 软件库实现,该过程的代码如图 4-3-8 所示。

```
//i, j控制像素的行列, k取0, 1, 2, 控制哪一个子像素
//ge_height,ge_width为合成图片的分辨率信息
for (i = 0; i < ge_height; i++)
    for (j = 0; j < ge_width; j++)
        for (k = 0; k < 3; k++)
        {
            D = 3 * j + k + 3 * i * tg_lens; //D为子像素离最左边透镜左边缘的距离,tg_lens为光栅倾斜角
            A = fmod(D, pitch); //A为子像素离所在透镜左边缘的距离

            //避免光栅倾斜时, 屏幕左边的子像素离透镜距离出现负值
            while (A < 0)
            {
                A = A + pitch;
            }
            viewp = cvFloor(A / (pitch / img_num)); //viewp指明了当前子像素应当取哪一幅视差图的信息
            if (viewp == img_num)
            {
                viewp = img_num - 1; //img_num为视差图数目
            }
            //ge_img为Mat对象, 存放合成后的图像。viewimg为Mat图像数组, 存放视差图图像
            ge_img.at<Vec3b>(i, j)[k] = viewimg[viewp].at<Vec3b>(i, j)[k];
        }
```

图 4-3-8　光栅普适的多视点合成图像生成方法代码

以上为普适的基于光栅的多视点合成图像生成方法,最后,扩展另一种合成图生成方法——加权法。与光栅普适的多视点合成图像生成方法不同的是,该方法在确定视点

数 N 时，采用对光栅单元水平方向上覆盖的子像素数目取整获得。然后在水平方向上将柱透镜单元覆盖的子像素区域均分为 N 个子区域，可得子区域宽度为 $d=\frac{P_e}{N}$，每个子区域内的子像素填充相应的视差图信息。合成图中子像素的灰度值，由它所在的子区域落在该子像素上的部分占该子像素的面积比例作为权重，加权相应视差图中子像素的灰度值来决定。如图 4-3-9 所示，图 4-3-9(b)为图 4-3-9(a)虚线框选出的区域，光栅倾斜角为 $\theta=\arctan(-1/3)$，光栅单元水平方向上覆盖的子像素数目为 4.4，将其取整为 4，即实现 4 视点内容，那么子区域宽度 d 为 1.1。通过计算可知，图中标号为 2 的子像素，有0.59的面积落在第一个子区域内，有 0.41 的面积落在第二个子区域内，如图 4-3-9(b)所标注，其灰度值就等于第一幅视差图对应子像素的灰度值乘以 0.59 加上第二幅视差图对应子像素的灰度值乘以 0.41，其余子像素灰度值以此类推。将合成图第 i 行第 j 列第 k 个子像素灰度值记为 P_{ijk}，其左侧部分所在子区间对应的视差图子像素灰度值为 PL_{ij}，分割该子像素的面积比例为 S_1，右侧部分所在子区间对应的视差图子像素灰度值为 PR_{ij}，分割该子像素的面积比例为$(1-S_1)$，则该子像素的灰度值可由公式(4-19)得出。

$$P_{ijk}=PL_{ij}\times S_1+PR_{ij}\times(1-S_1) \tag{4-19}$$

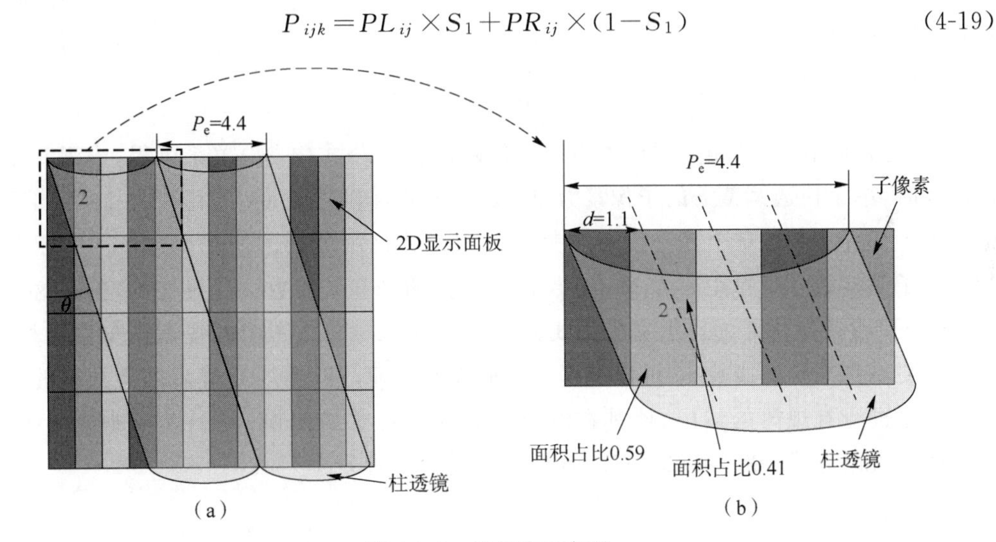

图 4-3-9　加权法示意图

4.4　光栅三维显示的线数与倾角

在上节内容的讨论中可以得出，光栅三维显示器的线数 x（最佳观看位置观看时单个柱透镜或狭缝单元水平方向上所覆盖的子像素数）和倾角 θ（光栅装配时与像素竖直排列方向的夹角）与合成图的生成密切相关，这两个参数直接影响了合成图中视点的排布方式。只有根据正确的参数生成合成图,观看者通过光栅三维显示器才能观看到正确的显示效果。因此在光栅三维显示中获得光栅线数 x 与倾角 θ 的精确值是实现正确显示效果最基本的一步。

光栅三维显示器所使用的光栅在出厂时会提供参数,比如光栅的节距,但是有很多因素会影响参数的精准度。光栅在制造过程中存在生产误差,安装到 2D 显示屏上时存在装配误差,种种误差导致光栅的理论设计参数与实际参数间存在偏差。对于同一个光栅,光栅三维显示系统的最佳观看位置改变时,光栅的线数也会随之改变。因此在将一台新的光栅三维显示器装配完毕后,首先应当准确地测量光栅的参数。下面对准确测量参数的方法进行讨论。

由光栅三维显示器的实现原理可知,视点的形成过程是光栅对子像素发出光的方向进行控制的过程,单个柱透镜或狭缝单元覆盖子像素的个数即能被控制光线方向的子像素个数,原理图如图 4-4-1 所示。图 4-4-1 以柱透镜光栅为例,其中 W_p 表示子像素宽度,L 表示观看距离,g 表示光栅与 2D 显示屏的距离,图中的几何线条为在柱透镜光栅控制下子像素发出的光线方向,子像素上方的数字标号与视点标号相对应。图 4-4-1 是在观看距离为 L 时单个柱透镜覆盖四个子像素形成视点排布的情况,根据图中的几何关系可得公式(4-20):

$$\frac{p}{x \times W_p}=\frac{L}{g+L} \tag{4-20}$$

式中,p 是光栅节距,即相邻两柱透镜中心的距离。由公式(4-20)关系可得,当观看距离 L 改变时,单个柱透镜覆盖的子像素数目(线数)x 也将随之改变。如图 4-4-2 所示,观看距离由 L 变成 L' 时,单个柱透镜所覆盖的子像素数目由之前的四个变成了图中粗实线覆盖的子像素数。观看距离 L 确定时,节距为 p 的光栅其线数 x 也随之确定,在这种几何关系下,$x \times W_p$ 大于 p。上文提到线数 x 和倾角 θ 与合成图中的视点排布直接相关,因此想要得到准确的线数 x,可以利用视点形成的原理,通过对 2D 显示屏上加载的合成图子像素进行有规律的编码,使其在特定视点形成特殊的图像,便于直观地观察测量。合成图的编码方式、最终视点排布的效果是线数测量的关键。

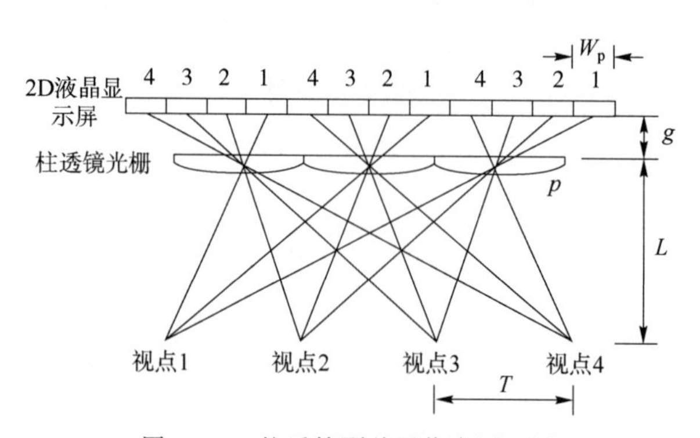

图 4-4-1　柱透镜覆盖子像素原理图

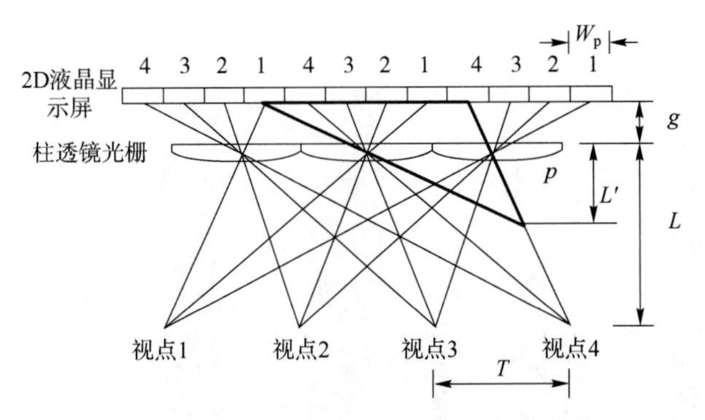

图 4-4-2 不同观看距离对光栅线数的影响

下面以无倾角并且单个柱透镜恰好覆盖四个子像素为例进行讨论。如图 4-4-3 所示，以四个子像素为周期，每隔三个子像素关闭一个子像素，即除了标号为视点 1 的子像素之外其他全部点亮，代表视点 1 信息的所有子像素灰度值为 0，其他三个视点子像素灰度值全部为 255。这时观看者在视点 1 位置看到的图像为全黑图像。图 4-4-4 为关闭视点 1 子像素时的合成图，在图中可以看出，除视点 1 以外的其他三个视点由于 RGB 三色子像素全部被点亮，其光线混合在一起将会在对应的观看位置呈现全白图像。以这种方式对合成图进行编码，线数 x 等于编码的视点数，这时除了视点 1 为全黑图像外，其他任何位置都为全白图像，观看者可以通过观看屏幕来进行直观地判断。

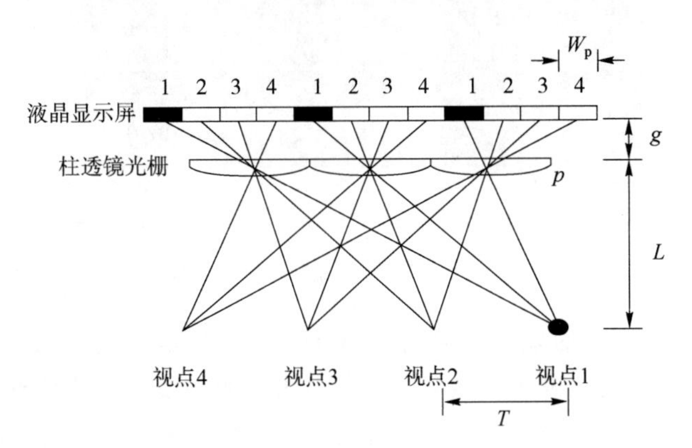

图 4-4-3 全黑图的生成过程

在上文的讨论中，当合成图编码的视点数等于线数 x 时，只关闭特定一个视点所有的子像素可以在对应视点的观看位置得到全黑图，因此通过调整合成图视点数并结合观察屏幕是否全黑可以对线数进行测量。但是大多数情况下线数并非简单的整数。如图 4-4-5 所示，柱透镜单元没有覆盖整数个子像素，而是介于 3 个和 4 个子像素之间，如果依然按照之前的光栅参数生成合成图，观看效果并不正确。第三个柱透镜单元显示视点 4 的子像素，将会与第一个柱透镜单元显示视点 1 的子像素映射到空间中同一位置，会形成极大的串扰。

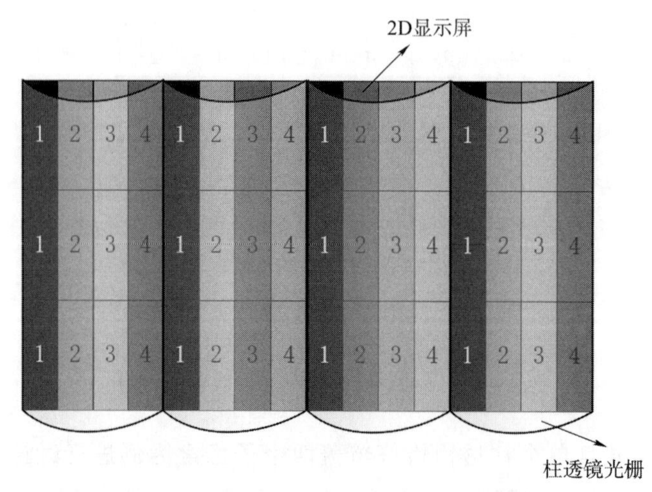

图 4-4-4　关闭视点 1 子像素时的合成图

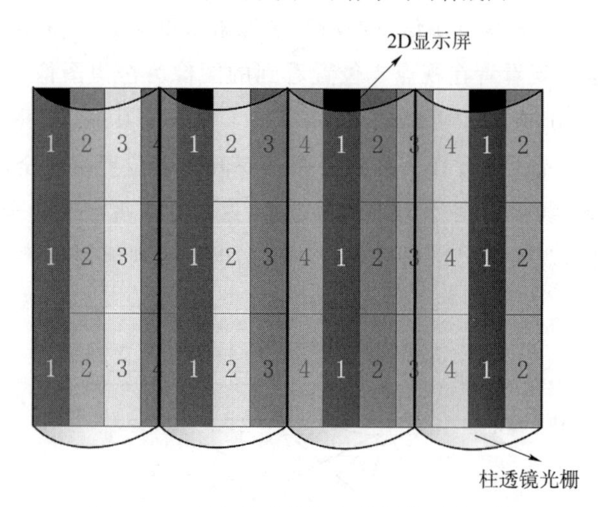

图 4-4-5　单个柱透镜覆盖非整数子像素数

想要通过观察全黑图的方法确定线数，应该将 2D 显示屏上子像素代表的视点信息重新排布，在空间中形成正确的视点分布。上节讲到的多视点算法能够在任意线数 x 与倾角 θ 的光栅参数下得到任意个数的视点排布，可以利用多视点算法对合成图进行编码，以得到正确的观看效果。

图 4-4-6 是用以多视点算法为基础的光栅调试程序测量光栅参数的具体步骤图。如图 4-4-6 所示，将光栅装配到显示器上之后，首先选定一个观看位置 L，然后使用测量工具(毫米尺等)粗略地测量光栅的线数和倾角，记录下数值作为调试程序中预设的线数值和倾角值。在程序中设定视点数 n 的值(一般设定两个或四个)，将其中一个视点子像素灰度值设置为 0，其余子像素灰度值设置为 255。运行程序得到合成图，合成图在光栅三维显示器上显示，此时将观看到黑白条纹图像。实时调整程序中线数 x 与倾角 θ 的值来调整合成图的视点排布，同时观看者在当前观看位置附近的视区内观察屏幕图像变化。当黑色区域逐渐占满屏幕，由倾斜变竖直，直至观看者在某一视点位置单眼观看时黑色

完全占满屏幕,其他视点位置为全白效果,说明当前设定的线数 x 和倾角 θ 与实际的光栅参数相匹配,即测量出光栅的参数。

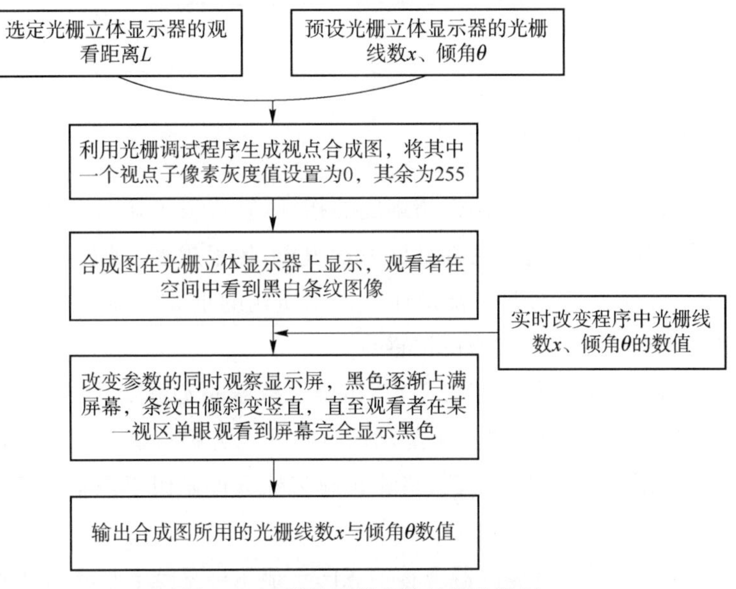

图 4-4-6　测量光栅参数具体步骤图

如图 4-4-7 所示,以任意参数的光栅三维显示器为例对测量步骤进行具体的说明。观看者在不知道具体光栅参数的情况下,参照上文的步骤,粗略测量出线数和倾角。例如经过测量得出线数的大概值为 7,倾角的大概值为 arctan(1/3),在光栅调试程序中预设线数 $x=7$,倾角 $\theta=\arctan(1/3)$,视点数设为两个。将视点 1 的全部子像素灰度值设为 0,其他子像素灰度值设为 255,生成的合成图在 2D 显示屏上显示。由于开始测量时预设的参数与真实的参数不同,视点 1 的全部子像素不能映射到同一视区,观看者不能在某一位置看到黑色占满屏幕。不断调整程序中线数与倾角的值,按照测量步骤中的观察方法观察屏幕的变化。当程序中的参数与真实参数值吻合时形成图 4-4-7 中正确的两视点排布,视点 1 的子像素与透镜左边缘的距离均小于真实线数的一半,视点 1 的观看位置可以看到屏幕呈现全黑。此时记录程序中的数值,测量完成。

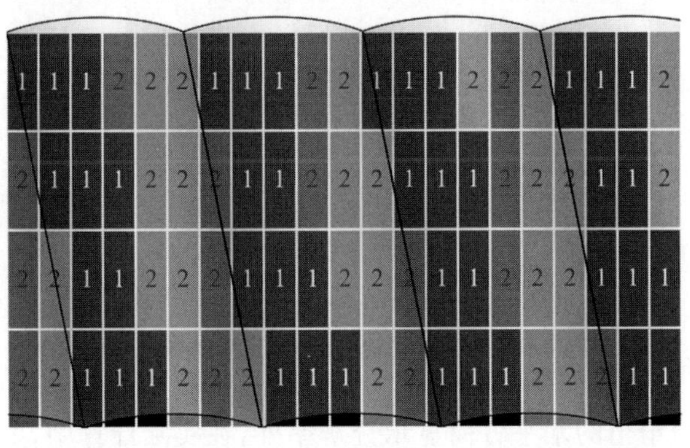

图 4-4-7　利用多视点算法对任意光栅测量示意图

4.5　光栅三维显示参数

4.5.1　光栅三维显示的分辨率

分辨率是用来表征屏幕显示图像精细度的指标，它代表了显示设备所能显示的像素数目。由于屏幕上显示的任何图案都是由像素组成，像素越多，画面就越精细，因此无论对于 2D 显示还是 3D 显示，分辨率都是评判显示质量的重要标准之一。高分辨率的 3D 显示可以为观看者提供更加真实的视觉感受。

光栅三维显示器的显示分辨率与 2D 显示屏上覆盖的光栅数量有关。由于大部分光栅都存在一定的倾斜角，所以光栅三维显示的分辨率与光栅倾斜角度和子像素排布等因素都有关系。下面以柱透镜光栅举例(狭缝光栅与柱透镜光栅原理基本相同)，下面来讨论光栅三维显示的分辨率大小。

图 4-5-1 为视点光栅三维显示器观看示意图。显示屏幕位于柱透镜光栅阵列后方焦平面处，LCD 面板上的子像素发出的光线被柱透镜转换为平行光入射到人眼中。水平方向上，体像素点的尺寸等于单元柱透镜宽度，人眼在某个视点透过每个显示单元只能看到一个子像素的色彩信息。因此光栅三维显示的水平方向分辨率 R_l 与光栅覆盖的子像素数 N 成反比，即

$$R_l = \frac{1}{N} \tag{4-21}$$

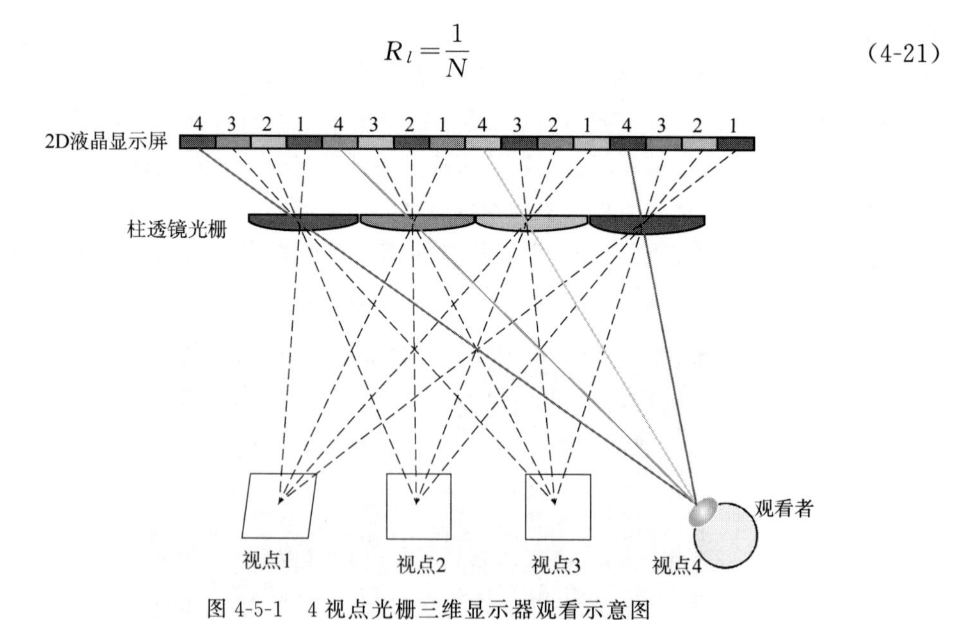

图 4-5-1　4 视点光栅三维显示器观看示意图

除了公式(4-21)给出的水平方向显示分辨率外，在实际计算中，要依据不同的子像素

排布和光栅倾角具体分析光栅三维显示竖直方向分辨率。图 4-5-2 为两个不同子像素排布的 LCD 面板装配柱镜光栅的示例。如图 4-5-2(a)所示，柱透镜光栅的倾角为 arctan(1/3)，柱透镜覆盖子像素的个数为 4，因此在水平方向上，透镜的个数和显示分辨率就为 LCD 显示屏分辨率的四分之三(一个像素水平方向由三个子像素组成)。由于光栅存在 arctan(1/3)的倾斜角度，竖直方向上，可以将 R、G、B 三个子像素看作一个像素点来考虑，因此在这种情况下光栅三维显示的竖直方向分辨率下降为 LCD 显示屏分辨率的三分之一。

如图 4-5-2(b)所示是马赛克式的 LCD 子像素排布方式，相同颜色的子像素呈阶梯状排布，这种子像素排布方式解决了传统基于 LCD 液晶屏的光栅三维显示器会产生摩尔条纹的问题，因此基于这种子像素排布的光栅三维显示不需要将光栅倾斜一定的角度，可以垂直方向放置。这种 LCD 子像素排布的三维显示分辨率与图 4-5-2(a)所示的情况类似，水平方向变为显示屏的四分之三，竖直方向下降为三分之一。

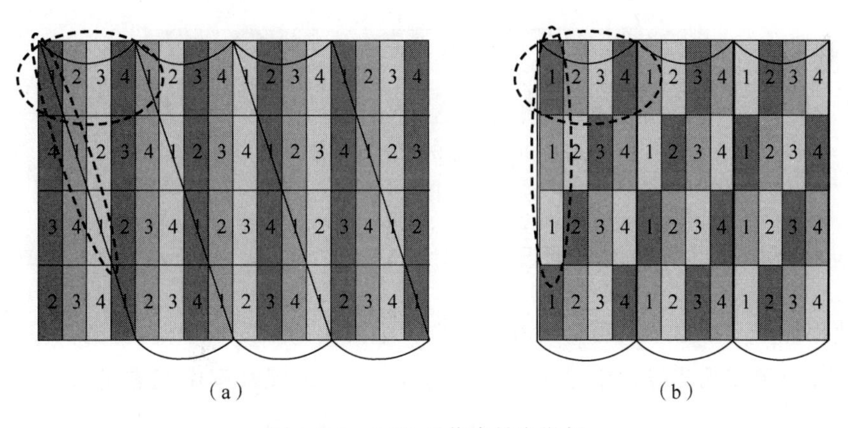

图 4-5-2　LCD 子像素排布举例

(a)倾斜角 arctan(1/3)；(b)马赛克式排布

4.5.2　光栅三维显示器的角分辨率

角分辨率是指一个体像素向不同方向发散光线的数目，体现了人眼对体像素的分辨能力，是一种专门用于三维显示的重要评价指标。角分辨率越大，观看者在单位角度内左右移动时所能看到的光线信息就越多，视差就越平滑，显示效果就越好。

光栅三维显示器的体像素角分辨率如图 4-5-3 所示，柱透镜单元与显示面板构成体像素，子像素通过柱透镜发出不同方向的光线的数量即是光栅三维显示器的体像素角分辨率的大小，即每个光栅显示单元下覆盖的子像素数。在图 4-5-3 中，单个柱透镜覆盖了 4 个子像素点，LCD 显示面板上以一定顺序排列的 4 个子像素透过单个透镜一共发出了 4 条不同方向的发散光线，即该模式下三维物体的体像素角分辨率为 4。与上节中光栅三维显示器的显示分辨率相比较，可以得出两者之间的关系：光栅三维显示的显示分辨率和角分辨率成反比,角分辨率的增大必然会导致分辨率的降低,设计光栅三维显示器根据不同的显示场景要有不同的取舍。

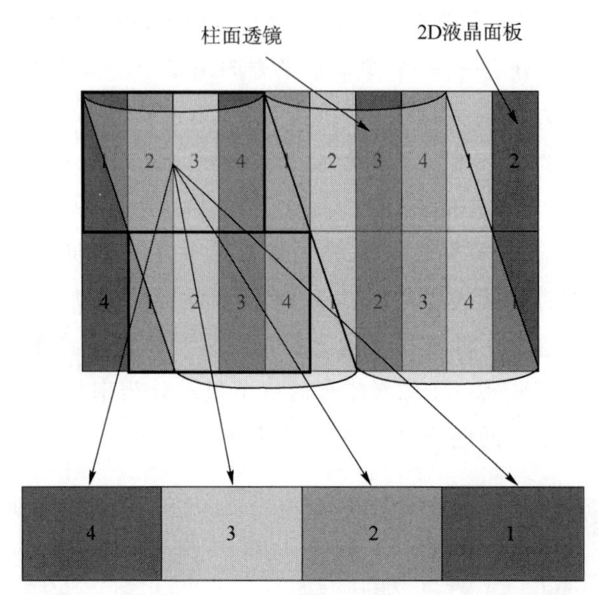

图 4-5-3 光栅自由三维显示器的体像素角分辨率示意图

4.5.3 光栅三维显示器的显示深度

在使用光栅三维显示设备为观看者模拟一个真实的空间场景时,需要大量的视点图像信息。如果视图采集过程中采集间距充分小,并且再现过程中视点足够密集,那么观众将体验到具有平滑运动视差的 3D 效果,就如同观察真实的场景一样。反之,如果采集与再现的视点不够密集,则过大的立体感会导致视点间交叉混叠与重影的现象,这将严重地限制自由立体 3D 显示系统的显示深度范围。光栅三维显示的显示深度指的是光栅三维显示设备能显示清晰的 3D 图像的出屏和入屏范围,是评价三维显示系统质量的重要性能指标。其代表了能为观看者营造立体感和沉浸感的程度,越大的显示深度带给观看者的沉浸感越强,且所展现的深度数据更加丰富。

本节以一个出屏的单点为例,说明 3D 显示系统的景深计算方法。图 4-5-4 所示为在观看者的单目从一个视点范围进入相邻视点范围的过程中,不同深度的单点在人眼中的成像效果。对于空间中的一个真实物点,观看者希望可以在水平方向运动的过程中,获得连续无重影的视觉感受。图 4-5-4(a)中的 3D 物点再现深度较大,人眼将观察到重影的现象。图 4-5-4(b)通过减小显示深度,使得构成 3D 物点的光线来自于 2D 显示平面上相邻的显示单元,此时在两邻近视点交界的位置将看到一个平滑连续的物点,消除了重影现象。跨视点观看时没有重影问题时的景深被定义为光栅三维显示器的显示深度,以下基于图 4-5-4 所示情景推导出光栅三维显示器的显示深度。

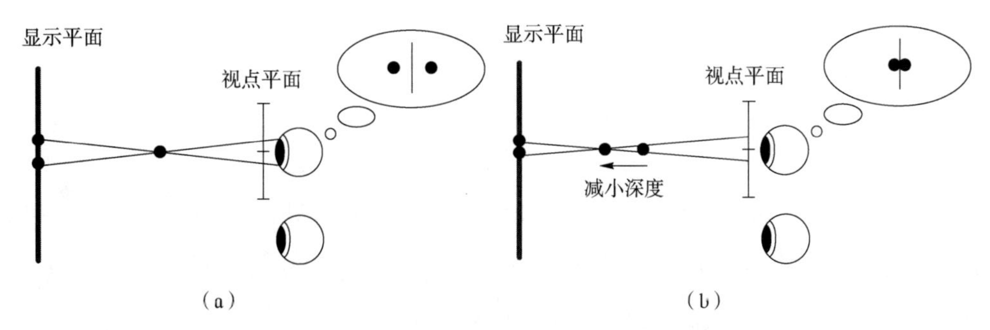

(a) (b)

图 4-5-4 人眼观察不同深度单点的视觉效果

(a)3D 物点显示深度较大时的视觉效果;(b)减小 3D 物点显示深度时的视觉效果

假设透镜的直径为 p,焦距为 f,单个透镜下覆盖的子像素数为 N,两视点距离为 d,观看距离为 L。那么像素中心间距为$\frac{p}{N}$,记为 m,即图 4-5-5(a)中 AB 距离$\frac{p}{N}$。图 4-5-5(a)中可得出三角形 ABO 和 EFO 是相似的,那么就有关系式$\frac{m}{d}=\frac{f}{L-f}$,因为焦距远小于观看距离,所以可以近似为

$$\frac{m}{d}=\frac{f}{L} \tag{4-22}$$

即可得出 $L=\frac{m}{d}\times f$。

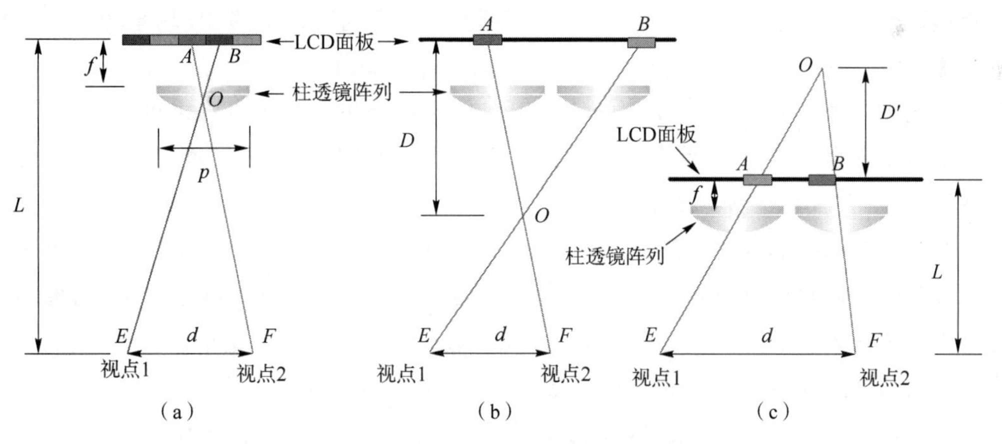

(a) (b) (c)

图 4-5-5 光栅三维显示器显示深度的计算

(a)相邻视点间距;(b)出屏深度;(c)入屏深度

图 4-5-5(b)为光栅三维显示出屏深度计算图,可看出 AB 距离为 p,三角形 ABO 和 EFO 是相似的,那么有关系式$\frac{p}{d}=\frac{D}{L-D}$,所以光栅三维显示的出屏深度 D 可由公式(4-23)得出,其中柱透镜节距 p 通常只有几毫米,远小于视点间距 d,所以公式(4-23)可以简化为

$$D=\frac{pL}{p+d}=\frac{p^2f}{Nd(p+d)} \tag{4-23}$$

$$D=\frac{pL}{d}=Nf \tag{4-24}$$

图 4-5-5(c)为入屏深度计算图,同样可根据相似三角形得出关系式$\frac{D'+f}{D'+L}=\frac{p}{d}$,所以光栅三维显示的入屏深度 D'可由公式(4-25)得出,同理,分母可以去掉节距 p,公式可以简化为

$$D'=\frac{pL-df}{d-p} \tag{4-25}$$

$$D'=f(N-1)s \tag{4-26}$$

所以光栅自由三维显示器的显示深度 ΔD 可由公式(4-27)得出

$$\Delta D=D+D'=f(2N-1) \tag{4-27}$$

从公式(4-27)可以看出,光栅自由三维显示器的显示深度与单个透镜下覆盖的子像素数 N 和焦距 f 成正比,即提升光栅三维显示的角分辨率可以增加显示深度,增加光栅三维显示的观看立体感。

4.5.4 光栅三维显示器的观看视点数目

三维显示中,显示设备将 3D 场景不同角度的信息分布到不同的视点处,可以给观看者提供正确立体图像的位置称为视点,每个视点处会看到所显示的 3D 场景的不同角度的图像。观看视点数目指的就是在不同的空间位置能看到的不同的视差图像数目。

在光栅三维显示中,光栅覆盖的子像素离所在透镜边缘的距离有多少种,出射光线的偏轴角度就会有多少种,就会在不同位置看到多少种不同的视差图像。下面以柱透镜为例,对水平方向上的视点数目进行分析。

如图 4-5-6 所示,柱透镜阵列以倾斜 arctan(1/3)的角度覆盖在显示面板上,单个柱透镜覆盖的子像素数为 4 个,每个透镜覆盖的两行子像素用不同的数字标记,黑框中标号为 1 至 8 的 8 个子像素组成一个显示单元。假设子像素的宽度是单位长度,依照子像素离所在透镜边缘距离来排序,1 号子像素距离柱透镜左侧边缘 0 个单位长度,2 号子像素距离柱透镜左侧边缘 0.5 个单位长度,3 号子像素距离柱透镜左侧边缘 1.5 个单位长度等,以此类推。每个显示单元中,子像素位于不同的相对位置,由于显示单元下覆盖的子像素和相应的透镜阵列具有相对位置偏差,在水平方向上的不同位置形成定向视点,因此光栅三维显示的视点数目等于每个显示单元下覆盖的子像素数。

依据不同的光栅倾角和宽度可以设计出不同子像素编码方式并生成显示单元。每个显示单元下覆盖的子像素数目越多,可以形成的视点数目越多,运动视差越平滑,3D 显示的观看效果就越好。

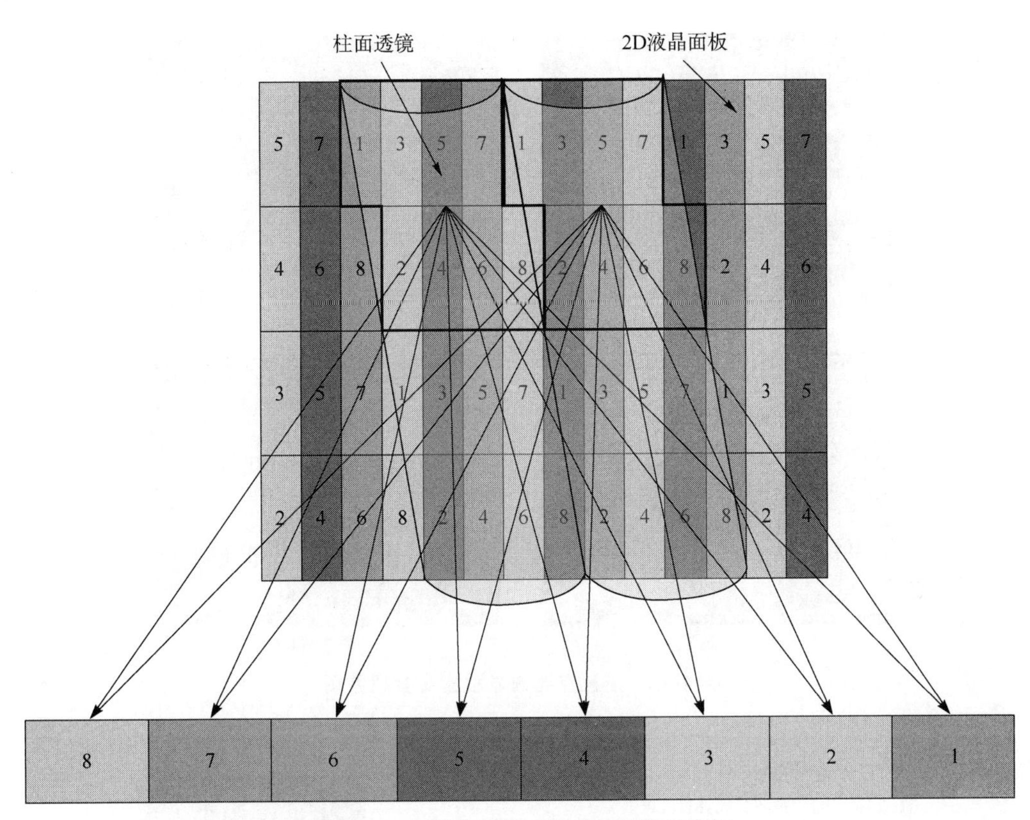

图 4-5-6　8 视点光栅三维显示系统示意图

4.5.5　光栅三维显示器的视区与最佳观看距离

来源于不同视差图像的光线经过狭缝光栅的遮挡作用或柱镜光栅的分光作用后，将向不同方向传播，在正面观看范围内形成周期性的视点。这些视点在空间中形成立体的观看区域，简称视区。下面以传统的 4 视点裸眼 3D 显示器为例讨论光栅三维显示器的视区与最佳观看范围。其显示内容为 4 幅从不同角度拍摄的视差图像，如图 4-5-7 所示。

将图 4-5-7 中采集到的视差图像序列通过子像素编码的方式加载到光栅三维显示器中，可以使观看者获得一定的立体观看自由度，即在三维显示器正面的一定范围内，观看者都可以看到 3D 效果。图 4-5-8 标注对号的观看者将看到 3D 效果，标注叉号的观看者处在错误的观看区域无法获得正确的立体感。

根据柱透镜光栅三维显示原理与几何关系，不同位置观看者的观看内容可以通过分析获得。图 4-5-8 中将 3D 显示器正面不同的区域用不同的数字编号代表，数字编号代表了该区域可以观察到的所有视差图序号。对于标记了 2 个及 2 个以上数字编号的区域，观看者可以同时看到多幅视差图像，编号的顺序代表了多幅视差图像进入人眼的方式。人眼在标号为 1 的区域可以观察到视差图 1，在标号为 321 的位置可以同时观察到三幅视差图像，进入人眼的内容由视差图 3 的左侧部分，视差图 2 的中间部分与视差图 1 的右侧部分共同组成。

图 4-5-7　4 视点光栅显示器观看视差图

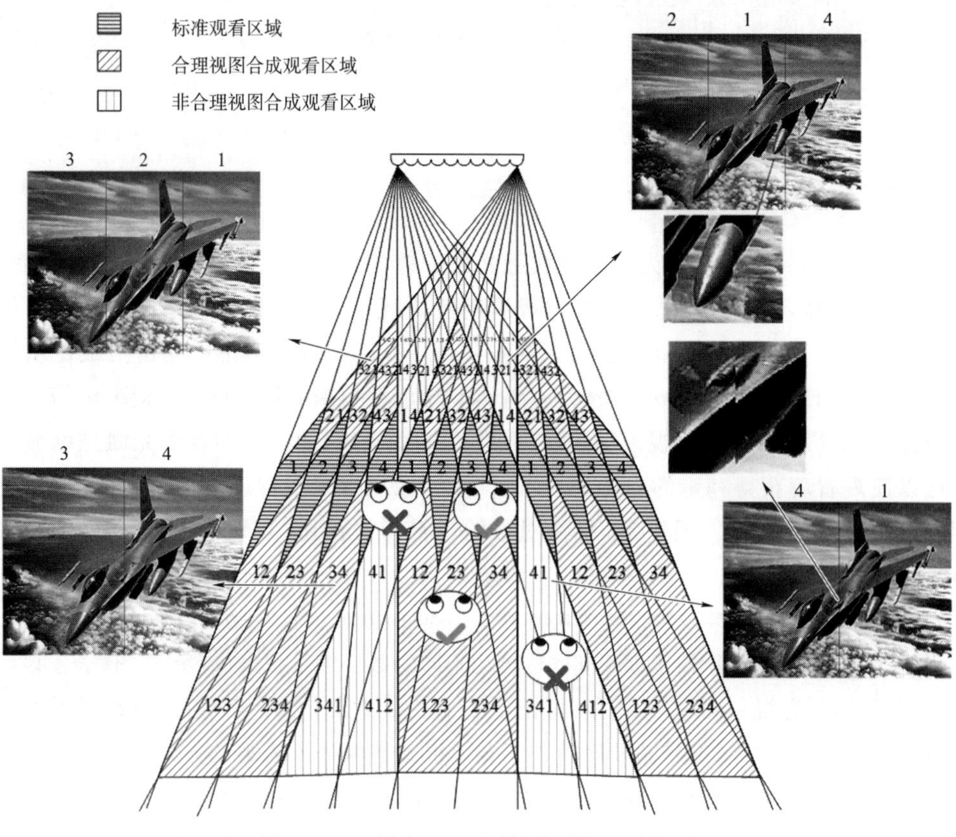

图 4-5-8　4 视点 3D 显示器观看视区示意图

根据观察到内容的不同，将正面的区域划分为最佳观看视区、合理观看视区与非合理观看视区三种，分别用横条纹阴影、斜条纹阴影和竖条纹阴影代表。横条纹阴影区域表示的最佳观看视区内只标记了一个数字，因为在此观看区域内单眼只能看到一幅视差图像。最佳观看视区到光栅三维显示器的距离也被称为最佳观看距离，若观看者在最佳观看距离处水平移动，可以看到正确、平滑的运动视差效果。

当观看者处于每个视区的最佳观看距离前后一段距离时，如图 4-5-8 中的斜条纹阴影区域所示，合理观看视区。合理观看视区内标记了多个连续的数字(如 321，12，43，34……)，此时进入人眼的合成图像是由相邻的多个视差图组合获得，该区域内可以看到多幅视差图组成的连续内容。

4.6 投影光栅三维显示技术

投影光栅三维显示技术

4.6.1 光栅背面投影三维显示技术

图 4-6-1 是基于单投影机和单狭缝光栅的三维显示系统，该显示方式的显示原理与基于液晶面板的 3D 显示方法类似，它利用投影机将编码图像信息直接投影到漫反射屏幕上，光栅作为控光元件对漫反射屏幕上像素发出的光线进行调制，光栅的分光作用使不同视差图像的光线向不同方向传播，观看者的左右眼便可观看到不同的视差图像。由于投影机可以向任意角度投影图像，所以该系统具有显示范围十分自由的优点，在特定场合更具实用性。并且基于投影机的 3D 显示方法的显示设备与屏幕是分离的，所以可以通过采用多个投影机拼接一幅图像的方式增大显示尺寸。

在单投影机和单光栅组成的系统中，单个视点的分辨率等于投影机分辨率除以视点数目，以图 4-6-1 为例，与 2D 图像相比，分辨率只有原来的四分之一。另外，投影机在投影屏边缘经常出现像差，并且图像像素的大小不能与光栅的狭缝宽度精确匹配。为了解决这些问题，文献[1-3]提出可以采用多个投影机作为信号输入源，两块光栅作为光学屏幕，实现具有高分辨率的背面投影 3D 显示系统。光学屏幕既可以由两块柱面透镜光栅或者两块狭缝光栅组成，也可以利用一块柱面透镜光栅和一块狭缝光栅组合而成，四种结构如图 4-6-2 所示。

如图 4-6-3 所示，多个投影机水平排列形成投影机阵列，将不同的视差图像投射到投影屏光栅 1 上，视差图像序列信息经过光栅 1 的调制作用在漫射屏幕上形成编码图像，同时，左侧的光栅还可以起到对投影屏边缘有像差的图像进行准直的作用，可以准确地将投影屏上的像素大小与右侧的光栅进行周期性匹配。而光栅 2 在投影屏和观看者中间，功能与普通的光栅三维显示器相同，用来解调编码图像形成一组立体视点。该系统的立体成像过程与普通的光栅三维显示器相同。

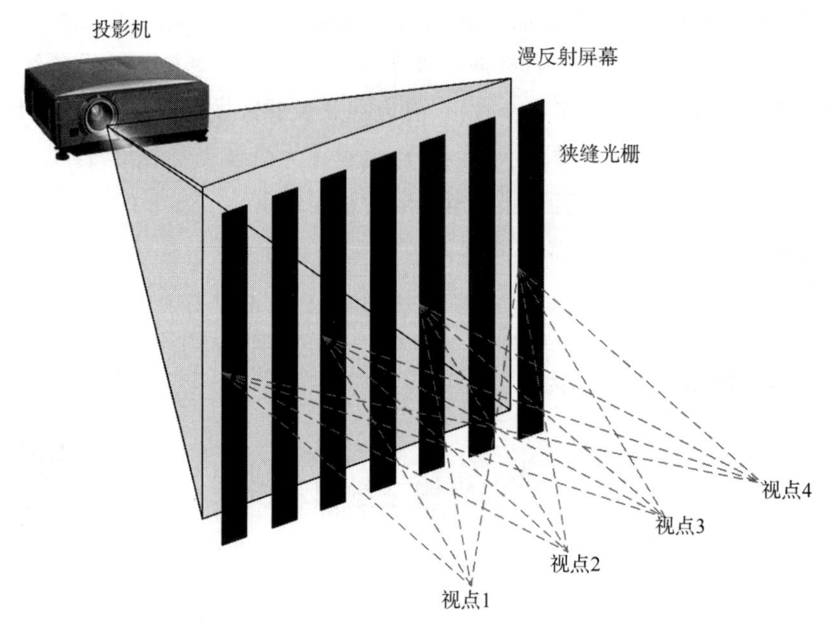

图 4-6-1　基于单投影机与狭缝光栅 3D 显示的结构示意图

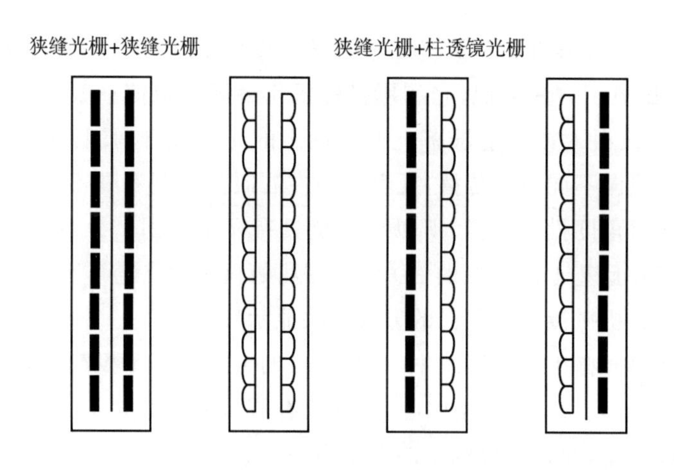

图 4-6-2　四种光学屏幕

以两个狭缝光栅为例，如图 4-6-3 所示，二维投影机的数量为 n，投影机阵列与光栅 1 之间的距离为 l，相邻两个二维投影机之间的距离为 h，光栅 1 的透光条宽度为 ω_t，遮光条宽度为 ω_z。光栅 1 与投影屏之间的距离为 d，投影屏上像素间隔为 W_p。投影屏与光栅 2 之间的距离为 D，光栅 2 的透光条宽度为 W_T，遮光条宽度为 W_Z。两个视点之间的距离为 H，与瞳孔间距相同，L 为最佳观看距离，视点数目与投影机数量相同也为 n。得到以下关系式：

$$\omega_t = \frac{h \times W_P}{h + W_P} \tag{4-28}$$

$$\omega_z = \omega_t (k-1) \tag{4-29}$$

$$d = \frac{W_P \times l}{h + W_P} \tag{4-30}$$

$$W_T = \frac{H \times W_P}{H + W_P} \tag{4-31}$$

$$W_z = W_T (K-1) \tag{4-32}$$

$$D = \frac{W_P \times L}{H + W_P} \tag{4-33}$$

式中，调整 ω_t、ω_z和 d，可以改变视点的空间位置[1-2]。柱透镜光栅＋柱透镜光栅，狭缝光栅＋柱透镜光栅，柱透镜光栅＋狭缝光栅的结构与上述类似。在按照上述方法构建的基于背面投影阵列的 3D 显示系统中，视点数目与投影机数目相同，单视点分辨率等于投影机分辨率，因此显著提高了三维显示内容的信息量。

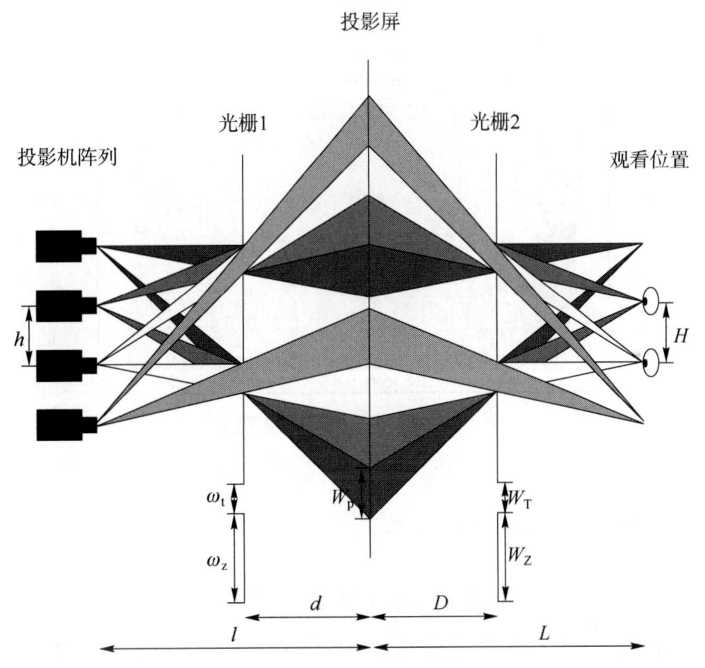

图 4-6-3　基于双狭缝光栅的投影光栅三维显示器的结构与原理

由于投影机阵列被放置在水平方向的不同位置上，从不同角度向光栅屏幕进行投影，投影到屏幕上的内容就会发生明显的畸变，这种现象称为梯形失真，它会让不同投影机投影的图像无法精确地融合在一起。此外，还应根据公式(4-28)和公式(4-30)来限制相邻两个投影仪之间的距离。如果每台投影仪的宽度大于该值，则四个投影仪不能放在同一层上，否则就会造成垂直位移。为了消除梯形失真和垂直位移带来的影响，需要对视差图像进行校正处理，即将一个投影平面线性地转移到另一个平面上，该过程称为单应性变换[2]。

设置投影屏幕、视差图像和目标的坐标系如图 4-6-4 所示。坐标系统的原点位于投影屏幕的左上角，投影屏幕右下角被定义为(1，1)。在确定了目标顶点(x_1,y_1)，(x_2,y_2)，(x_3,y_3)和(x_4,y_4)后，就可以利用单应性校正方法将投影机发出的内容投影到目标区域上。变换公式如下所示：

$$x'=\frac{ax+by+e}{ux+vy+1} \tag{4-34}$$

$$y'=\frac{cx+dy+f}{ux+vy+1} \tag{4-35}$$

式中，(x',y') 与 (x,y)分别代表了矫正前与矫正后视差图像中某一点的坐标值，a、b、c、d、e、f、u、v 是变换系数。将矫正前与矫正后视差图像所在的两个四边形的四对顶点坐标代入到公式中，可以计算获得 8 个变换系数的值。再利用公式(4-29)与公式(4-30)可以将视差图像内所有的像素点映射到目标区域中。这种单应性方法可以很好地校正畸变，提升图像质量。

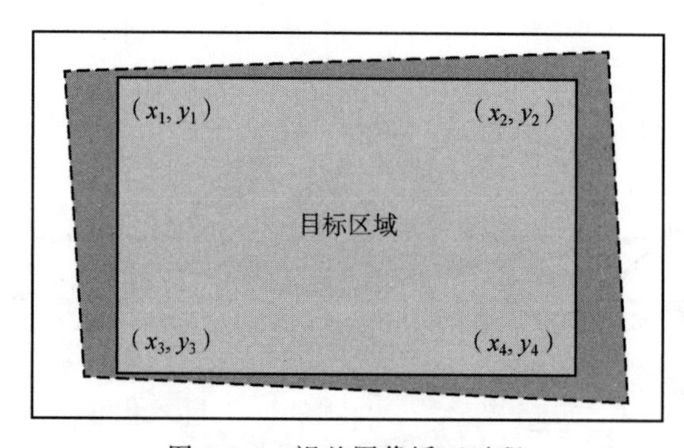

图 4-6-4　视差图像矫正过程

4.6.2　密集视点正面投影三维显示技术

光栅背面投影显示技术由于投影机和观看位置在光学屏幕的两侧，观看位置到投影机的距离就会相对较大，因此采用光栅背面投影三维显示系统进行观看时，占用空间就会非常大。针对该问题，可以设计正面投影 3D 显示系统。该系统主要由相机采集阵列(可以是虚拟相机)、同步控制模块、投影机阵列以及正面投影屏幕共同组成。正面投影 3D 显示系统原理图如图 4-6-5 所示。首先由密集的相机阵列采集真实或者虚拟物体不同角度的信息，再由处理控制模块将不同角度的场景信息同步地传递给投影机阵列，最后全部投影机发出的信息经过正面投影屏幕的并行调制作用可以在空间中构建密集的视点。相比背面投影三维显示系统，正面投影系统的投影机与观看位置在同一侧，因此占用空间就会大大减小。基于柱透镜光栅的正面投影系统视点形成原理图如图 4-6-6 所示。

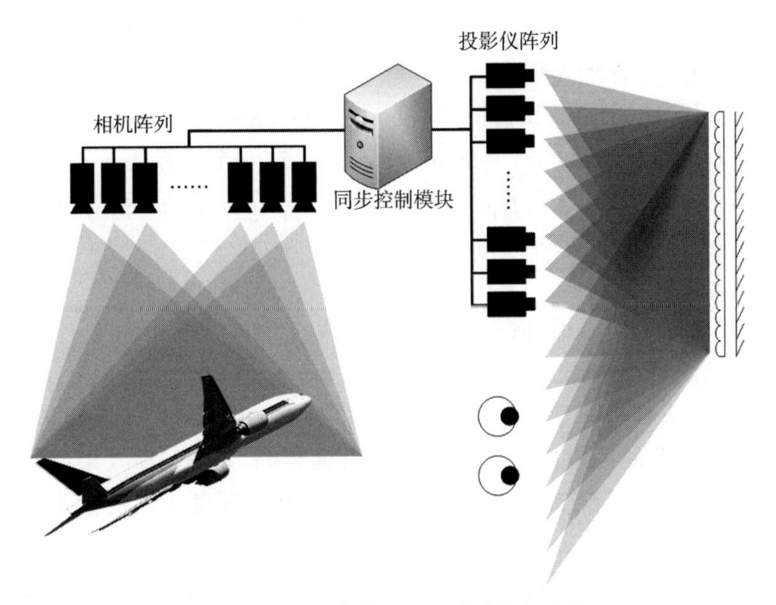

图 4-6-5　正面投影 3D 显示系统原理图

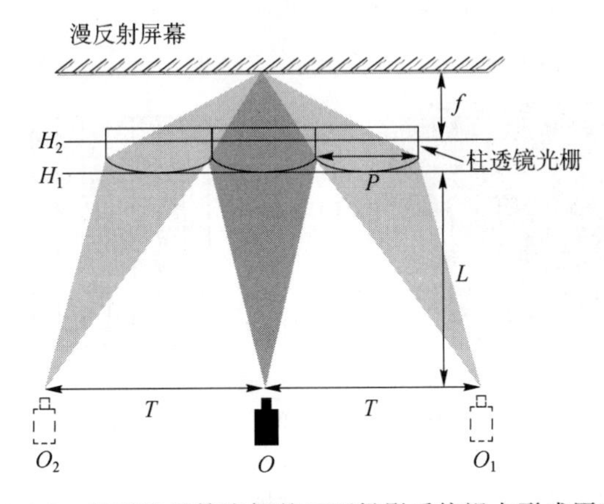

图 4-6-6　基于柱透镜光栅的正面投影系统视点形成原理图

投影仪安装在投影屏幕的前面，漫反射屏幕在柱透镜光栅的后面。漫反射屏与柱透镜光栅之间的距离为 f，即透镜的焦距。H_1 与 H_2 分别表示柱透镜光栅的第一主平面与第二主平面，P 是每一个柱透镜单元的节距。如图 4-6-6 所示，当投影仪从正面向屏幕投影图像信息时，由于透镜尺寸相对于投影仪到屏幕的距离非常小，所以可以将投影仪投射到每一个柱透镜上的光束看成是平行光。因为漫反射屏幕被放置在柱透镜光栅的焦平面上，所以投影仪发出的光线经过每一个透镜后都将形成一个很小的像点。该像点在漫反射屏幕的作用下向不同角度发出漫射光，通过不同的透镜在与投影仪同一水平线上形成不同的视图。

传统的基于液晶显示器与柱透镜光栅的 3D 显示系统，柱透镜光栅的作用只是对 2D 液晶显示面板上的编码图像信息进行解码处理，在空间中的不同位置形成具有视差关系的视点图像。而在该系统中柱透镜光栅同时起到编码不同位置投影机的视差图像与解码显示不同角度视点信息的作用。

如图 4-6-6 所示，投影机发出的图像信息在经过柱透镜光栅与漫反射屏幕的作用后，将在 O、O_1 与 O_2 三个位置形成三个视点。观看者从这三个视点的位置可以接收到投影机发出的图像信息。相邻两个视点之间的距离为 T，投影机到柱透镜光栅的垂直距离为 L，通过几何分析可以得到如下公式：

$$T=(L+f)/f\times P \tag{4-36}$$

根据自由立体显示的原理，该系统中形成的视点到屏幕的距离为 L，T 可以看作是 3D 显示的视区范围，视区的宽度(T)由柱透镜光栅的节距(P)、焦距(f)以及投影机摆放距离(L)共同决定。

由于在宽度为 T 的范围内摆放投影机的密度越高，形成 3D 效果的视点密度就越大。而提高视点密度可以提高角分辨率，从而增大显示深度。但受投影机自身尺寸的限制，投影机的摆放数量无法无限增加。为了尽可能地提高角分辨率，加大显示视点密度，许多 3D 投影显示[1,2,6]将投影机多行排列，以提高投影机的使用效率，摆放方式如图 4-6-7 所示。E 为不同行上投影机的镜头在水平方向上的间距。为了保证 N 个投影机形成的视点均匀填充整个视区，需要满足 $N\times E=T$。

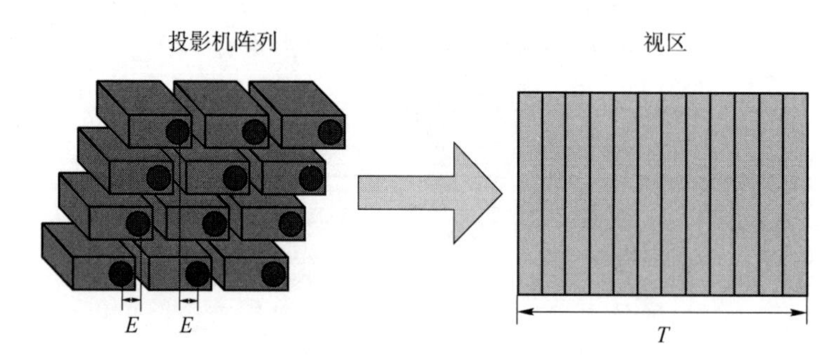

图 4-6-7　多行投影机摆放提高视点密度方法

虽然采用多行排列投影机的方式可以有效地提高摆放效率，但是由于阵列顶端与底端的投影机距离屏幕中心的位置较远，这会导致严重的像差与畸变。也就是说当投影机阵列的行数增加时，显示效果会变差。为了进一步提高视点密度，该系统利用柱透镜光栅周期性的特点，采用将投影机阵列的信息从不同周期同时输入的方式进行摆放。在该方式中，所有的投影机被摆放在两倍的视区宽度($2T$)范围内。投影机的排列如图 4-6-8 所示。投影机阵列 1 与投影机阵列 2 中不同行上投影机的镜头在水平方向上的间距都为 E，阵列 1 的第一个投影机与阵列 2 的第一个投影机之间的距离为 E_T。为了使 N 个投影机从两个视区向屏幕同时投影时，可以将视点均匀排布在视区 T 的范围内，需要满足 $E=2T/N$，$E_T=T+T/N$。在这种布局下，视点密度增加到原本的两倍。

相比背面投影系统，正面投影系统虽然节省了很大部分空间，但其设备仍然十分庞大。并且与背面投影系统相同的是由于不同投影机投影的角度不同，需要对每个投影机进行图像校准和校正畸变，需要很大的工作量。

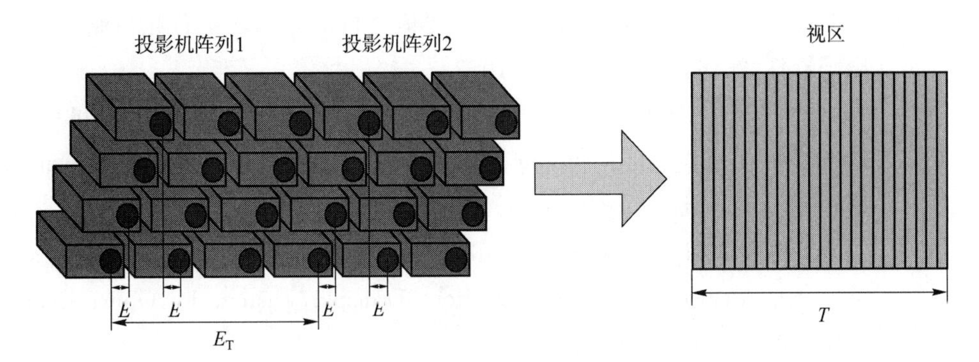

图 4-6-8 多周期输入提高视点密度方法

本章参考文献

[1] FREDERIC E. Ives. A novel stereogram[J]. Journal of the Franklin Institute,1902,153(1):51-52.

[2] MENZIES. A. Dr. H. E. Ives[J]. Nature,1954,173:106-107.

[3] 王书路. 基于人眼视觉特性的三维显示研究[D]. 中国科学技术大学. 2016.

[4] BERKEL C V,PARKER D W,FRANKLIN A R. Multiview 3D LCD[J]. Proceedings of SPIE-The International Society for Optical Engineering,1996,2653: 32-39.

[5] BERKEL C V,CLARKE J A. Characterization and optimization of 3D-LCD module design[C]. Stereoscopic Displays and Virtual Reality Systems IV. International Society for Optics and Photonics,1997: 179-186.

[6] LEE H J,NAM H,LEE J D,et al. 8.2: A High Resolution Autostereoscopic Display Employing a Time Division Parallax Barrier[J]. Sid Symposium Digest of Technical Papers,2012,37(1).

[7] ZHAO W X,WANG Q H,WANG A H,et al. Autostereoscopic display based on two-layer lenticular lenses[J]. Optics Letters,2010,35(24):4127-4129.

[8] TAKAKI Y,NAGO N. Multi-projection of lenticular displays to construct a 256-view super multi-view display[J]. Optics Express,2010,18(9):8824-8835.

[9] 姜浩. 立体视频显示及编码相关技术研究[D]. 成都:西南交通大学. 2009.

[10] 孙佳琛. 自动立体显示技术的专利状况分析[J]. 电视技术,2012,36(2):31-35.

[11] HANG FAN,YANGUI,et al. Full Resolution,Low Crosstalk,and Wide Viewing Angle Auto-Stereoscopic Display With a Hybrid Spatial-Temporal Control Using Free-Form Surface Backlight Unit[J]. Journal of Display Technology,2015,11(7):620-654.

[12] 黄开成,王元庆,李鸣皋,等. 大动态宽幅度自由立体显示背光控制系统[J]. 电子器件,2016,39(005):1052-1058.

[13] HUANG Y P,CHEN C W,HUANG Y C. Superzone Fresnel Liquid Crystal Lens for Temporal Scanning Auto-Stereoscopic Display [J]. Journal of Display Technology,2012,8(11):650-655.

[14] KWANGHOON LEE, YOUNGSIK PARK, HYOUNG LEE, et al. Crosstalk reduction in auto-stereoscopic projection 3D display system[J]. Optics Express, 2012,20(18):19757-19768.

[15] 陈德锋. 自由立体显示技术的专利状况分析[J]. 数字通信世界,2018,166(10):159.

[16] MA X L, ZHAO W X, HU J Q, et al. Autostereoscopic three-dimensional display with high resolution and low cross talk using a time-multiplexed method[J]. Optical Engineering,2018,57(9):1.

[17] 杨兰,曾祥耀,邹卫东,等. 基于插值算法的立体显示的图像合成与嵌入式实现[J]. 发光学报,2016,37(10):1237-1244.

[18] 陈芳萍,张晓婷,刘楚嘉,等. 消除自由立体显示串扰的定向背光源设计[J]. 光子学报,2017(5).

[19] 谭艾英,尹韶云,夏厚胤,等. 基于棱镜反射光栅的低串扰自由立体投影显示方法[J]. 红外与激光工程,2019(6).

[20] LIANG D,LUO J Y,ZHAO W X,et al. 2D/3D Switchable Autostereoscopic Display Based on Polymer-Stabilized Blue-Phase Liquid Crystal Lens[J]. Journal of Display Technology,2012,8(10):609-612.

[21] LIOU J C, YANG C F, CHEN F H. Dynamic LED Backlight 2D/3D Switchable Autostereoscopic Multi-View Display [J]. Journal of Display Technology,2014,10(8):629-634.

[22] JEN T H, CHANG Y C, TING C H, et al. Locally Controllable Liquid Crystal Lens Array for Partially Switchable 2D/3D Display[J]. Journal of Display Technology,2015,11(10):839-844.

[23] 张晓媛. 裸眼立体显示技术的研究[D]. 天津:天津理工大学,2007.

[24] 王书路. 基于人眼视觉特性的三维显示研究[D]. 合肥:中国科学技术大学,2016.

[25] 胡素珍,姜立军,李哲林,等. 自由立体显示技术的研究综述[J]. 计算机系统应用,2014,23(12):1-8.

[26] 何赛军. 基于柱镜光栅的多视点自由立体显示技术研究[D]. 杭州:浙江大学,2009.

[27] YU-HONG T, QIONG-HUA W, JUN G, et al. Autostereoscopic three-dimensional projector based on two parallax barriers[J]. Optics Letters, 2009,34(20):3220-3222.

[28] QI L, WANG Q H, LUO J Y, et al. An Autostereoscopic 3D Projection Display Based on a Lenticular Sheet and a Parallax Barrier[J]. Journal of Display Technology,2012,8(7):397-400.

[29] QI L,WANG Q,LUO J,et al. Autostereoscopic 3D projection display based on two lenticular sheets[J]. Chinese Optics Letters,2012,10(1):32-34.

[30] ZHAO T,SANG X,YU X,et al. High dense views auto-stereoscopic three-dimensional display based on frontal projection with LLA and diffused screen[J]. Chinese Optics Letters,2015,13(001):46-48.

[31] BEIWEI,ZHANG,YOUFU,LI. Homography-based method for calibrating an omnidirectional vision system[J]. Josa A,2008,25(6):1389-1394.

第5章 集成成像三维显示技术

5.1 集成成像的发展历史与研究现状

集成成像立体显示的研究现状

5.1.1 发展历史

1908 年 G.Lippmann 首次提出了集成摄影术的概念[1]，为实现三维显示增加了新途径。它的原理是利用一个透镜阵列对三维场景进行记录并再现。记录过程是通过透镜阵列对三维物体进行一次拍摄，形成记录在胶片上的二维图像阵列，每个图像包含不同的视角信息。再现过程是通过对这些信息进行分析和重建，还原出被拍摄物体的三维图像。

1931 年 H.E.Ives 通过实验首次提出集成成像再现的是一个与原物体存在深度反转关系的 3D 幻视像，即赝像[2]。为了解决这个问题，他提出两步拍摄法，然而经过二次拍摄后的重建图像十分模糊。1968 年，在此基础上，A. Chutjian 设计了一个利用等高线表示法记录数据并通过计算机生成物体的赝像，通过对赝像进行拍摄，得到具有正确深度关系的 3D 图像[3]。然而重建三维图像，必须在与拍摄过程类似的镜头后面重新记录，而当时存在感光底片和透镜阵列质量不佳的问题，不能重建出清晰的图像，限制了该技术的实用性。直到 20 世纪 80 年代，透镜阵列的加工工艺大幅进步，高质量的新型液晶显示器逐渐占据市场，计算机图像储存和处理能力也不断增强，集成成像迎来了复苏。集成成像发展历史概要如图 5-1-1 所示。

1997 年 Fumio Okano 等人使用数码相机直接拍摄由透镜阵列产生的大量真实动态图像，并利用液晶面板和针孔阵列相结合的显示设备，生成了自由立体图像[4]。这是首次使用光电系统对传统的集成摄影系统进行改进，从而使利用集成摄影拍摄运动中的物体并对其进行实时处理、储存和显示成为可能，使集成成像焕发出更大的活力。至此，集成成像已初具雏形。

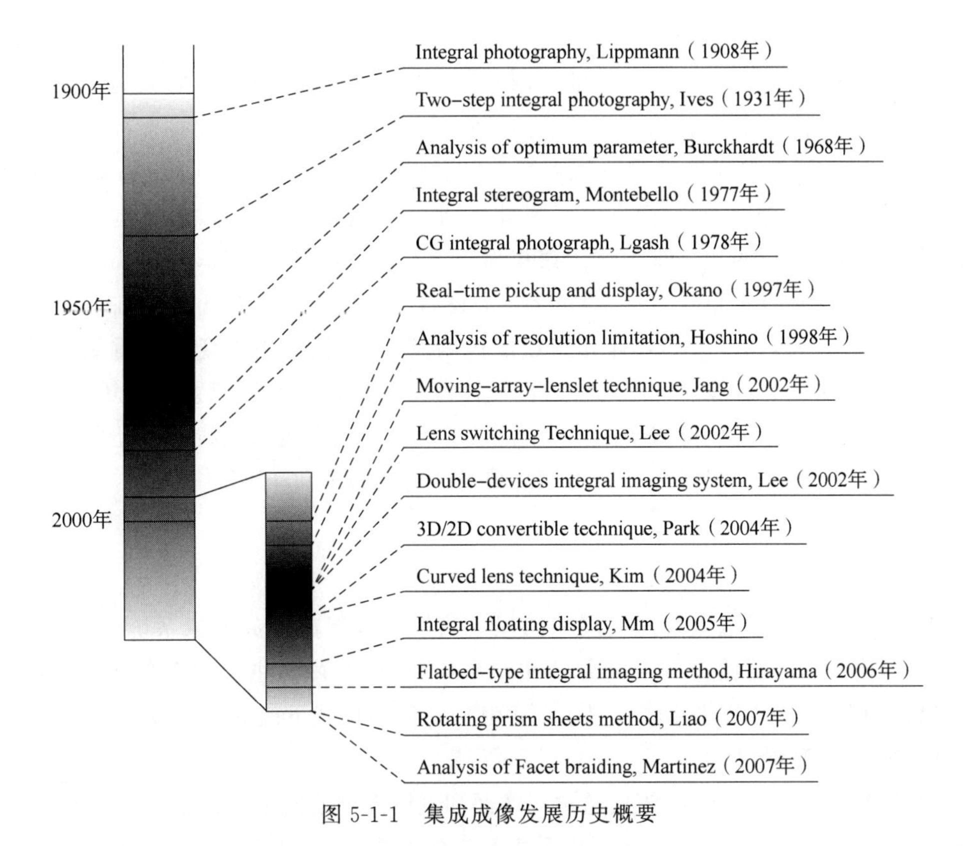

图 5-1-1 集成成像发展历史概要

1998 年，H.Hoshino 等人分析了集成成像的分辨率限制。通过对视点处测得的集成成像分辨率的估计，得到了孔径或透镜的最佳宽度[5]。2002 年 Ju-Seog Jang 等人提出了一种新型实时全光三维投影仪，它采用非平稳透镜阵列技术，克服了透镜间距对观测分辨率的限制，提高了观看分辨率[6]。同年，Byoungho Lee 等人提出利用双器件系统，可以增大集成成像的图像深度、视角和尺寸[7]。2004 年，Martinez-Corral 等人提出对相位单元阵列的振幅进行调制，可以大幅度提高焦距深度与平方分辨率乘积的优值，从而提高景深[8]。2005 年，Sung-Wook Min 等人首次将图像悬浮应用于集成成像中，利用悬浮透镜产生集成成像，重建像的悬浮实像，增加 3D 深度感[9]。2007 年，R Martinez-Cuenca 等人第一次对集成成像系统产生的三维图像严重失真的现象进行了严格的解释，并将这种现象称为错切现象[10]。

随着集成成像的快速发展，除了全光学集成成像之外，人们也提出了计算集成成像技术。计算集成成像技术是通过计算机系统实现数字记录和数字再现过程的集成成像技术。记录过程是利用计算机系统建立虚拟场景物体，并用虚拟光学系统对物体深度信息进行记录。再现过程同样是利用计算机数字模拟的方法重构三维物体图像[11]。这种基于计算机的图像检索可以通过数字技术提高图像的对比度、亮度和分辨率等参数，重建出更完美的三维图像[12]。

2001 年，Hidenobu Arimoto 等人提出一种自由视点集成成像数字重建方法[13]。利用微透镜阵列得到单元图像阵列后，通过视差计算，选择单元图像上具体位置处的像素组成该视点处的视点图像。在此基础上，2007 年，Yong Seok Hwang 等人为了获得高分辨率、低聚焦误差的图像，提出将单元图像倾斜以提取视点信息，得到符合视点位置的新单元图像，然后用新单元图像进行视点图像的重构[14]。2009 年，Myungjin Cho 等人对上述方法进一步改进，将重构面也进行倾斜，与平行重构平面相比，倾斜重构平面的三维重建图像可以获得更多的三维物体的聚焦面[15]。2004 年，Seung-Hyun Hong 等人提出了一种集成成像体计算重构方法，通过将单元图像放大重叠来重建出目标在空间不同深度的一系列切片图像[16]。随着计算集成成像的发展，它被应用于场景的重聚焦[17]、生物医学[18]、水下物体成像[19]等。此外，由于计算集成成像具有还原被遮挡场景的特点，人们提出可以利用集成成像采集的多视点图像，结合不同视角的光线信息还原出被遮挡的物体，因此，计算集成成像还可以用于对被遮挡物体的识别和跟踪[20]。

5.1.2 研究现状

近年来，集成成像进入快速发展的阶段。为了有效提高集成成像系统性能，优化显示效果，国内外学者对此进行了大量的实验和研究，研究内容主要包含增大 3D 观看视角、提高 3D 显示分辨率、增加 3D 显示深度和解决实像模式下的深度反转问题四个方面。

1. 增大 3D 观看视角

2011 年 Jae-Young Jang 等人通过在像面和透镜阵列之间采用高折射率介质来增大观看视角[21]。2014 年，谢伟等人提出采用基于柯克透镜（包含两个凸透镜阵列和一个凹透镜阵列的三种透镜阵列）的集成成像系统来增大观看视角[22]。2015 年，张建磊等人提出用单中心透镜阵列与光纤束耦合来增大视角[23]。2016 年，SeungJae Lee 等人提出利用全息光学元件的布拉格不匹配重建来增大集成成像显示器的观看视角[24]。2019 年，杨乐等人提出利用定向时序背光和复合透镜阵列增大基于时间复用透镜拼接的集成成像的观看视角[25]。

2. 提高 3D 显示分辨率

2012 年，Md. Ashraful Alam 等人提出利用定向单元图像投影提高三维显示的集成成像分辨率[26]。2014 年，Yongseok Oh 等人提出用时分复用的电子掩模阵列提高聚焦模式下的集成成像分辨率[27]。2015 年，王梓等人提出可以利用两种不同焦距的微透镜阵列（MLA）分别进行捕获和显示来提高分辨率[28]。2018 年，Anabel Llavador 等人提出了一种新的三维无源图像传感和可视化技术，以提高集成成像的横向分辨率[29]。

3. 增加 3D 显示深度

2006 年 Yunhee Kim 等人利用多层显示设备，提出了一种多中心深度平面的深度增加集成成像方法[30]。2013 年，程灏波等人提出利用三次相板来增加集成成像系统的显示深度[31]。2014 年，杨勇等人在无扩散膜的负透镜阵列投影式集成成像系统中，通过减小边缘深度平面上的光斑尺寸达到了增加显示深度的目的[32]。2016 年，罗成高等人提出了一种梯度振幅调制（GAM）的方法以增加数据采集系统的显示深度，记录大深度三维场景[33]。2017 年,张淼等人利用多焦点单元图像增加集成成像的显示深度[34]。2018 年,Yongri Piao 等人采用多焦点融合技术以增加显示深度[35]。

4. 解决实像模式下的深度反转问题

2010 年,H. Navarro 等人提出了智能深度反转模型(SPOC),通过直接采集来形成具有正确深度的 3D 图像[36]。2014 年,他们又将算法进行了改进,新的算法比之前的算法简单得多,生成的基元图像没有黑色像素,并且允许在一定的限制范围内随意固定参考平面和显示的三维场景的视场[37]。2012 年,Jae-Hyun Jung 等人基于多视点显示(MVD)中的交织过程,利用简单的变换矩阵形式,实现了基于集成成像的采集图像到显示图像的实时转换[38]。2017 年,Junkyu Yim 等人提出了一种基于偏移透镜阵列进行采集的集成成像系统来解决深度反转问题[39]。

近年来,国内外各个高校与研究所,如美国康涅狄格州立大学、韩国首尔大学、日本广播公司 NHK、北京邮电大学、四川大学、浙江大学、西安电子科技大学、天津大学、北京航空航天大学、吉林大学等都对集成成像技术进行了大量的研究。目前,集成成像已经可以应用于水下物体的三维可视化,对被遮挡物体进行三维跟踪,三维显微镜的可视化和识别细胞等。其最商业化的优点是其结构简单和设备廉价,因此它是目前最有可能走出实验室,走进千家万户的真三维显示技术。

5.2 集成成像显示的基础原理

集成成像立体显示的显示效果

5.2.1 集成成像显示原理与分类

集成成像技术利用微透镜阵列对三维场景进行拍摄,记录空间中向不同方向传播的光。根据光路可逆原理,重建原始光场的过程为采集的逆过程。

图 5-2-1 所示为基于微透镜阵列的实像模式集成成像原理。微透镜阵列由一组水平方向和垂直方向紧密排布的微透镜构成。透镜作为位相元件,仅改变光线的传播方向,并不阻挡光线的传播,具有较高的光效率。图 5-2-1(a)所示为基于微透镜阵列的集成成像采集过程,根据透镜成像原理,每个透镜相当于一个相机,从不同方向对 3D 物体进行采集,在每个透镜后面的底片上生成一幅对应于该方位视角的图像,称为基元图像(Elemental Image,EI)。因此,微透镜阵列对 3D 物体进行采集成像,可得到一组包含视差信息的基元图像,称为基元图像阵列。

体像素是二维空间中像素概念在三维空间的延伸,是组成三维图像的基本单元。集成成像的显示过程即为生成体像素的过程,三维图像由成像平面上的体像素构成,成像平面上的体像素能向不同方向投射不同的空间信息。图 5-2-1(b)是实像模式的集成成像显示过程,展示了生成体像素的光线通过成像平面后,可以继续向不同方向传播空间信息。在显示过程中,采集获得的基元图像阵列加载到二维显示器上,将与采集时相同的微透镜阵列放置在显示器的前方，与显示器之间的距离保持和采集时相同的间距，即可还原原始三维场景的图像，得到全视差的 3D 显示。

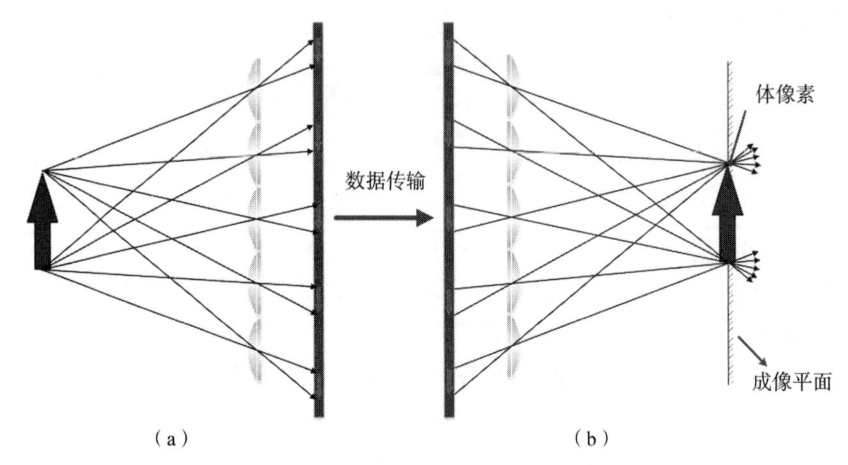

（a）　　　　（b）

图 5-2-1　集成成像示意图(实像模式)

通过集成成像技术重建的 3D 图像具有全色彩、全角度、平滑运动视差等优点，观看者不需要借助辅助工具即可观看到真实的 3D 画面。正因为集成成像技术重建的三维图像有这些优点，该技术被应用于 3D 显示相关的计算机图形学领域。集成成像中透镜的成像关系可由高斯公式表示为

$$\frac{1}{f}=\frac{1}{L_g}+\frac{1}{L_c} \tag{5-1}$$

式中，L_g表示透镜阵列距离显示器的距离，L_c表示成像平面离透镜阵列的距离，f 表示透镜的焦距。

根据 L_g与 f 的大小关系，可以将集成成像技术分为三种显示模式：实像模式、虚像模式和聚焦模式，下面将通过三种模式的实例对这三种模式进行阐述。

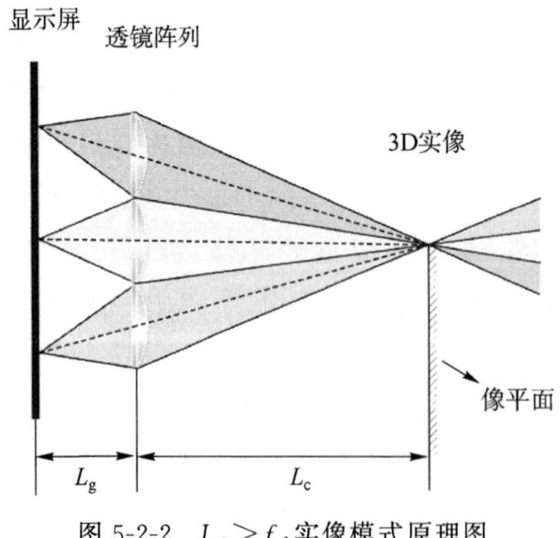

图 5-2-2　$L_g>f$，实像模式原理图

1. 实像模式的集成成像

当 $L_g>f$ 时，集成成像系统为实像模式。如图 5-2-2 所示，透镜阵列与显示器之间的距离 L_g大于透镜焦距 f 时，根据透镜的成像特性，显示器上的像素发出的光线，通过透镜后将汇聚在透镜前方的一个平面上，称为像平面。因此，实像模式生成的三维图像呈实像，显示在透镜阵列的前方，能呈现出屏的立体效果。

为了显示高分辨率的三维光场图像，通常将集成成像系统设置为实像模式。光线汇聚平面是成像清晰度最佳的平面，呈现的重

建三维场景最为清晰，该平面称为零平面，或零视差面。在实像模式和虚像模式下，像平面和零平面为同一平面，是三维图像体像素生成平面。图 5-2-3 中，生成体像素的光线在通过像平面后继续传播，向不同方向投射空间信息。显示屏上 A、B 子像素为基元图像 2 中的像素，即被同一个透镜 L_2 覆盖，A、B 子像素发出的光线分别与基元图像 1 和基元图像 3 中相同物点像素发出的光线会聚，在像平面上生成体像素点 C、D。假设人眼与透镜 L_2 的视角连线与像平面也相交于 C、D 两点，人眼可观察到的 CD 区域中，也包含了显示屏 A 点子像素与 B 点子像素之间的其他像素。因此，在实像模式下，人眼通过一个透镜可以看到多个像素。

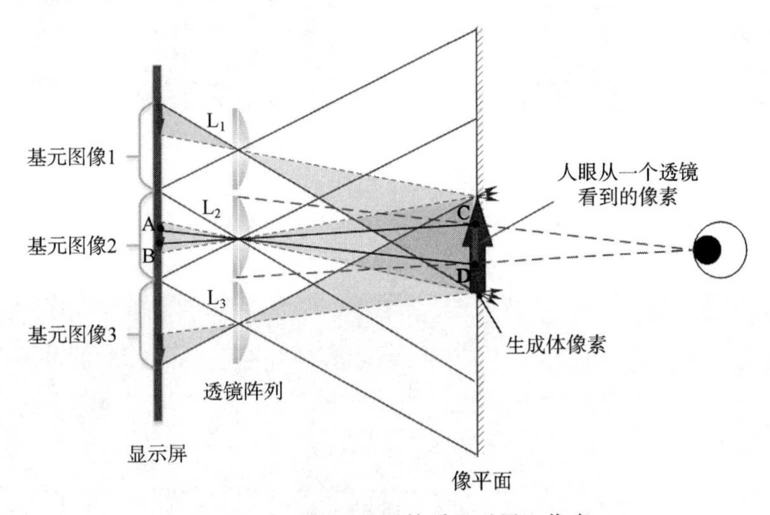

图 5-2-3 人眼通过透镜看显示屏上像素

北京邮电大学设计的全视差三维光场显示器[1]是集成成像实像模式的典型案例，在该系统中，微透镜阵列与 LCD 显示屏之间的距离 L_g 大于透镜的焦距 f，可以看到显示屏幕发射的光线通过透镜后在空间中汇聚，像平面位于透镜阵列前方。该系统引入扩散膜以消除透镜产生的畸变，扩散膜放置于零平面。图 5-2-4 所示为这种全视差的三维显示系统的结构，基元图像阵列被显示在 LCD 显示面板上，LCD 显示面板的每个像素通过透镜阵列产生圆锥形的光束，所有像素发射的光束交点处产生 3D 光学重建，呈现出人眼可见的三维图像。图 5-2-4(a)所示为没有引入扩散膜消除畸变的成像，通过扩散膜调制，成像结果如图 5-2-4(b)所示。

这种实像模式案例可以在 45°视角下，获得清晰自然的三维光场图像，清楚地看到不同高度的结构和相对三维位置关系。图 5-2-5 所示为扩散膜消除畸变后，集成成像实像模式系统的三维显示效果图。

实像模式下的集成成像重建光场可以逼真地还原物体或场景的原始三维信息，为多用户提供自然舒适的三维显示体验，同时实像模式的三维显示系统在医学、教育、军事等领域都有许多潜在的应用。

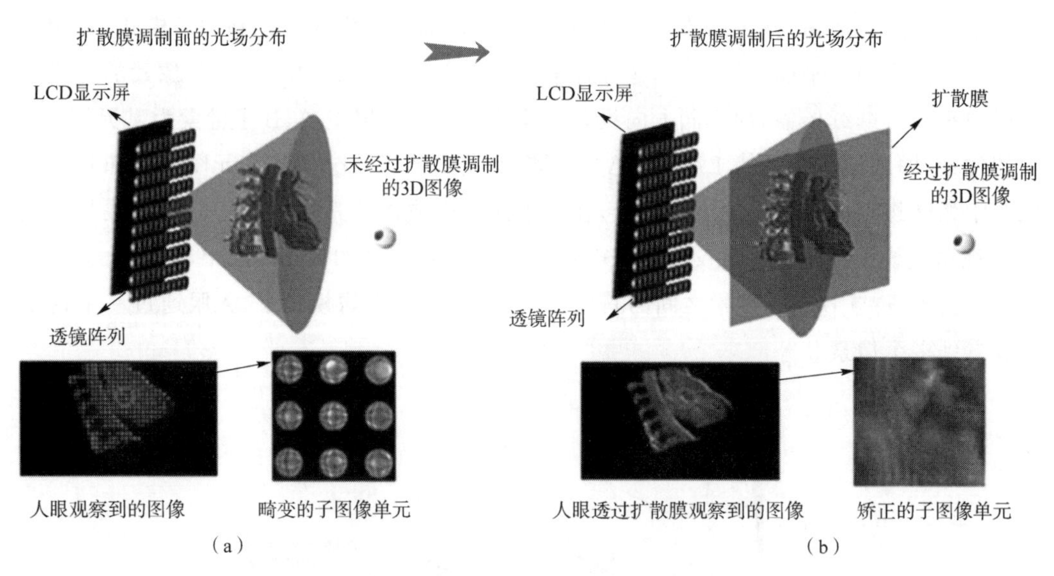

图 5-2-4　全视差三维光场显示结构

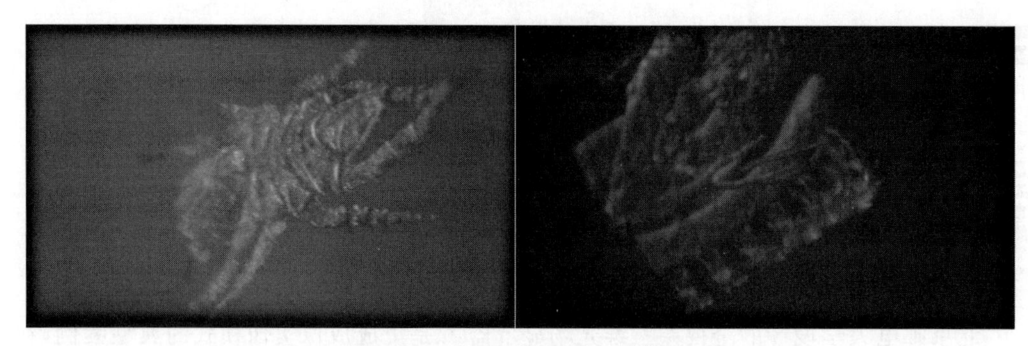

图 5-2-5　集成成像三维显示结果

2. 虚像模式的集成成像

当 $L_g<f$ 时,集成成像系统为虚像模式。如图 5-2-6 所示,透镜阵列到显示器的距离 L_g小于焦距 f 时,显示器上的像素发出的光线,其延长线汇聚于透镜阵列后方的一个平面上,像平面位于显示器后面,显示的三维图像呈虚像位于透镜阵列后方,能实现入屏的立体效果。与实像模式类似,在这种模式下,人眼通过一个透镜同样可以和实像模式一样看到多个像素。

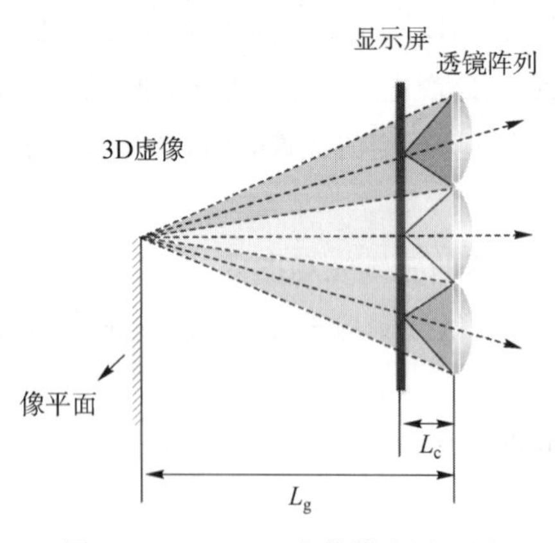

图 5-2-6　$L_g<f$,虚像模式原理图

NVIDIA 公司于 2013 年提出的近眼三维显示系统[2]是集成成像虚像模式的实用案例,他们利用微透镜阵列和头戴式显示器实现了沉

浸式的近眼光场显示，并构建了完整的原型显示系统，包含对系统的分辨率、视场和景深的定量分析，系统的结构设计和光场图的渲染方法。在这种近眼光场显示系统中，一个焦距为 f 的透镜阵列被放置在距离显示器 $0<L_g<f$ 的位置上。显示屏上的每个像素通过透镜阵列产生的光束反向汇聚，像平面位于透镜阵列后方，人眼可在显示屏内观察到 3D 光学重建结果。如图 5-2-7 所示，透镜起着简单的放大镜的作用，可以产生虚拟的正像。

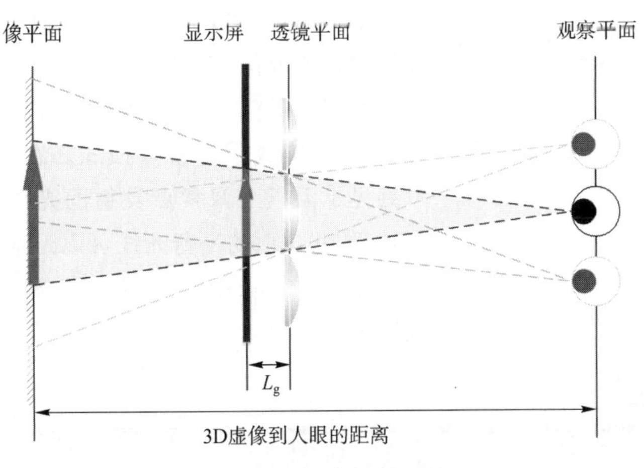

图 5-2-7　近眼光场显示原理

由于使用近眼光场显示设备时，显示器被放置在离眼睛很近的地方，而人眼的调节范围有限，辐辏调节的矛盾成为近眼显示亟待解决的问题。虚像模式下的集成成像技术能够提供正确的单目深度信息，解决双目视觉中辐辏调节的冲突，实现宽视场，以及紧凑、舒适的沉浸式体验，为实用的头戴式 3D 显示器提供了一条新途径。

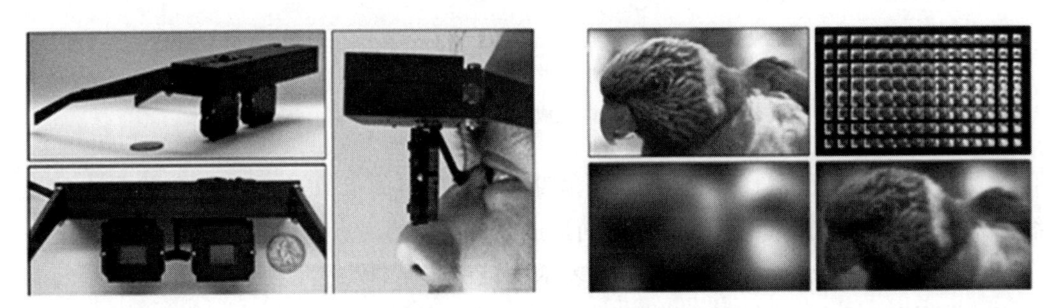

图 5-2-8　沉浸式近眼光场

3. 聚焦模式的集成成像

当 $L_g=f$ 时，集成成像系统为聚焦模式。如图 5-2-9 所示，当透镜阵列离显示器的距离 L_g 等于焦距 f 时，由透镜成像公式(5-1)可知，显示器上的像素发出的散射光通过透镜后将变成平行光，像平面位于无穷远处。

在聚焦模式下，由于像素发出的光线通过透镜折射后变为平行光，从某一角度观察时，人眼从一个透镜中只能看到一个发光像素，从每一个透镜中也只能看到一个视点，体

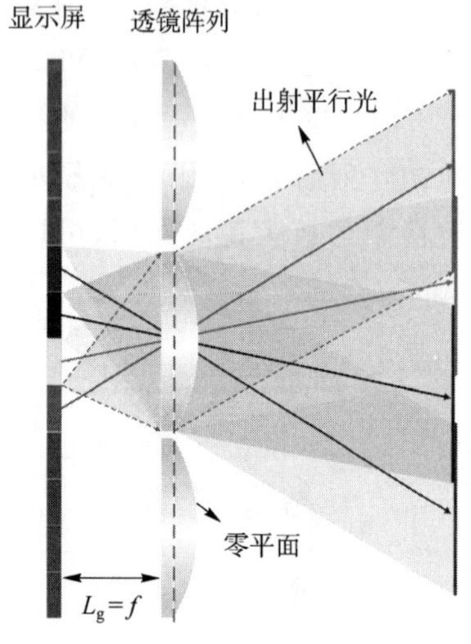

图 5-2-9 $L_g=f$,聚焦模式原理图

像素点尺寸等于透镜的孔径。同时,3D 显示效果既能实现入屏的立体效果,也能实现出屏的立体效果。由于其入屏深度与出屏深度一致,人眼看到的体像素生成平面位于透镜平面上,且一个透镜对应一个体像素,因此聚焦模式的透镜数越多,体像素数越多。

北京邮电大学于迅博提出一种可以提高三维显示系统视角,实现具有平滑运动视差和精确深度的超大视角集成成像 3D 显示系统[3]。在该系统中,微透镜阵列与 LCD 显示屏之间的距离 L_g 等于透镜的焦距 f,即为集成成像聚焦模式。在聚焦模式下,可以看到显示面板上像素点发射的光线通过每个透镜的光轴,这些出射的平行光线可以形成具有运动视差的三维图像,图 5-2-10 是超大视角集成成像 3D 显示系统原理示意图。

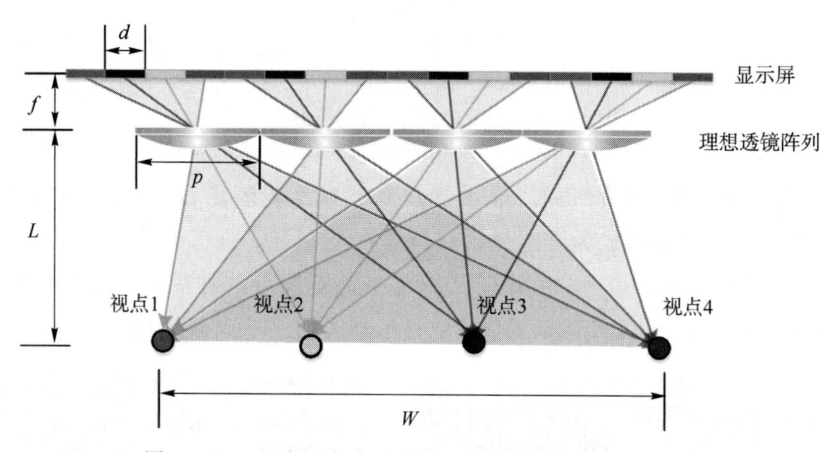

图 5-2-10 超大视角集成成像 3D 显示系统原理示意图

假设一个透镜下覆盖的基元图像包含四个水平分布的子像素,四个子像素发出的光线通过透镜阵列折射后,汇聚到不同方向形成四个不同的视点。图中 d 表示显示屏上一个子像素的宽度,p 表示透镜的节距,f 表示透镜的焦距,W 表示视区宽度,L 表示观看距离。根据图上几何关系,可以推导出显示系统的参数关系式:

$$\frac{p}{4d}=\frac{L}{L+f} \tag{5-2}$$

$$\frac{d}{W}=\frac{f}{L} \tag{5-3}$$

在柱透镜光栅三维显示系统中,显示屏与透镜光栅的距离等于柱透镜焦距,随着观看者的移动,看到的 3D 图像有连续的变化,可以实现平滑的运动视差。与柱透镜光栅三维显示系统类似,聚焦模式下的集成成像系统中,显示器与透镜阵列的距离也等于透镜

的焦距，因此，聚焦模式的集成成像显示可以看成是柱透镜光栅三维显示的二维实例，能为观看者提供平滑的运动视差。平滑的运动视差可以让聚焦模式的集成成像应用于各类终端设备的3D显示，以及印刷防伪等方面。

5.2.2　基元图像阵列的生成方法

根据像素的映射关系合成基元图像阵列，是集成成像三维显示中十分重要的环节。在探究基元图像阵列的合成时，从不同的角度分析可以得到不同的合成方法，最终都能得到正确的3D图像。根据合成原理和具体操作的不同本章提供四种不同的方法。

1. 二次拍摄法

拍摄法是一种传统的集成成像信息采集方法，如图5-2-11所示，深色箭头表示一个三维场景，采集透镜阵列和点耦合器件(Charge-Coupled Device，CCD)记录设备对三维场景进行图像采集，得到基元图像阵列。基元图像阵列经过数据传输在LCD显示屏上显示，观众通过显示透镜阵列观看到3D图像。

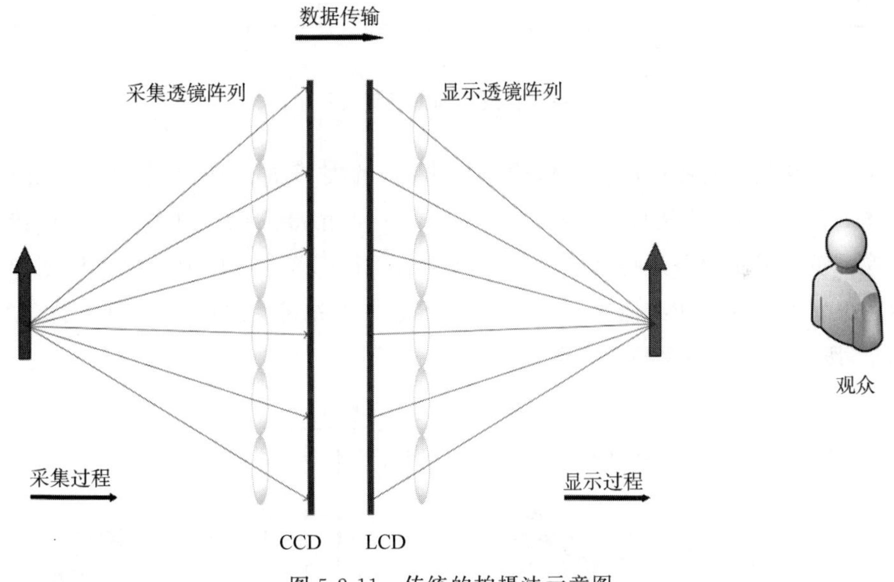

图5-2-11　传统的拍摄法示意图

由于要采集的场景是三维立体的，从不同角度采集会有不同的遮挡效果，如图5-2-12中立方体和棱柱的空间位置不同，每组透镜下拍摄的遮挡效果也不同。用传统的拍摄法得到的基元图像阵列，在实像模式显示过程中会出现深度反转的问题，也就是说得到的3D图像深度关系和所观察到的实际深度关系是颠倒的。如图5-2-12所示，在采集过程中，设备拍摄到的图像即观众所观察到的图像，立方体离采集设备较近，是三维场景中的前景；棱柱离采集设备较远，是三维场景中的后景。在实像模式显示的过程中，根据光路可逆原理，3D图像立方体和棱柱会在其原来的位置被构建出来，其尺寸和深度位置与原场景一致。但此时棱柱的位置离观众最近，而立方体的位置离观众最远，两者的深度关系与采集时所观察到的深度关系恰恰相反。在设备采集时记录下来的三维场景遮挡关系,在显示的过程中依然存在,但显示的效果却表现为后景遮住了前景,与实际情况相矛盾,此时再现的是深度反转的图像。

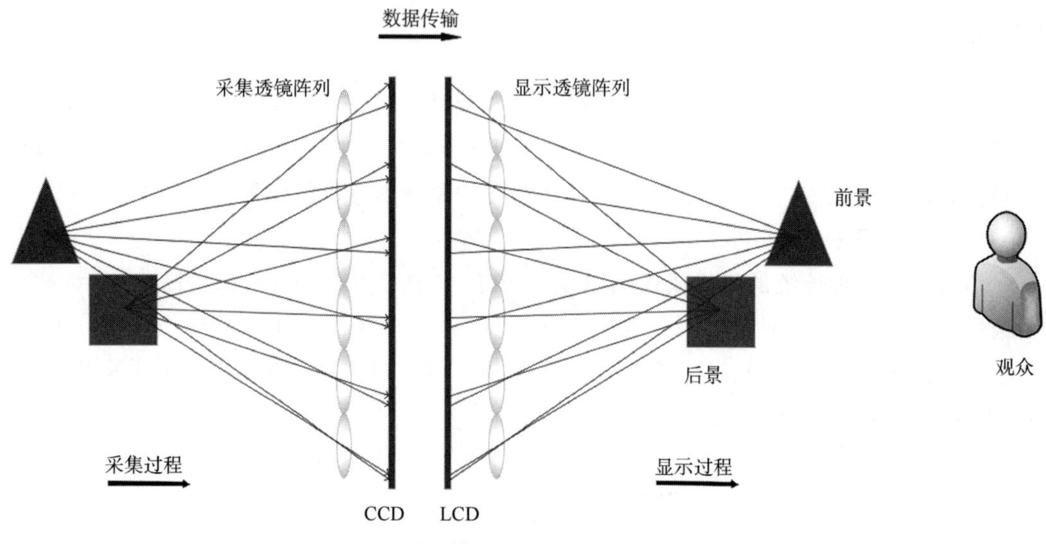

图 5-2-12　集成成像深度反转示意图

二次拍摄法是针对集成成像实像模式提出的,解决了显示 3D 图像时深度反转的问题。如图 5-2-13 所示,由透镜阵列和 CCD 器件第一次拍摄得到的图像经过数据传输,在集成成像系统的显示设备上得到显示,此时显示的 3D 图像是深度反转的立体图像;然后再将深度反转的图像当作物体进行二次拍摄,经过二次拍摄后,再现 3D 图像的深度关系得到纠正,跟所观察到的原场景一致。

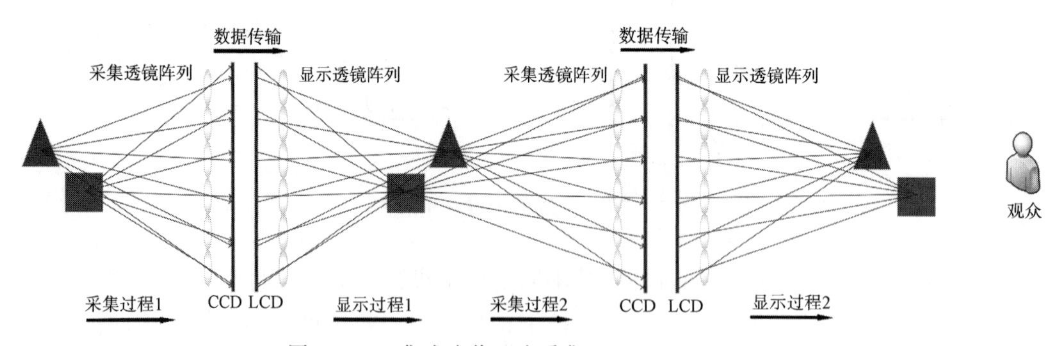

图 5-2-13　集成成像两次采集和显示过程示意图

总结来说,深度反转问题仅存在于实像模式集成成像中,二次拍摄法也是针对实像模式而提出的。对于虚像模式集成成像,在采集和显示过程中,显示系统再现的 3D 图像和原三维场景是完全相同的,不存在深度反转的问题,一次拍摄得到的基元图像阵列能够显示出正确的 3D 图像。

2. 多层合成法

实像模式下之所以存在深度反转的问题，是因为所拍摄的三维场景是有深度的。换言之，如果拍摄的场景没有深度，即拍摄一个二维的场景，那么在显示过程中就不会出现深度反转的问题。从这个角度出发，本节介绍了多层合成法。

多层合成法，顾名思义，就是将要拍摄的三维场景分层，每层分别采集，最后按一定的规则合成。上述过程中的三维场景是计算机中的模型，采集是指使用虚拟相机进行拍摄。当分层达到一定数量，每层的深度小到一定程度，可以视为没有深度的一个单位。分层的过程如图 5-2-14 所示，此时一个完整的三维场景"箭头"已经被分割为相互独立的 n 层。

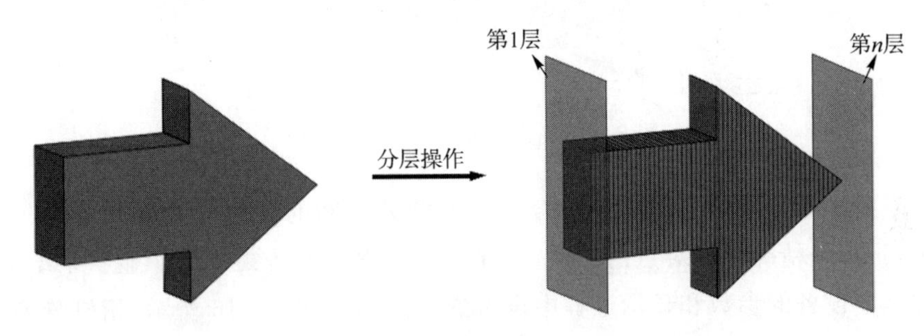

图 5-2-14　三维场景分层过程

在观察者的角度，若想通过一次拍摄在集成成像系统中看到的前景是箭头的头部，由于存在深度反转，要将箭头的尾部放在前景位置进行拍摄。但是由于箭头是三维立体的，拍摄过程中尾部会遮挡头部的信息，所以经过系统显示后并不能得到正确的效果。

分层操作有效地解决了上述问题。经过分层后，每层作为没有深度的二维平面，在拍摄和显示的过程中就不需要考虑深度反转，每层记录下的信息没有遮挡关系。分层的顺序如图 5-2-14 所示。

如图 5-2-15 所示，先对第一层场景进行拍摄，透镜下的 CCD 器件记录下第一层的内容，生成第一层的基元图像阵列；然后再对第二层进行拍摄，生成第二层的基元图像阵列。此时用第二层的基元图像阵列覆盖第一层的基元图像阵列，这样保证了第二层的信息优先于第一层显示。同理，按照上述顺序依次对其他层场景进行拍摄，同时按照上述顺序将得到的不同层场景的基元图像阵列依次覆盖前一层。拍摄到最后一层，即第 n 层时，整个拍摄过程结束，将最终得到的基元图像阵列放置于集成成像系统中显示。显示出的 3D 图像，前景是箭头的头部，后景是箭头的尾部，头部的信息遮挡尾部的信息。所以通过多层合成法，可以得到正确的 3D 图像。

3. 视点合成法

二次拍摄法解决了深度反转的问题，但是由于透镜像差和 CCD 记录单元尺寸的影响，这种方法也会降低图像的质量。本节从观看视角出发，利用虚拟相机进行拍摄，介绍了视点合成法，解决了二次拍摄法存在的问题。

视点合成法的思路是从每个观看视点出发，分别对三维场景进行拍摄，根据不同像素发出的光线到达不同视角的几何关系，推导出拍摄得到的基元图像阵列和最终要合成的基元图像阵列之间像素映射的关系。在这种映射关系已知的情况下，通过对拍摄得到的基元图像阵列像素进行重新编码，就可以得到正确的合成图像，显示正确深度关系的3D图像。

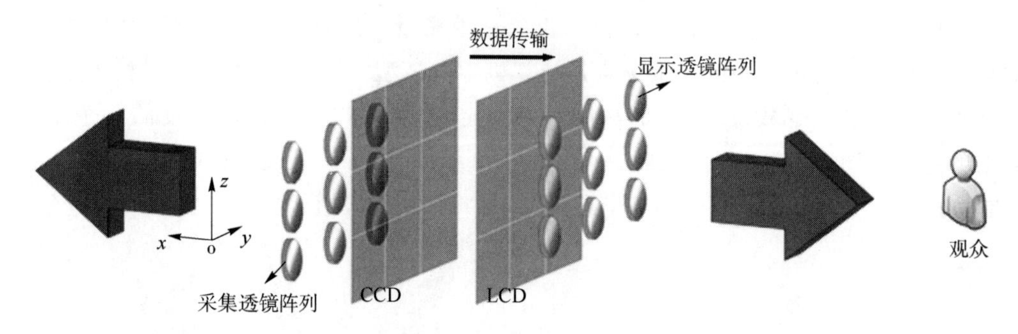

图 5-2-15　分层拍摄和显示的过程

由于需要推导的采集图像阵列与合成图像阵列之间的映射关系是一个像素映射到另一个像素上，是精确的点对点的关系，因此首先要得到的是集成成像显示系统的参数，即拍摄过程中设备的参数和显示过程中设备的参数。如图 5-2-16 所示，相机阵列中的相机数目用 X 表示，相邻相机的间距用 d 表示，相机的拍摄角度用 ω 表示，每个相机采集到的图像的分辨率用 R 表示。零平面（焦平面）的宽度可表示为 $(N-1)p$，其中 N 和 p 分别表示透镜的数目和节距。相机阵列离透镜阵列的距离可表示为 L。

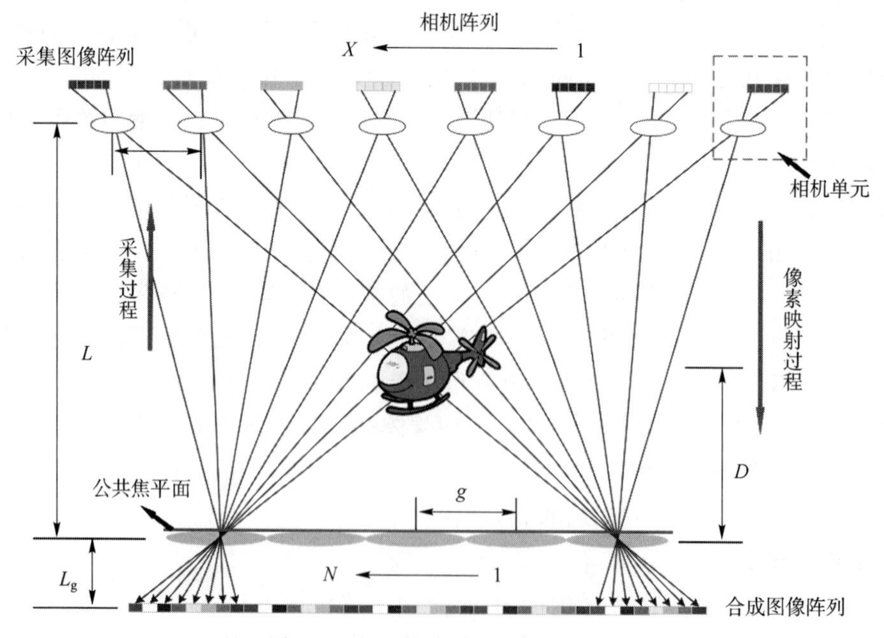

图 5-2-16　视点合成法过程示意图

相机阵列的拍摄参数是由集成成像显示系统的参数决定的，在一个参数确定的集成成像显示系统中，相机阵列的拍摄参数可由几何关系推导得出。如图 5-2-16 所示，假设对于一个确定参数的集成成像显示系统，其透镜阵列与平面显示器的间距为 L_g，透镜阵列的数目为 N，每个基元图像包含的像素数为 r。在只考虑一维像素映射的情况下，根据图中光线映射的几何关系可知，各视角拍摄得到的图像阵列中每个基元图像的分辨率 R 与集成成像显示系统中透镜的数目 N 相等，相机的数目 X 与合成图像阵列中每个基元图像的分辨率 r 相等。相邻相机的间距可表示为 $d=gL/(rL_g)$，相机的拍摄角度可表示为 $\omega=2\arctan\dfrac{(N-1)g}{2L}$。因此，根据确定的集成成像显示系统，可以推导出相机阵列的采集参数为

$$\begin{pmatrix} X \\ d \\ \omega \\ R \end{pmatrix}=\begin{pmatrix} r \\ \dfrac{gL}{rL_g} \\ 2\arctan\dfrac{(N-1)g}{2L} \\ N \end{pmatrix} \tag{5-4}$$

使用上述的相机阵列采集场景的三维信息之后，下一步要进行的是图像编码中像素映射的步骤，即把采集图像阵列的像素按照正确的方式，一一对应地映射到合成图像阵列中。图 5-2-16 所示为像素映射的光路图。一一对应体现在任意一个采集图像阵列的像素，都可以在合成图像阵列中找到一个像素与之对应，两个像素的信息完全相同。为了精确表示出任意像素，将图像阵列中的像素坐标化。采集图像阵列中的第 m 个基元图像中的第 i 个像素可表示为 $O(m,i)$，这个像素发出的光线向前传播，然后相交于合成图像阵列中的第 m' 个基元图像中的第 i' 个像素，可表示为 $O'(m',i')$。

根据图中光线的几何关系，采集图像阵列中的像素与合成图像中的像素的映射关系可表示为

$$O'(m',i')=O(m,i),\quad m=X-i'+1,\quad i=R-m'+1 \tag{5-5}$$

式中，m' 的取值范围为 $1\sim N$，i' 的取值范围为 $1\sim r$。采用公式(5-5)所示的像素映射方法可以简洁高效地生成合成图像阵列，其包含 N 个基元图像，每个基元图像的分辨率为 r。采集图像阵列到合成图像阵列的像素映射过程是点对点映射，保证了最终生成的合成图像阵列中的对应各视角信息像素排布的精确度。上述讨论的是视点合成法在一维情况下的像素映射关系，同理在二维的集成成像显示系统中依然适用。

4. 反向追踪合成法

通常合成基元图像阵列的方法是从拍摄三维场景的角度出发，即对采集图像阵列上的像素进行操作，进而得到合成图像阵列。在处理虚拟的三维模型时，根据几何光学中光路可逆的原理，本节从三维场景本身的角度出发介绍了反向追踪合成法，通过逆向追踪光线传播的路径确定像素的位置，合成基元图像阵列。

如图 5-2-17 所示的一个三维模型，正向处理的步骤是先用虚拟相机进行拍摄，然后

对采集基元图像阵列进行图像编码得到合成图像阵列，最后在显示透镜阵列下进行显示。图 5-2-17 中的圆点是显示的 3D 图像中的某一个物点，通过图中的虚线可以看到，这个物点由来自不同透镜下的像素发出的光线构成，指向右侧的箭头既代表物点发出的光线，同时也是透镜下像素发出的光线。每个透镜下光线的传播路径都过透镜的中心。从图中的几何关系可知，如果 3D 图像与透镜阵列及 LCD 的相对位置已知，那么可以得到每个物点与透镜中心的连线。集成成像显示系统再现的 3D 图像与要拍摄的三维模型完全相同。因此从三维模型的物点出发，根据光路可逆原理，按照光线本来传播的路线反向推导，可以得到提供此物点光线的像素的位置。如图 5-2-17 所示，指向左侧的箭头表示反向追踪的光线，物点与透镜阵列中每个透镜中心的连线的延长线，与虚拟相机阵列 CCD 所在的平面交于一点，交点就是提供物点光线的像素在合成图像阵列中的具体位置，这些像素在图 5-2-17 中由 CCD 上的小方块表示。用计算机遍历三维模型上所有的物点，可以合成完整的基元图像阵列。

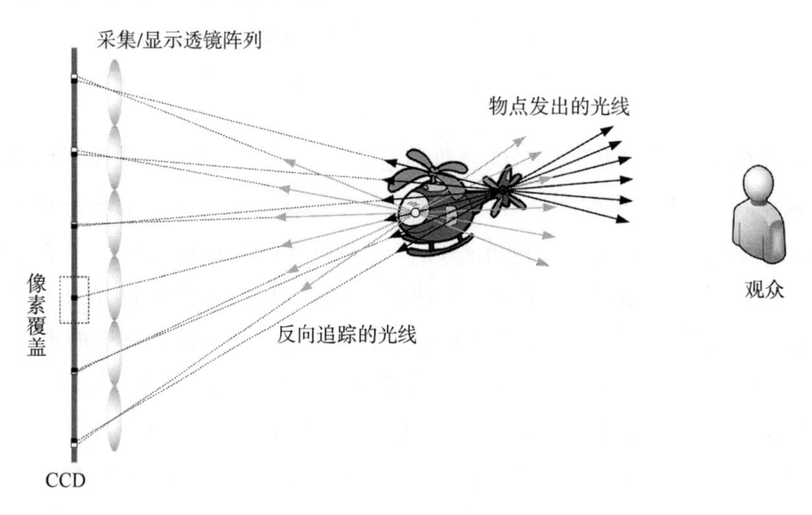

图 5-2-17　反向追踪合成过程示意图

在使用反向追踪合成法合成基元图像阵列时，依然要考虑模型深度的问题。如图 5-2-17 所示，图中飞机上取两个物点为例，其中深色物点是飞机尾部一物点，观众要观看的前景如果是飞机的尾部，那么尾部一侧的信息应当优先显示，即在反向追踪像素的过程中，尾部一侧的物点应当最后遍历。这时，提供尾部一侧物点光线的像素在合成图像阵列上优先覆盖之前的像素。如图 5-2-17 所示，指向左侧的深色箭头表示尾部深色物点反向追踪的光线，深色小方块表示深色物点反向追踪得到的像素，从图中可以看到深色物点有一条反向追踪光线在 CCD 上得到的像素与之前浅色物点反向追踪得到的像素相同(在图中表示为指向左侧的浅色箭头与其中一条指向左侧的深色箭头重合，虚线框内深色小方块与浅色小方块重合)，由于先遍历浅色物点后遍历深色物点，所以该像素之前记录的浅色物点信息被深色物点信息覆盖(在图中表示为深色箭头覆盖浅色箭头，虚线框内深色小方块覆盖浅色小方块)。遍历过程中的顺序与分层合成法相似，最终合成的基元图像阵列能够显示出具有正确遮挡关系的 3D 图像。

5.3 集成成像的光学评价方法

5.3.1 聚焦模式下集成成像的光学评价

串扰是影响三维感知的重要因素，串扰率是评价聚焦模式下集成成像质量的重要光学指标。本节将先分析和量化聚焦模式的串扰，再描述降低串扰的优化原理，确定串扰优化阈值。

聚焦模式下集成成像的光学系统由二维显示面板和透镜阵列组成。基于聚焦模式成像特点，二维显示面板位于透镜阵列后方焦平面处，面板上像素发出的发散光穿过透镜产生多束平行光，光线根据几何关系汇聚在不同最佳观看点(Sweet Spots)处形成三维图像，如图 5-3-1(a)所示。通过计算观看点与可见像素的映射关系，该系统将产生全视差的聚焦模式集成图像。

在理想光学系统中，系统采用的理想透镜没有像差，人眼在水平方向观看到的三维图像光强如图 5-3-1(a)所示，不同视点光线覆盖的视区如图中观看位置深色线条所示，不同视区相接形成完整三维图像观看区域，观察者沿着观看区域移动可以观察到运动视差，不同视区最佳观看点的光强只由单个视区光线产生，没有串扰。但是实际光学系统是存在像差的，孔径角度 u 的增大会引起严重的球面像差现象。球面像差 δL 可以由公式(5-6)表达：

$$\delta L = a_1 u^2 + a_2 u^4 + a_3 u^6 + \cdots \tag{5-6}$$

式中，$a_1 u^2$ 代表一级球面像差，$a_2 u^4$ 和 $a_3 u^6$ 分别代表次级球面像差和第三级球面像差。当孔径角度较小时，δL 可以用 $a_1 u^2$ 来表示。然而，当 u 值增大时，就需要用更高阶级次的球面像差表示 δL，例如 $a_2 u^4$ 和 $a_3 u^6$。在公式(5-6)中，$a_1 \sim a_3$ 表示球面相差系数，由透镜参数计算得到。

由于像差的影响，从透镜出射的光线会发散成一定角度，如图 5-3-1(b)所示。因为观看位置到透镜的观看距离相对透镜宽度而言过大，小角度发散光经过大观看距离的放大，各个视点光线在水平方向产生的可视范围变宽，如图 5-3-1(b)下侧所示，视点 2 的最佳观看点处会混入相邻视点 1 和视点 3 的光线。此时，来自同一体素的多幅视图光线同时进入同一只眼睛，产生视野竞争，观看者看到的是一幅带有重影的图像，较大的串扰将会导致观察者难以将观察到的图像融合成正确的立体图像。图 5-3-1(c)为低串扰效果图，图 5-3-1(d)为高串扰效果图，两者对比可以看出高串扰的三维图像重影更严重。随着三维图像的立体感增大，串扰致使重影增大，三维图像质量会更加糟糕。

将串扰定义为同一体像素内非主视点光线的干扰。聚焦模式的集成成像将透镜视为发光体素单元，如图 5-3-1(a)所示，体素 V_1 和 V_2 分别由左侧相邻两透镜下的像素产生。当 R_1 为主像素时，相邻体素光线 R_3 与 R_1 同时被人眼接收不会被定义为串扰，因为人眼可以区分该两条光线来自不同发光点(体素)。与 R_1 同一体素下的光线 R_2 被观察到即为串扰，因为当人眼同时观察到来自同一体素的两条光线时，两条光线会形成重影，影响成像质量。由于透镜结构是旋转对称的，由水平方向串扰原理同理可得竖直方向串扰原理。串扰率作为聚焦模式下集成成像的重要光学评价指标，可由下述公式定义：

$$\text{crosstalk}=\frac{L}{R}\times 100\% \tag{5-7}$$

式中，R 为某一位置主视点光强，L 为某一位置串扰视点光强，通过降低串扰光强可以得到重影更小的再现三维场景。

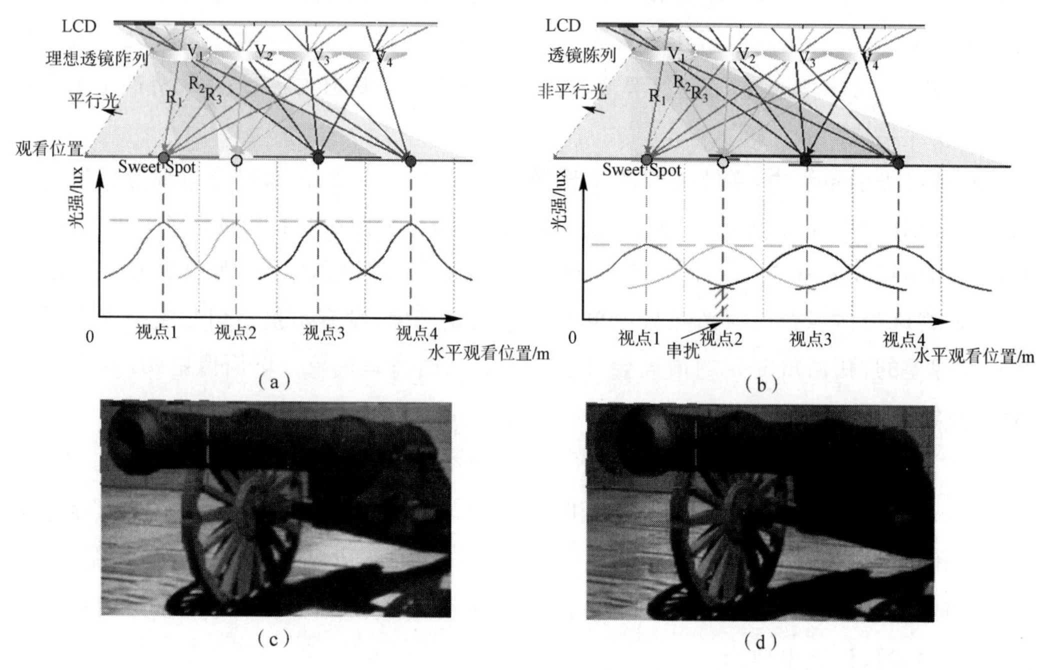

图 5-3-1　透镜聚焦模式下成像与串扰示意图

(a)理想透镜聚焦模式下成像与串扰示意图；(b)实际透镜聚焦模式下成像与串扰示意图；(c)低串扰效果图；(d)高串扰效果图

为了解决透镜像差引起的聚焦模式集成成像串扰问题，采用反向光路进行分析。基于反向光路的优化设计可以更简便地确定优化阈值，减小计算量。根据光学定义，先初步建立理想光学系统，如图 5-3-2(a)所示，对单个理想透镜和该透镜覆盖的基元图像进行分析。反向光路中，入射平行光穿过理想透镜汇聚在 LCD 平面为像点。在考虑透镜像差的反向光路中，如图 5-3-2(b)所示，入射的平行光经过透镜汇聚在二维显示面板上形成弥散斑。入射光线孔径角度 u 的增大会导致像差增大，因而透镜像差形成的弥散斑直径过大，覆盖了主像素及其相邻像素，即观察者在最佳观看点处会看到同一体素下相邻视点的串扰光。光学优化工具可以模拟在系统中引入非球面透镜或复合透镜，缩小反向光路像面的弥散斑，从而达到减小像差的目的。若优化后弥散斑直径小于子像素尺寸，则该优化系统产生的串扰是人眼可接受的。

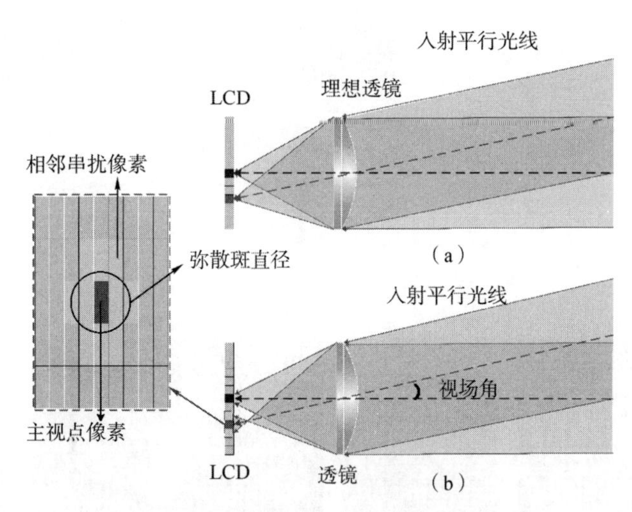

图 5-3-2 聚焦模式下集成成像反向光路

(a)理想透镜的聚焦模式下集成成像反向光路；(b)实际透镜的聚焦模式下集成成像反向光路

5.3.2 成像模式下集成成像的光学评价

成像模式下集成成像的光学评价指标由串扰率和锐度两部分组成。串扰率为评价同一体像素内相邻光线对主视点光线的干扰的指标。串扰率增大将导致观察者单眼观察到过多非主视点的图像信息，主视点与串扰视点之间产生视野竞争，严重影响三维图像质量。利用几何关系精确计算扩散膜的扩散角度可以减小串扰率。锐度是评价不同(相邻)体素之间光线边缘过渡快慢的指标。锐度过低会导致体素边缘不够清晰，无法观察到足够的图像细节。通过优化透镜面型减小弥散斑半径可以提高图像锐度。本节主要分析实像模式下集成成像的串扰率和锐度，并确定串扰和锐度优化阈值。虚像模式与实像模式类似，同理可得虚像模式下的光学评价分析过程。

1. 成像模式下集成成像的畸变矫正

传统的成像模式下的集成成像系统包括透镜阵列和 LCD 面板两部分组成，如图 5-3-3(a)所示。LCD 面板用来加载编码后的基元图像。透镜阵列的每一个透镜将对应的基元图像在透镜阵列前方成像，成像面的位置可以通过透镜阵列的焦距和透镜阵列到 LCD 面板的间距，由高斯公式得到：

$$\frac{1}{l_g}+\frac{1}{l_c}=\frac{1}{f} \tag{5-8}$$

式中，f 代表透镜阵列的焦距长度，l_g代表透镜阵列到 LCD 面板的间距，l_c代表成像面到透镜阵列主平面的距离。根据人眼自然视觉特性，当在观看集成成像系统时，人眼会自动调节使基元图像的光线经透镜阵列后汇聚在视网膜处。

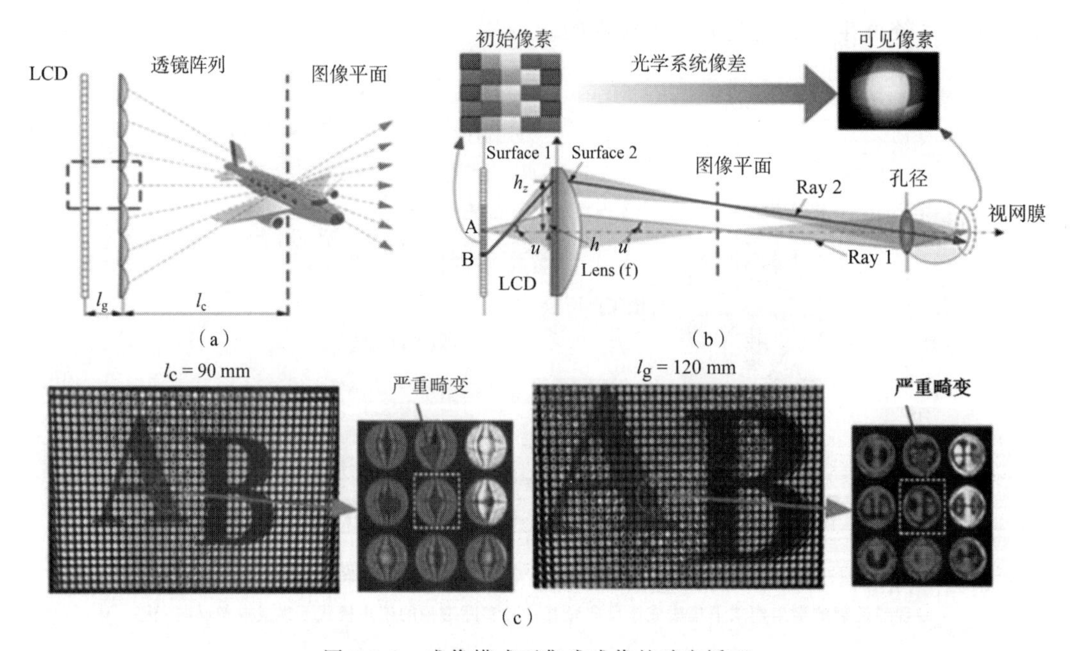

图 5-3-3　成像模式下集成成像的畸变矫正

(a)传统集成成像系统示意图；(b)单透镜光学系统示意图；(c)传统集成成像系统重构 3D 图像效果

当观看者观看集成成像系统时，由每个透镜提供一部分图像信息并拼凑重构出完整的 3D 图像，而被观察到的像素又是组成基元图像的基本单元。由于像差的存在，像素在被人眼观察到时会产生严重的畸变。为了对由透镜像差引起的畸变进行直观的了解，对集成成像系统中单透镜的成像过程进行分析，如图 5-3-3(b)所示。此时单透镜的光学成像系统由一个透镜其对应的像素和人眼共同组成。由光学的定义可知，此时人眼的瞳孔大小为孔径光阑。图中虚线代表光学系统的光轴方向，点 A 为光轴上一点，点 B 为离轴上一点，R_1为从点 A 发出并最终经过孔径边缘的一条光线，R_2为从点 B 发出并最终经过孔径中心的一条光线。H 代表R_1在透镜上的高度，H_Z 代表R_2在透镜上的高度，u 和 u' 为孔径角度。此时，赛德像差理论可以表示为

$$S=\sum \frac{h_z^3}{h^2}P-3J\sum \frac{h_z^2}{h^2}W+J^2\sum \frac{h_z}{h}\varphi(3+\mu) \tag{5-9}$$

$$P=\sum \left(\frac{u-u'}{\frac{1}{n}-\frac{1}{n'}}\right)^2\left(\frac{u}{n}-\frac{u'}{n'}\right) \tag{5-10}$$

$$W=\sum \left(\frac{u-u'}{\frac{1}{n}-\frac{1}{n'}}\right)\left(\frac{u}{n}-\frac{u'}{n'}\right) \tag{5-11}$$

以上等式中，J 代表拉格朗日-赫姆霍兹公式中的常量，φ 代表透镜的光焦度。μ 的值一般取 0.7。n 和 n' 分别代表透镜和空气的折射率。为了分析透镜像差导致的图像畸变对重构 3D 图像质量的影响，本节所介绍的方法利用透镜阵列和 LCD 面板搭建了集成成像系统进行实验。实验系统中透镜的焦距长度为 16 mm，宽度为 10 mm，LCD 面板的尺寸大小为 23 英寸，分辨率大小为 3 840×2 160。实验过程中，将字母 A 和字母 B 分别放在距离透镜阵列 90 mm 和 120 mm 处距离显示，系统效果图如图 5-3-3(c)所示，字母 A 和字母 B 可以观察到明显的畸变。

引入扩散膜可以对上述光学系统实现畸变校正。扩散膜位于集成成像系统的成像面位置，如图 5-3-4(a)所示。为了分析消除透镜畸变的过程，图 5-3-4(b)为改进后的集成成像系统中的单透镜光学系统。此时，基元图像和对应的透镜可以看成组成为一个投影仪系统。基元图像的每一个像素点都将成像在定向扩散的扩散膜上。扩散膜可以实现将入射的光线以特定的扩散角出射，人眼将会从扩散膜上观看到体素点。

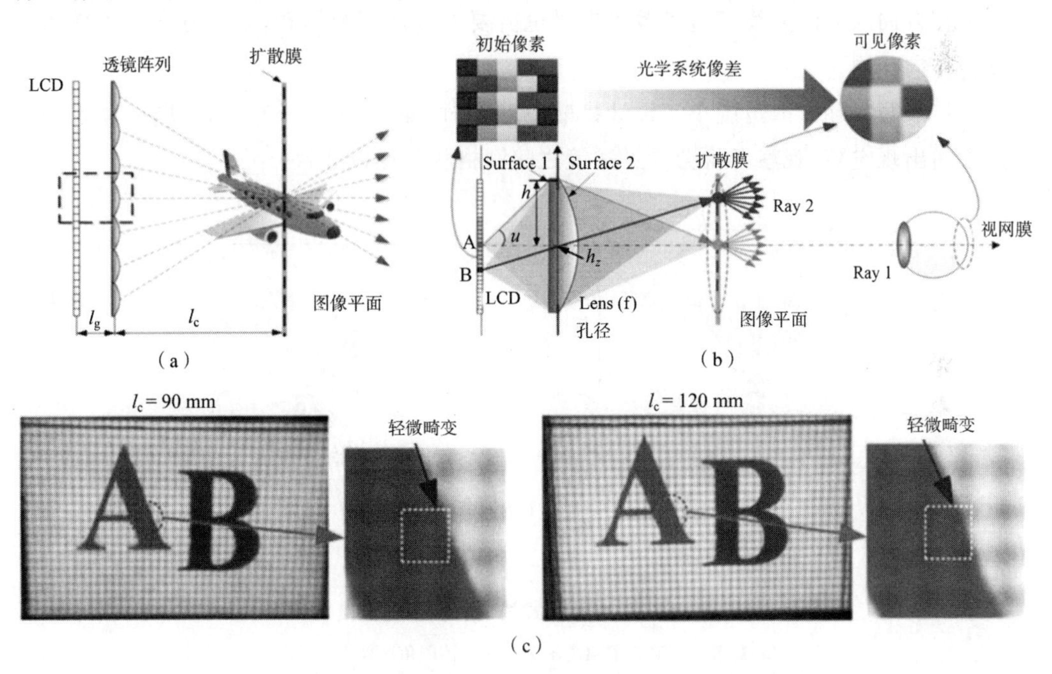

图 5-3-4　引入扩散膜的成像模式下集成成像的畸变矫正

(a)引入扩散膜的集成成像系统示意图；(b)单透镜光学系统示意图；(c)引入扩散膜集成成像系统重构 3D 图像效果

由光学定义可知，在引入扩散膜的单透镜成像系统中，此时透镜为孔径光阑。由于集成成像系统的改进，公式(5-9)中 h 和 h_z 的值也随之发生了改变。如图 5-3-4 所示，h_z 的值将减小为 0，h 的值将变为透镜的曲率半径的大小。由公式(5-9)可知，在引入了扩散膜后，系统的光阑由人眼变为透镜，集成成像系统的畸变得到了明显的改善，具体实验效果如图 5-3-4(c)所示，字母 A 和字母 B 与图 5-3-3(c)中字母相比畸变明显减小。

由于引入了扩散膜，成像模式的串扰需要被重新定义。串扰定义为单个体素内光线的干扰，因而先分析成像模式下扩散膜上体素特性是必要的。扩散膜除了上述的校正透镜畸变功能，还有填补相邻圆透镜之间空隙的作用，如图 5-3-5(a)所示。相邻透镜发出的光线会聚在扩散膜上，根据透镜相对于会聚像点的位置关系，来自不同透镜的光线形成体素。大量体素在空间中形成三维光场，重构真实、平滑的三维图像，观察者站在不同角度可以观察到不同的三维图像。为了形成可以填补透镜空隙的体素，扩散屏的扩散角度需要基于系统其他部分参数进行设计。水平方向的扩散屏扩散角度 q 由几何关系可得

$$\theta=2\arctan\frac{p}{2L}-2\arctan\frac{g}{2L} \tag{5-12}$$

式中，g 是透镜的截距，p 为相邻透镜中心点间距，L 为透镜到扩散膜距离。从透镜入射的狭窄光线经过扩散膜的水平扩散填补了透镜之间的空隙。由于圆透镜为二维结构，从透镜竖直方向入射的光线经过扩散膜出射也需要无缝隙匹配体素，竖直方向的扩散角度与水平方向相同。

当扩散膜实际扩散角度小于设计扩散角度 q 时，如图 5-3-5(b)所示。同一体素相邻光线之间出现空隙，观察者将会看见透镜之间网格状的黑色缝隙。

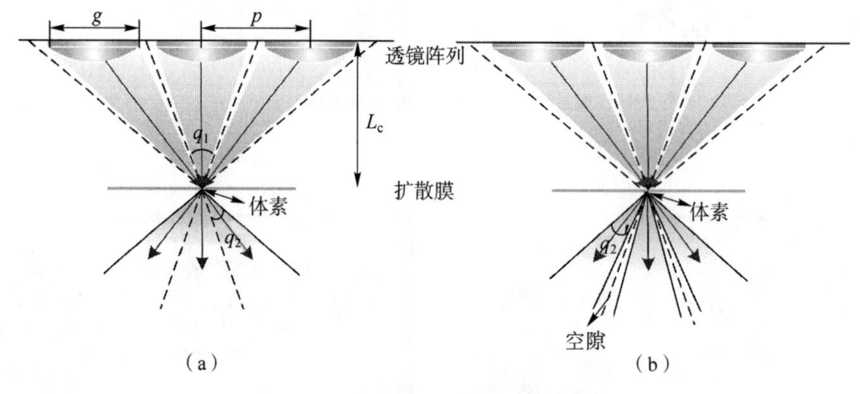

图 5-3-5　成像模式的串状被重新定义

(a)扩散膜正确扩散角度示意图；(b)扩散角度偏小示意图

成像模式下的串扰依然定义为同一体像素内相邻光线对主视点光线的干扰，成像模式集成成像的串扰来源如图 5-3-6(a)所示。在水平方向上，光线从透镜出射会聚在位于像平面的扩散膜上，扩散膜出射的主光线(扩散膜下方的深色箭头线条)角度不变，当实际扩散角度大于设计扩散角度 q 时，图中左右两相邻光线对主视点光线产生串扰。由于透镜阵列为对称结构，来自水平方向、竖直方向以及斜对角方向相邻透镜的光线会同时对主视点光线产生串扰，如图 5-3-6(b)所示。设定离扩散膜单位距离的体素横截面为计算面，计算成像模式集成成像的串扰率。体素中单条扩散光在计算面上的宽度设为 b，由正确扩散角求得的扩散光宽度设为 a，分别可由实际扩散角度和正确扩散角度算出。则

两个水平方向和竖直方向的邻近像素串扰光强为 $a(b-a)/2$，四个对角方向的串扰像素光强为 $(b-a)^2/4$。根据公式(5-8)，可得成像模式的串扰率为

$$\text{crosstalk}=\frac{b^2-ab}{a^2}\times 100\% \tag{5-13}$$

随着扩散角度匹配误差 $|q_2'-q|$ 的增大，串扰率也同时增大，人眼观看到的有效信息越少，三维图像效果越差。

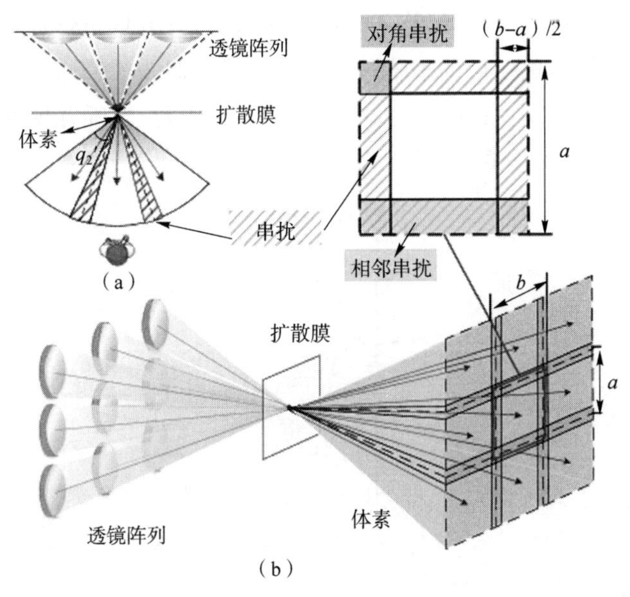

图 5-3-6　同一体像素内的相邻光线对主视点光线的干扰

(a)水平方向成像模式下集成成像串扰示意图；(b)二维成像模式下集成成像串扰示意图

2. 成像模式下集成成像的锐度

锐度用来描述三维图像不同体素边缘处信息过渡的快慢，即影像上各细部影纹及其边界的清晰程度，高锐度会使体素之间信息迅速过渡。在相同分辨率的情况下，锐度越高，三维图像的细节越清晰，反之三维图像则模糊不清，细节表现不足。

引入扩散膜校正成像模式集成成像的畸变之后，显示系统的孔径由瞳孔变成了透镜，由图 5-3-3 和图 5-3-4 可知孔径的角度 u 显然会增大，由公式(5-8)可知，孔径角度的增大会引起严重的球面像差现象，在像面形成弥散斑，体素边缘过渡缓慢，降低显示的锐度。由空间几何关系可以看出，当成像面与透镜阵列的距离越远时，孔径角度 u 越大，图像锐度下降越多。如图 5-3-7(a)所示，图中来自三个透镜 L_1、L_2 和 L_3 的光线在扩散膜上形成体素。人眼通过三个透镜可以看见虚线对应体素 V_1、V_2、V_3 和 V_4 的部分光线，通过 L_2 透镜可以看见相邻体素 V_2 和 V_3 中来自像素 A 和 B 的光线，若系统锐度过低，来自相邻体素的光线产生的弥散斑过大，V_2 和 V_3 的边缘发生混叠，其体素边缘过于模糊无法分辨，则产生的三维图像无法达到观看要求。因此，透镜像差是

成像模式下三维图像锐度降低的主要原因，像差将会导致人眼观察到的相邻体素光线边缘模糊，细节无法分辨。

采用反向光路分析成像模式下的锐度问题，反向光路具有简化的优化判断阈值，具体光路如图 5-3-7(b)所示。在待优化光学系统的反向光路中，扩散膜位置的点光源发出的光线经过透镜调制在像面(LCD 所在平面)产生弥散斑。通过采用非球面透镜或复合透镜减小弥散斑半径，系统优化过程中通过反复迭代计算优化透镜面型，当反向光路的弥散斑半径小于 LCD 像素尺寸时，体素之间过渡快速，符合该条件的优化透镜可以应用于成像模式的光学系统，优化后的系统图像锐度满足人眼观看需求。优化后的弥散斑半径 RMS 如图 5-3-7(c)所示，视场角越大，弥散斑半径越大，当所有视场角下的弥散斑都小于像素大小则判定为优化成功。

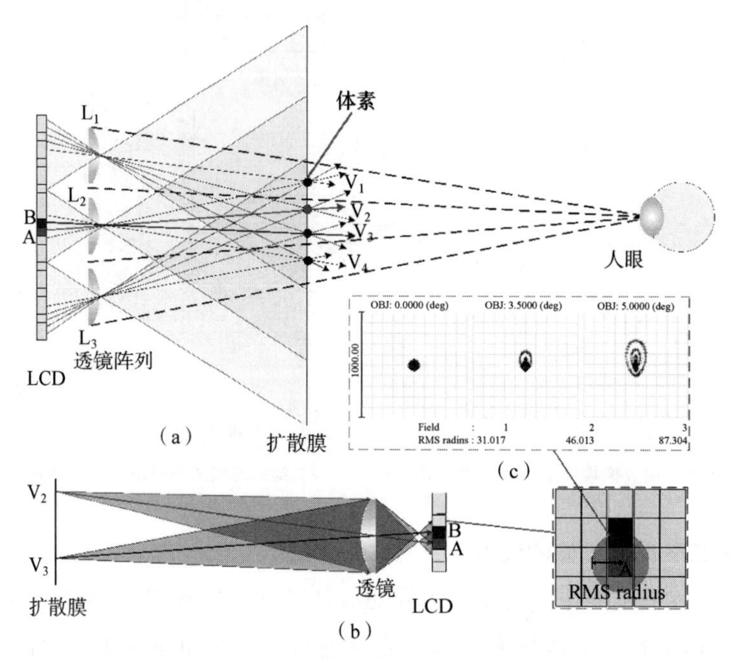

图 5-3-7　成像模式下集成成像的锐度

(a)某位置同时可见的成像模式下集成成像相邻体素；(b)成像模式写集成成像像差的反向光线分析；(c)优化后弥散斑示意图

通过建立成像模式集成成像系统对上述分析进行实验验证，采用光学优化工具，将传统单透镜替换为复合透镜，参数如图 5-3-8(a)所示。引入复合透镜的集成成像系统 MTF 曲线如图 5-3-8(b)所示。MTF 曲线和弥散斑点列图是量化评价透镜优化效果的两种方式，MTF 曲线值越接近 1，弥散斑越小，透镜优化效果越好，三维图像细节越清晰。引入复合透镜后集成成像系统锐度大幅上升，图 5-3-9(a)为单透镜集成成像系统产生的图像边缘模糊现象，图 5-3-9(b)为引入复合透镜集成成像系统产生的高锐度三维图像。

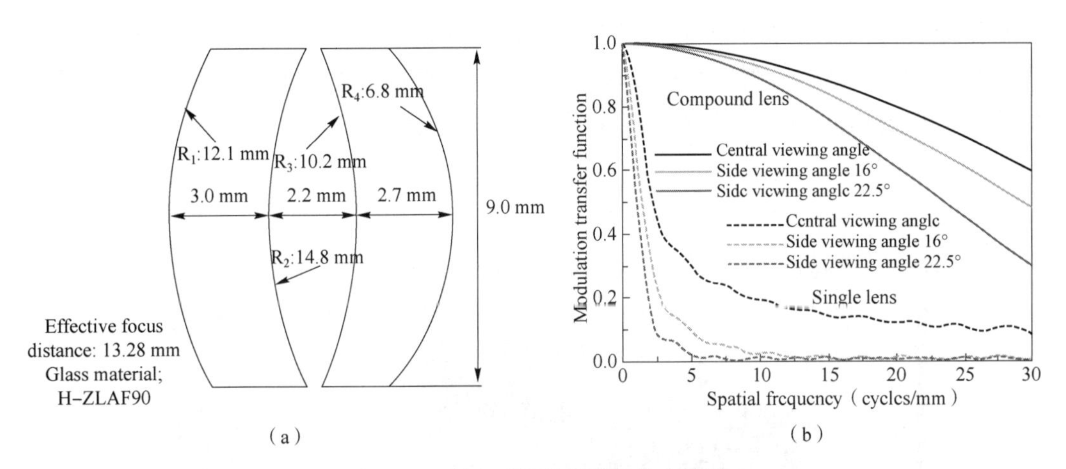

图 5-3-8 复合透镜的参数和优化情况

(a)优化后复合透镜面型参数;(b)单透镜和复合透镜 MTF 对比曲线

(a) (b)

图 5-3-9 基于单透镜以及复合透镜的成像效果对比

(a)单透镜集成成像系统产生的图像边缘模糊现象;(b)引入复合透镜集成成像系统产生的高锐度三维图像

5.4 集成成像显示的主要参数

5.4.1 集成成像的显示分辨率

三维显示分辨率是人眼能够看到显示的三维图像的体像素的数量,决定了三维显示的清晰度,直接反映了三维显示性能的高低。集成成像的显示分辨率与显示屏幕的分辨率、微透镜阵列到二维显示面板的距离、扩散膜(或中心深度平面)到微透镜阵列距离、透镜单元的孔径等参数有关。下面从聚焦模式和成像模式两个方面来计算集成成像的分辨率的大小。

1. 聚焦模式下集成成像的显示分辨率

在聚焦模式下,显示屏幕位于微透镜阵列后方焦平面处,面板上的像素发出的光线被透镜转换为平行光入射到人眼中，中心深度平面位于无穷远处，体像素点的尺寸等于单元透镜孔径，微透镜阵列的数量为 $M\times N$。如图 5-4-1 所示，在显示的 3D 图像中，人眼在同一角度透过每个透镜只能看到一个子像素的色彩信息。

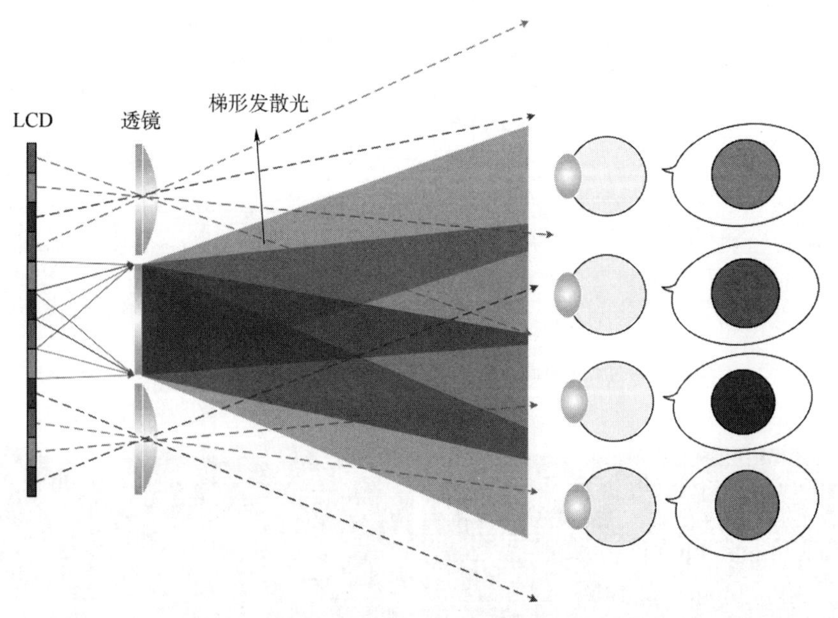

图 5-4-1　聚焦模式下集成成像的系统结构图

以像素为 RGB 排列顺序为例，在 $M\times N$ 个透镜下人眼可以看到 $M\times N$ 个子像素的色彩信息。因此在聚焦模式下，3D 图像的显示分辨率 R_d 等于透镜数，即 $R_d=M\times N$。微透镜单元的孔径越小，能够放置的透镜数就越多，集成成像的显示分辨率就越高。

2. 成像模式下集成成像的分辨率

在实像模式下集成成像的系统结构图如图 5-4-2 所示。其中，每个透镜映射在扩散膜上的人眼能够看到的覆盖的横向像素数为 x_0(纵向为 y_0)，基元图像的宽度为 P_e，单个透镜下映射到扩散膜平面上的基元图像宽度为 w_2，人眼通过透镜在扩散膜上能看到的体像素宽度为 w_1，微透镜阵列到显示屏的距离为 L_g，扩散膜到微透镜阵列距离为 L_c，透镜到人眼的距离 L，透镜周期为 g。

每个透镜映射在扩散膜上的人眼能够看到的所覆盖的像素数为 $x_0(y_0)$和微透镜阵列的数量 $M\times N$ 决定了观看分辨率 $R_d=R_x\cdot R_y$，R_x，R_y 大小分别为

$$\begin{cases}R_x=x_0\cdot M\\R_y=y_0\cdot N\end{cases}\tag{5-14}$$

单个透镜下映射到扩散膜平面上的基元图像宽度为 w_2，微透镜阵列和显示屏的距离 L_g，扩散膜到微透镜阵列距离 L_c，基元图像宽度 P_e 之间的关系为

$$\frac{L_c}{L_g}=\frac{w_2}{P_e}\tag{5-15}$$

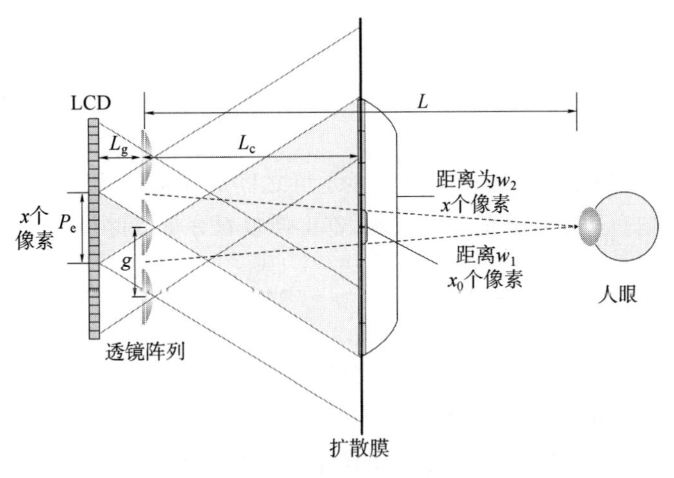

图 5-4-2 实像模式下集成成像的系统结构图

人眼通过透镜在扩散膜上能看到的像素宽度 w_1，扩散膜到微透镜阵列距离 L_c，扩散膜到人眼的距离 $L-L_c$，透镜周期 g 之间的关系为

$$\frac{L-L_c}{L}=\frac{w_1}{g} \tag{5-16}$$

由式(5-15)和式(5-16)可得

$$\frac{w_1}{w_2}=\frac{L_g(L-L_c)}{L_cL}\cdot\frac{P_e}{g}=\frac{L_g(L-L_c)}{L_cL}\cdot\frac{L_g+L}{L} \tag{5-17}$$

式中，$\frac{P_e}{g}=\frac{L_g+L}{L}\approx 1$ 可忽略不计。根据图 5-4-2 描述的成像关系，扩散膜上人眼能够看到的每个透镜所覆盖的像素数 $x_0(y_0)$ 以及透镜下覆盖的显示屏幕上的像素数目 $x(y)$ 有如下关系：

$$\frac{x_0}{x}=\frac{y_0}{y}=\frac{w_1}{w_2} \tag{5-18}$$

由式(5-14)、式(5-17)、式(5-18)得

$$\begin{cases} R_x=\dfrac{L_g(L-L_c)}{L_cL}\cdot x\cdot M \\ R_y=\dfrac{L_g(L-L_c)}{L_cL}\cdot y\cdot N \end{cases} \tag{5-19}$$

在虚像模式下同理，因为在虚像模式下没有扩散膜的作用，重构平面到人眼的距离变为 $L+L_c$，式(5-16)变为

$$\frac{L+L_c}{L}=\frac{w_1}{g} \tag{5-20}$$

虚像模式下集成成像的观看分辨率 $R=R_x\cdot R_y$ 变为

$$\begin{cases} R_x = \dfrac{L_g(L+L_c)}{L_c L} \cdot x \cdot M \\ R_y = \dfrac{L_g(L+L_c)}{L_c L} \cdot y \cdot N \end{cases} \tag{5-21}$$

由此可见在成像模式下，透镜阵列与显示屏之间的距离变大、显示屏幕分辨率提高或中心深度平面到微透镜阵列的距离减小，都将使观看分辨率逐步提高。

5.4.2 集成成像的体像素角分辨率

集成成像的体像素角分辨率是指一个体像素向不同方向发射不同光线的数目，体现了人眼对体像素的分辨能力。角分辨率密度则表示单位角度下体像素向不同方向发射光线的密度。角分辨率的大小是由每个体像素能够发出信息光的数目决定的，在聚焦模式下，单个透镜下覆盖的子像素数越多，体像素角分辨率就越大；在成像模式下，单个体像素下能够收纳的透镜数越多，体像素角分辨率就越大。下面从聚焦模式和成像模式两个方面来解释集成成像的体像素角分辨率的计算方法。

1. 聚焦模式下集成成像的体像素角分辨率

在聚焦模式下的体像素角分辨率示意图如图 5-4-3 所示，透镜单元与其覆盖的子像素构成体像素，显示面板上子像素通过透镜发出不同方向的光线数量即是聚焦模式下体像素角分辨率的大小。举例如图 5-4-3 所示，在单个透镜下一共覆盖了 4 个子像素点，显示面板上的 4 个子像素透过单个透镜一共发出了 4 条不同方向的梯形发散光线，即该模式下三维物体的体像素角分辨率为 4。

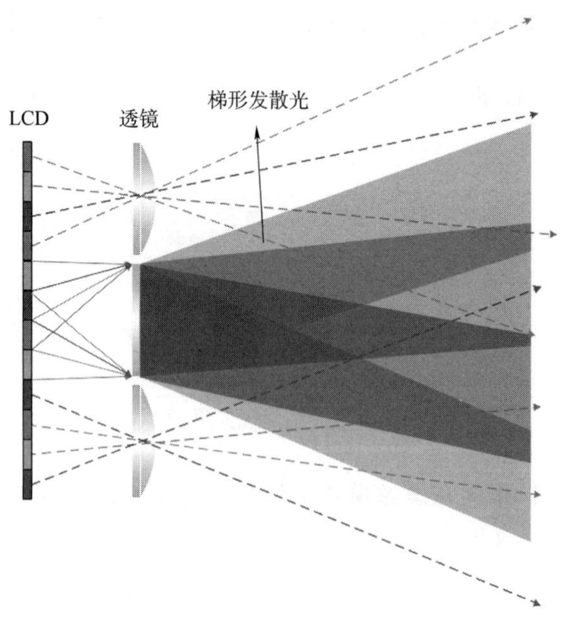

图 5-4-3　聚焦模式下集成成像的体像素角分辨率示意图

2. 成像模式下集成成像的体像素角分辨率

在成像模式下的体像素角分辨率如图 5-4-4 所示，人眼观察到的 3D 图像的体像素呈现于扩散膜表面。成像模式下集成成像的体像素角分辨率等于一个体像素下能够收纳的透镜数，下面来介绍每个体像素下收纳的透镜数的计算方法。

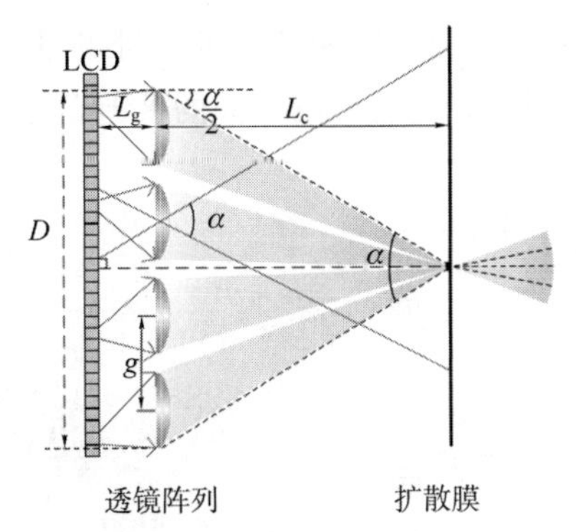

图 5-4-4 成像模式下集成成像的体像素角分辨率示意图

根据图 5-4-4 所示的体像素收纳透镜的关系，单个透镜能够发散的光线角度为 α，单个体像素能够覆盖的显示屏上的像素宽度 D，透镜周期 g，扩散膜到微透镜阵列距离 L_c 之间的关系为

$$\tan\frac{\alpha}{2}=\frac{D}{2L_c} \tag{5-22}$$

因此，成像模式下体像素角分辨率为

$$R_\alpha=\frac{D}{g}=\frac{2L_c\tan\frac{\alpha}{2}}{g} \tag{5-23}$$

以上解释了集成成像三维显示中聚焦模式和成像模式下观看分辨率以及体像素角分辨率的定义和计算方法。值得注意的是，集成成像的观看分辨率以及体像素角分辨率是相互制约的。

在聚焦模式下，在显示器尺寸以及显示器上的像素点大小不变的情况下，透镜的孔径越大(即每个透镜下覆盖的子像素数目越多)，体像素的角分辨率越大。然而，随着透镜孔径的增大，显示屏上能够放置的透镜阵列的数量就会减少，从而导致三维图像观看分辨率的降低。无论是水平方向还是竖直方向，每个透镜下覆盖的像素数量与透镜数量的乘积都等于显示器的水平或竖直方向的像素数，而每个透镜下覆盖的像素数又等于体像素的角分辨率，因此在聚焦模式下三维图像的观看分辨率 R_d 与体像素角分辨率 R_α 的乘积等于显示器的分辨率 R_c，即

$$R_d\times R_\alpha=R_c \tag{5-24}$$

在成像模式下，根据公式(5-13)和公式(5-23)可以看出，透镜的周期 g 越大(即每个透镜下覆盖的像素数目 x 越大)，观看分辨率 R_d 越大，而角分辨率 R_α 越小，两者存在相互制约的关系。而透镜的发散角度 α 和人眼到扩散膜的距离 L 也会对这两个数值产生影响。

5.4.3 集成成像的观看视点数目

三维显示中，显示设备将三维场景不同角度的信息分布到不同的视点处，可以给观看者提供正确立体图像的位置称为视点，如图 5-4-5 所示，从上到下的三个观看位置就是三个不同的视点，在这三个视点处会看到所显示的三维场景的不同角度的图像。观看视点数目指的就是在不同的空间位置能看到的不同的视差图像数目。

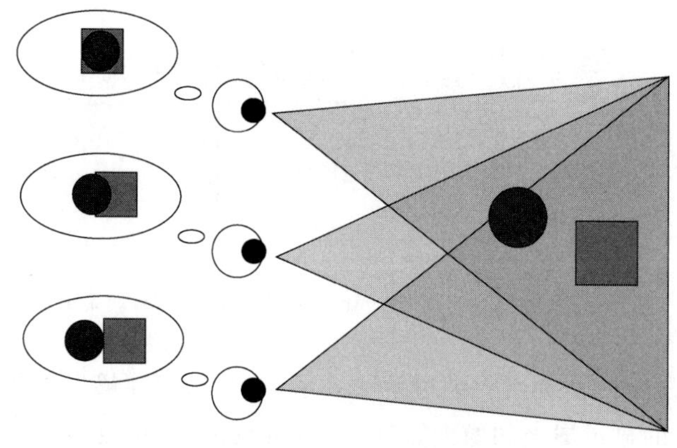

图 5-4-5 三维显示观看图

1. 聚焦模式下集成成像的观看视点数目

在聚焦模式下，透镜覆盖的子像素离所在透镜边缘的距离有多少种，出射光线的偏轴角度就会有多少种，就会在不同位置看到多少种不同的视差图像。为了更清楚的解释，下面以柱透镜为例，对水平方向上的情况进行分析。

如图 5-4-6(a)所示，柱透镜阵列倾斜的覆盖在显示面板上，单个柱透镜覆盖的子像素数为 5.33 个，由三个透镜覆盖的两行子像素用不同的数字标记。假设子像素的宽度是单位长度，从子像素离所在透镜边缘距离来看，区域(1)的子像素从 0 单位长度开始，区域(2)的子像素从 1/2 单位长度开始，区域(3)的子像素从 2/3 单位长度开始，区域(4)的子像素从 1/6 单位长度开始，区域(5)的子像素从 1/3 单位长度开始，区域(6)的子像素从负 1/6 单位长度开始，每个区域由一个透镜覆盖。为了进一步观察 32 个子像素和 6 个区域的相对位置，在图 5-4-6(b)中给出了在一个显示单元中的 6 个区域及其相应子像素的布置。可以看到，对于前面的透镜阵列，这些子像素位于不同的相对位置。由于显示单元中的子像素和相应的透镜阵列具有相对位置偏差，因此在水平方向上的不同位置形成定向视点。由一个透镜覆盖的相邻子像素形成的视点之间的距离被设置为 w。假设区域(1)的第一视点在观察平面上的位置为参考位置，那么区域(1)、区域(2)、区域(3)、区域(4)、区域(5)和区域(6)的第一视点分别形成在 0、$1/2w$、$2/3w$、$1/6w$、$1/3w$ 和 $-1/6w$ 的位置。根据空间位置，它们是显示系统的第二、第五、第六、第三、第四和第一视点，6 个区域的第二视点是第八、第十二、第十一、第九、第十和第七视点。一个显示单元中的 32 个子像素发出的光线被分布在观察平面上形成了不同位置的视点，如图 5-4-6(c)所示。

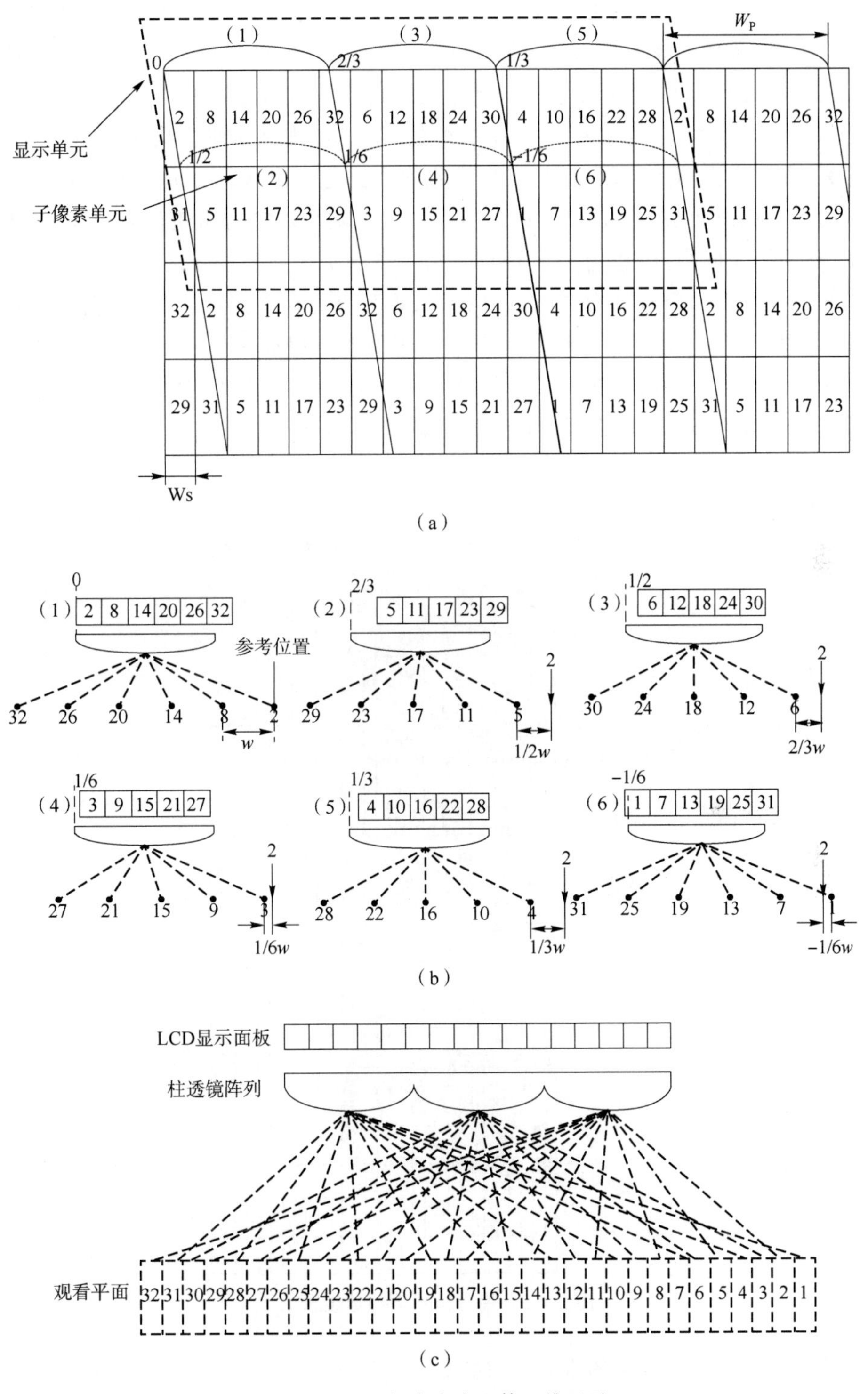

图 5-4-6 32视点自由立体三维显示

(a)子像素排列;(b)显示单元的子像素的等效排列;(c)观看平面处的视点

集成成像技术所用的透镜为圆透镜，所以在空间的水平和竖直方向均会形成不同角度的光线分布，集成成像的视点分布扩展成了二维。二维视点分布的分析与柱透镜下一维情况的分析过程类似，需要注意的是子像素的高度是其宽度的 3 倍。如图 5-4-7 所示，假设子像素的宽度为 d，高度为 h，透镜的线数为 $8.5d$，那么水平方向上透镜会覆盖 8.5 个子像素，而竖直方向上会覆盖 17/6 个子像素。容易得出水平方向上的子像素点离所在透镜边缘的距离有 17 种，两者之间的相对位置以两个透镜为周期重复排列，在水平方向上形成 17 个定向视点；竖直方向上的子像素点离所在透镜边缘的距离有 17 种，两者之间的相对位置以六个透镜为周期重复排列，在竖直方向上形成 17 个定向视点。所以图 5-4-7 虚线所标出的 12 个透镜与其覆盖的子像素点组成一个显示单元，形成 17×17 即 289 个观看视点。所以聚焦模式下如果水平方向上形成的视点数为 M 个，竖直方向上形成的视点数为 N 个，那么观看视点数目就是 $M \times N$ 个。

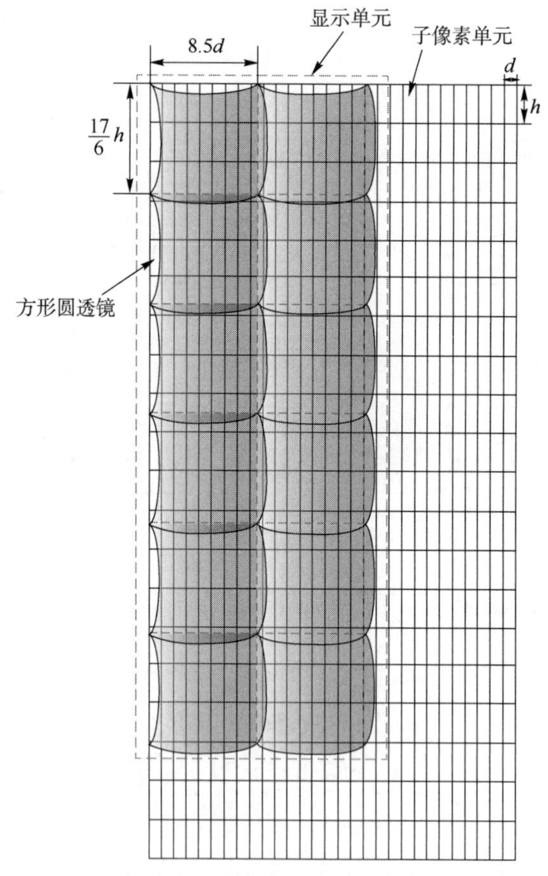

图 5-4-7　聚焦模式下的透镜覆盖

2. 成像模式下集成成像的观看视点数目

成像模式下的观看视点数目和聚焦模式下有所不同，根本原因是成像模式时，透过一个透镜可以看到多个像素，即人眼透过不同的透镜可以获取到不同的基元图像块，视点处看到的图像是由这一系列基元图像块拼接而成的，如图 5-4-8 所示。本节也在一维情况下进行分析，在一定的观看距离处，透过一个透镜可以看到的像素点的数目可以推导出来，具体的推导过程见 5.4.4 节。这里直接给出公式 $x'=\dfrac{L_g r(L-D')}{(L+L_g)D'}$，$x'$表示人眼通过一个透镜看到的像素点个数，其中 L 表示观看距离，L_g 表示显示面板和透镜阵列的距离，r 表示单个基元图像的分辨率，D'表示像平面离透镜阵列的距离。如图 5-4-8 所示，假设处在观看位置 2，透过透镜 1 看到的图像宽度为所标的 w，x'则表示透镜 1 下组成该宽度图像的像素点个数，图中 P_e 和 p 分别表示基元图像和透镜的尺寸。透镜 1 覆盖的像素点发出的光线经透镜折射后在空间中形成的基元图像在图 5-4-8 中已经标出。可以看出，在观看平面处，可以观看到该基元图像的范围为位置 1 到位置 3。当人眼从观看位置 1 向右移动时，看到的基元图像即便相差一个像素，所看到的图像也是不同的，当向右移动到观看位置 3 时，则看遍了所有不同的图像。假设每个透镜水平和竖直方向上覆盖的像素数均为 N，容易得出水平和竖直方向上看到的图像数目均为$(N-x'+1)$，所以成像模式下可以看到的图像数目为$(N-x'+1)^2$，即成像模式下集成成像的观看视点数目为$(N-x'+1)^2$。

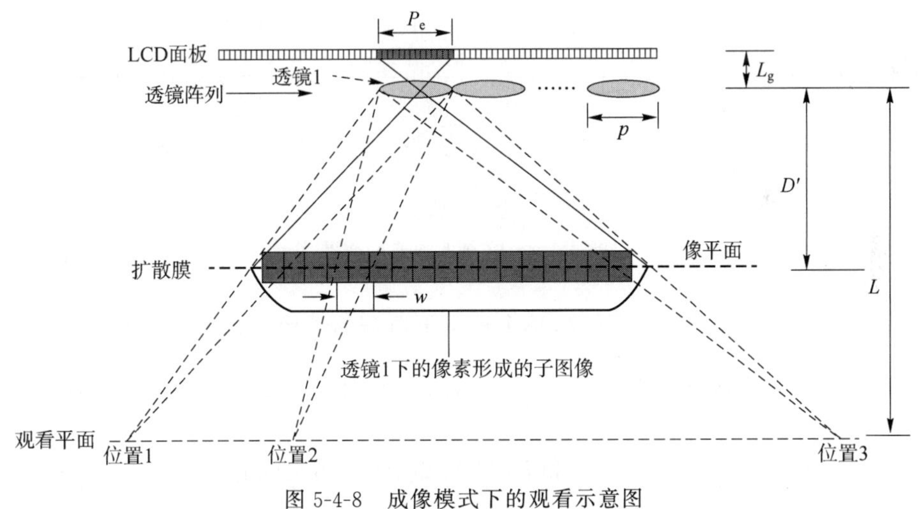

图 5-4-8　成像模式下的观看示意图

5.4.4　集成成像的显示深度

1. 聚焦模式下集成成像的显示深度

集成成像的显示深度指的是能够保证图像清晰的最大出入屏距离。在三维显示中，可以感知到立体感是因为双眼在不同视点处看到了不同的视差图像。眼睛和各自看到的体像素点的连线的交汇处，就是感知到的三维物点的位置，如图 5-4-9(a)所示，圆点即为双眼感知到的空间立体点。当交汇点在屏幕外时，看到的物点就有出屏的效果，当交汇点在屏幕内时，就会有入屏的效果。体像素点发出的光线不止一根，而是一束光束，所以经透镜折射后形成的每个定向视点不再是数学意义上的点，而是有一定的范围，图 5-4-9 所示为 10 个视点及它们的范围。所以当处在相邻视点的中间位置时，如图 5-4-9(b)所示，单眼可以同时看到 A、B 两体像素点。如果三维显示设备形成的显示深度较大，A、B 两点相距就会较远，在跨越视点时就会清晰地看出有两个体像素点，会造成明显的重影问题。当显示深度减小时，A、B 两点的距离也会变小，当两点的距离足够近时，人眼便不会清晰地分辨出有两个体像素点，即"看起来"便成为一个体像素点，这样就不再有重影的问题，图 5-4-9(c)所示为 A、B 两点是相邻体像素点时的情景。跨视点观看时没有重影问题时的显示深度被定义为聚焦模式下的显示深度，以下基于 5-4-9(c)所示情景推导出聚焦模式下的显示深度。

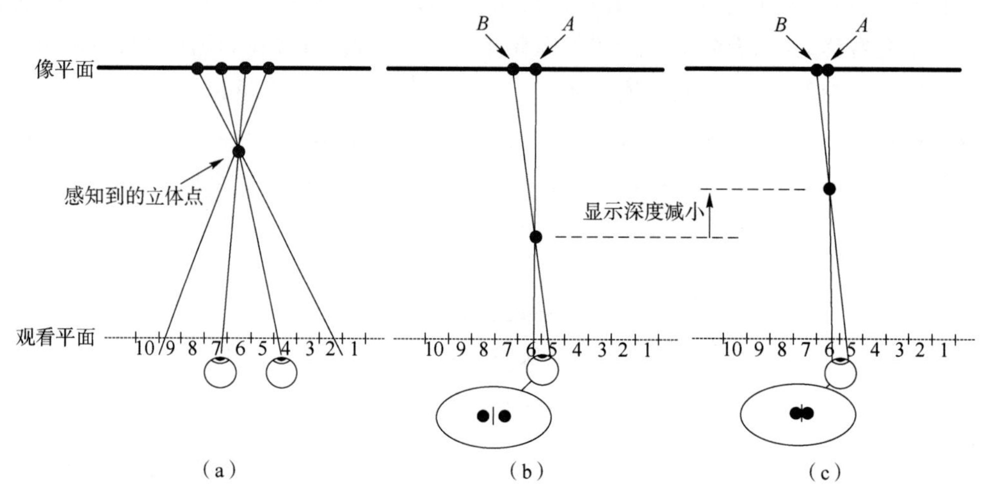

图 5-4-9　跨视点观看示意图

假设透镜的直径为 p，焦距为 f，单个透镜下覆盖的子像素数为 N，两视点距离为 d，观看距离为 L。那么像素中心间距为 $\frac{p}{N}$，记为 m，即图 5-4-10(a)中 AB 之间的距离 $\frac{p}{N}$。图 5-4-10(a)中可得出三角形 ABO 和 EFO 是相似的，那么就有关系式 $\frac{m}{d}=\frac{f}{L-f}$，因为焦距远小于观看距离，所以可以近似为

$$\frac{m}{d}=\frac{f}{L} \tag{5-25}$$

即可得出 $L=\frac{d}{m}\cdot f$。

图 5-4-10(b)为聚焦模式下出屏深度计算图，可以看出 AB 之间的距离为 p，三角形 ABO 和 EFO 是相似的，那么有关系式 $\frac{p}{d}=\frac{D}{L-D}$，所以聚焦模式下的出屏深度 D 可由公式(5-26)得出，其中透镜节距 p 通常只有几毫米，远小于视点间距 d，所以公式(5-26)可以简化为

$$D=\frac{pL}{p+d}=\frac{p^2 f}{Nd(p+d)} \tag{5-26}$$

$$D=\frac{pL}{d}=Nf \tag{5-27}$$

图 5-4-10(c)为聚焦模式下入屏深度计算图，其中 O_1、O_2 为透镜的轴心点，可看出三角形 OO_1O_2 和 OEF 是相似的，那么有关系式$\frac{D'+f}{D'+L}=\frac{p}{d}$，所以聚焦模式下的入屏深度 D'可由公式(5 28)得出，同理，分母可以去掉 p，公式可以简化为

$$D'=\frac{pL-df}{d-p} \tag{5-28}$$

$$D'=f(N-1) \tag{5-29}$$

所以聚焦模式下的显示深度可由公式(5-30)得出

$$\Delta D=D+D'=f(2N-1) \tag{5-30}$$

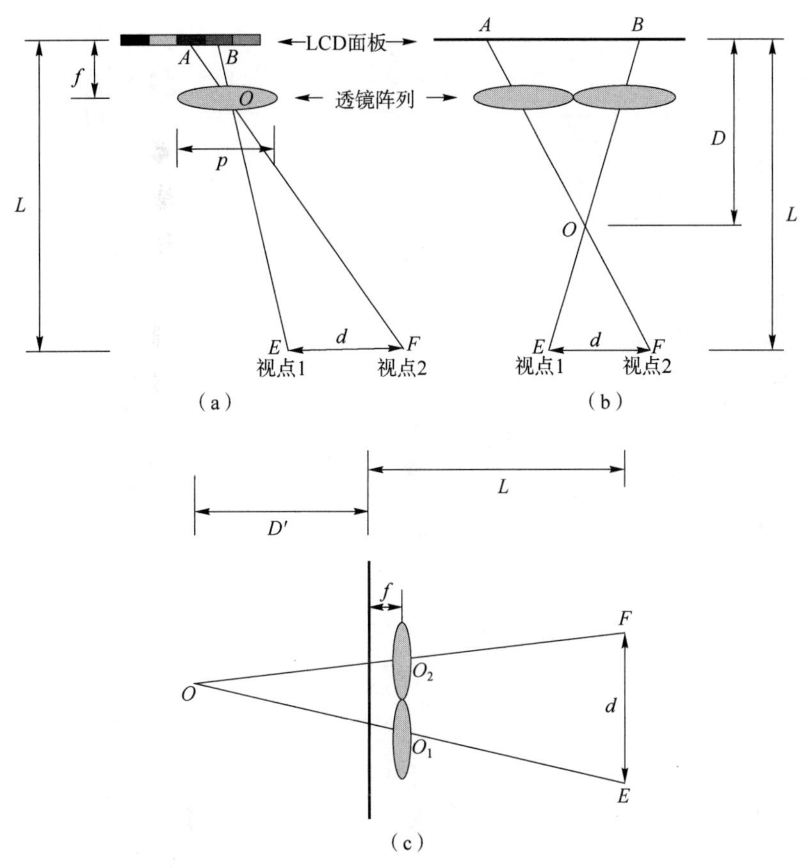

图 5-4-10　聚焦模式下显示深度的计算

(a)相邻视点间距；(b)聚焦模式下的出屏深度；(c)聚焦模式下的入屏深度

2. 成像模式下集成成像的显示深度

集成成像技术包含采集和再现两个过程。首先明确两个概念：重构平面和参考平

面。重构平面指的是采集过程中三维模型所处的平面，参考平面指的是三维模型再现时的平面，也称为中心深度平面。通过对成像模式下显示过程的分析，当这两个平面位置不一致时就会出现“错切”问题。如图 5-4-11 所示，错切现象分为两种情况，一种是当重构平面位于透镜阵列和参考平面中间时出现的错切现象，另一种是当重构平面远离参考平面时出现的错切现象。图中的参考平面也称为透镜的共轭平面，从透镜阵列出射的光线只有在重构平面上才能相交汇聚成与原三维模型一致的三维图像。人眼透过不同的透镜可以获取到不同的基元图像块，视点处看到的图像是由这一系列基元图像块拼接而成的。对于一个具有固定参数的集成成像系统，在采集过程中，如果三维场景是在远离参考平面处被拍摄，那么人眼通过每个透镜获取到的基元图像块是无法完整地拼接成理想的三维图像的，这个现象就称为错切现象。由于这个问题的存在，集成成像系统的景深和显示质量将会下降。

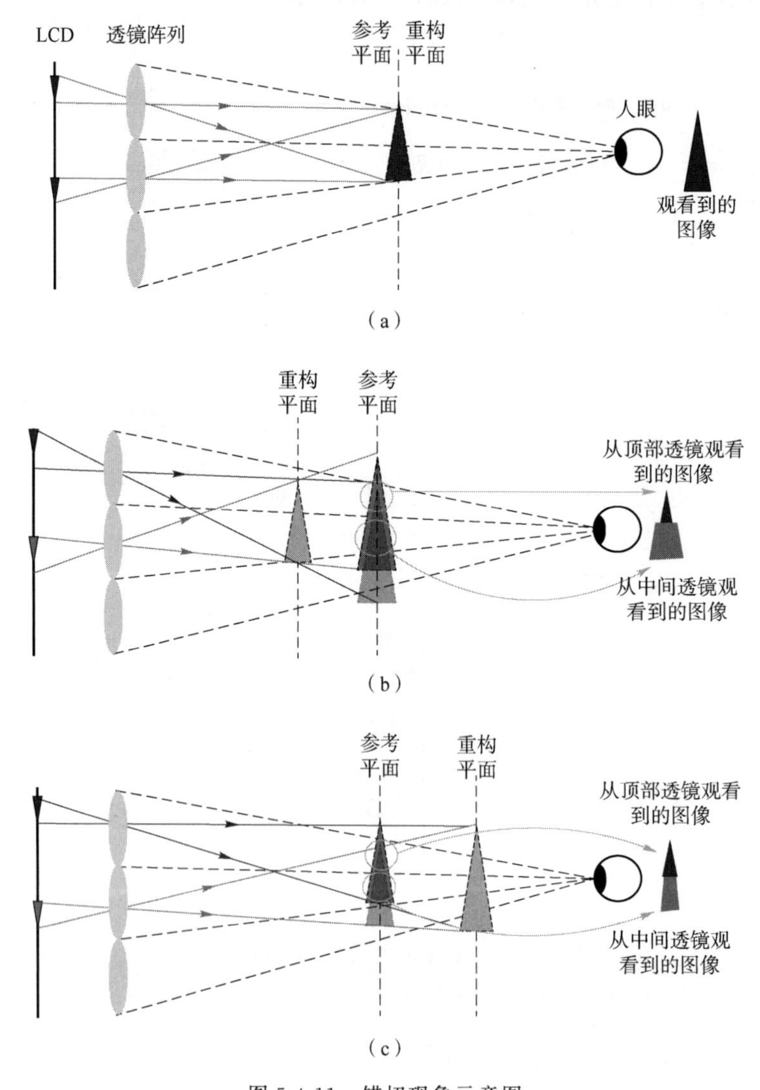

图 5-4-11　错切现象示意图

(a)理想再现情况(无错切现象)；(b)参考平面错切现象；(c)重构平面错切现象

人眼观看到的图像是以像素为单位计算的，因此如果人眼透过一个透镜，分别在参考平面和重构平面上观看到的基元图像块的分辨率相差超过一个单位，那么进入人眼的这个基元图像块是存在畸变的，最终人眼从不同透镜观看到的基元图像块将无法拼接成一个与原三维模型一致的3D图像。在参考平面的前方和后方分别存在一个极限重构平面，在这两个平面之间的深度范围内重建的三维图像被认为是清晰无畸变的，这个深度范围被定义为成像模式下集成成像的显示深度。如果在重构平面上观看到的图像的分辨率与在参考平面上观看的图像的分辨率正好相差一个像素单位，那么这个重构平面被称为极限重构平面。

接下来首先计算出人眼透过单个透镜分别在参考平面和重构平面所观看到的图像的分辨率，计算它们的差值，然后基于这个原理推导出无错切现象的景深范围，为了更直观地分析，本节将在一维情况下讨论该景深的分析原理。

在显示过程中，如图5-4-12所示，人眼透过一个透镜在参考平面上所获取到的基元图像块为w_1，人眼透过一个透镜在重构平面上所获取到的基元图像块如图所示，根据图中的几何关系，它们的物理宽度为

$$w_1=\frac{p(L-D)}{L},\quad w_2=\frac{P_eD}{L_g} \tag{5-31}$$

式中，L表示观看距离，L_g表示显示面板和透镜阵列的距离，D表示参考平面离透镜阵列的距离，P_e和p分别表示基元图像和透镜的尺寸。

$$\frac{p}{P_e}=\frac{L}{L+L_g} \tag{5-32}$$

$$x=\frac{w_1}{w_2}r=\frac{L_gr(L-D)}{(L+L_g)D} \tag{5-33}$$

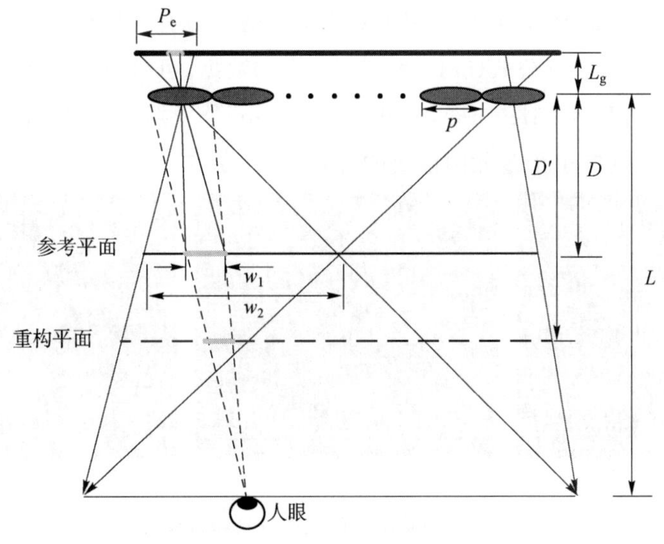

图5-4-12 人眼观看三维图像过程

公式(5-33)表示人眼通过一个透镜在参考平面上观看到的图像的分辨率，其中 r 表示单个基元图像的分辨率。同理，透过一个透镜在重构平面上获取到的图像的分辨率可表示为 $x'=\frac{L_g r(L-D')}{(L+L_g)D'}$，其中 D' 表示重构平面离透镜阵列的距离。图像的单位是像素，如果人眼分别在参考平面和重构平面上获取到的图像的分辨率之差大于或等于 1 个像素单元，则观察到的三维图像会出现错切现象，依据此原理，成像模式下集成成像的显示深度为

$$|x-x'|=\left|\frac{L_g r(L-D)}{(L+L_g)D}-\frac{L_g r(L-D')}{(L+L_g)D'}\right|<1 \tag{5-34}$$

$$\begin{cases}\frac{\mathrm{DLC}}{\mathrm{LC}+D}<D'<\frac{\mathrm{DLC}}{LC-D}\\ C=\frac{L_g r}{L+L_g}=\frac{L_g p}{P_d L}\\ \frac{Dfp}{P_d(D-f)+fp}<D'<\frac{DfP_1}{fp-P_d(D-f)}\end{cases} \tag{5-35}$$

式中，P_d 表示平面显示器像素的尺寸，可以推导出基于错切现象的成像模式下集成成像的显示深度为

$$\mathrm{DOF_D}=\frac{2D^2 P_d L_g p}{L_g^2 p^2-P_d^2 D^2}=\frac{2P_d pDf(D-f)}{f^2 p^2-P_d^2(D-f)^2} \tag{5-36}$$

公式(5-36)表示再现景深 $\mathrm{DOF_D}$ 与 p 成负相关，因此可以通过适当地减小透镜的尺寸来提升显示系统的再现景深。

为了验证本节所提再现景深模型的合理性，进行了仿真和光学再现实验。实验中使用了虚拟相机采集三维模型，并且采用了两步采集法生成合成图像阵列。实验中的主要参数已列在表 5-1 中，根据公式(5-36)和表 5-1 中的数据，可计算出基于错切现象的景深范围为 173.0 mm$<D'<$237.0 mm，$\mathrm{DOF_D}=64.0$ mm。根据公式(5-33)可以计算出人眼在参考平面上获取到的单个基元图像块的分辨率为 $x=7$。

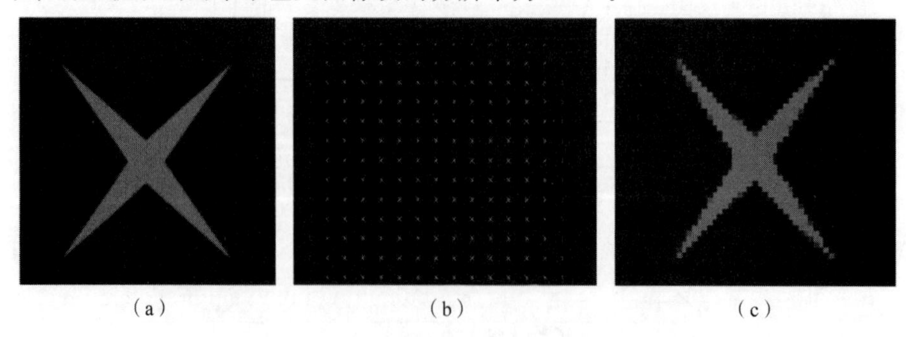

(a)　　(b)　　(c)

图 5-4-13　仿真实验的三维场景和重构图像

(a)模型；(b)子图像阵列；(c)计算成像重构的图像

表 5-1　实验参数

参数	数值
透镜数目($M\times N$)	43×24
透镜的焦距(f)	16 mm
透镜的孔径(P_1)	10 mm
透镜阵列和显示面板的距离(g)	17.4 mm
每个基元图像的分辨率(r)	89×89
观看距离(拍摄距离)(L)	2 000 mm
参考平面离透镜阵列的距离(D)	200 mm
每个基元图像的节距(P_e)	12 mm
显示面板的分辨率	3 840×89
显示面板的尺寸	23.6 inch
显示面板的像素尺寸(P_d)	0.135 9 mm

首先进行仿真实验，图 5-4-13(a)、(b)、(c)分别为虚拟三维模型“四角星”、合成的基元图像阵列和对应的计算重构的三维图像，计算重构的图像分辨率只有 301×168，所以重构的图像有锯齿感，但是不影响对实验结果进行分析。在模型渲染工具渲染软件中使用了虚拟相机在 9 个不同深度平面(160 mm，170 mm，180 mm，190 mm，200 mm，210 mm，225 mm，240 mm，250 mm)分别采集三维模型“四角星”，然后采用计算成像技术再现这些三维图像，人眼在不同重构平面上观看到的图像的分辨率已由公式(5-33)计算得出并且列在表 5-2 中。

表 5-2　人眼在不同重构平面上观看到的图像的分辨率

重构距离(D')	160 mm	170 mm	180 mm	190 mm	200 mm	210 mm	225 mm	240 mm	250 mm
获取的图像块的分辨率(x')	9	8	7	7	7	7	7	6	5

图 5-4-14(a)所示为在不同深度平面的计算重构图像。根据计算得出的景深 DOF_D 的数值，可知只有 $D'=180$ mm，190 mm，200 mm，210 mm，225 mm 的深度平面位于景深范围之内，人眼在这几个重构平面上观看到的单个图像块的分辨率均等于 7。而其他深度平面位于景深范围之外，人眼在这些深度处的重构平面上观看到的单个图像块的分辨率均小于或大于 7，此时人眼从不同透镜中观看到的图像块均存在一定程度的畸变，无法完整地拼接在一起，会出现错切现象。当观看者在参考平面和重构平面上观看到的图像的分辨率相差越大时，错切现象越严重。如图 5-4-14(a)所示，在景深 DOF_D 范围之外的重构平面 $D'=160$ mm，170 mm，240 mm，250 mm 上重构的三维图像均发生了不同程度的畸变，不同的基元图像块之间无法拼接成一个完整的三维图像。然而，在景深 DOF_D 范围之内的重构平面 $D'=180$ mm，190 mm，210 mm，225 mm 上重构的三维图像

均被完整地重构了，不同的基元图像块能较好地拼接在一起，与原三维模型的大小和形状基本一致。

为了评估在不同深度平面重构的三维图像的质量，分别计算了它们的峰值信噪比(PSNR)，计算的数值及其在不同深度平面的变化趋势如图 5-4-14(b)所示。通常当图像的 PSNR 高于 30 dB 时，图像的显示质量能够被人眼接受。图中的曲线显示 PSNR 高于 30 dB 的深度范围为 178～232 mm，与本节所介绍的方法计算出的景深范围基本一致，验证了本节提出的再现景深模型的合理性。

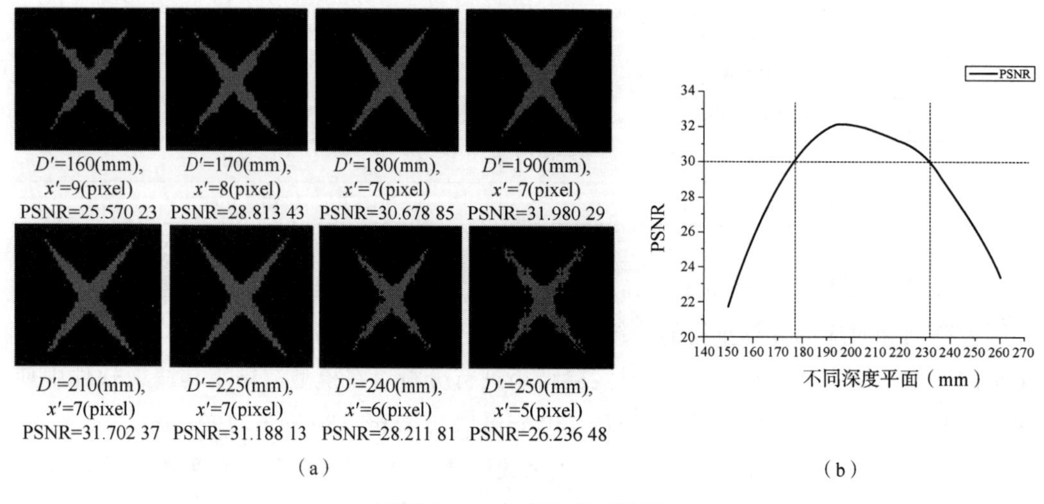

图 5-4-14　仿真实验结果图

(a)在不同深度平面的仿真结果；(b)不同深度平面的 PSNR 曲线图

为了进一步测试本节所提的计算景深的方法，在另一组实验中采用了虚拟相机在 3 个不同的深度平面采集了一个三维模型“猴子”，该模型的深度范围为 54 mm，具体的拍摄参数如图 5-4-14 所示。图 5-4-15(a)中的模型位于景深范围之内，而图 5-4-15(b)和图 5-4-15(c)中的模型位于景深范围之外。记录下的基元图像阵列经过图像处理之后通过计算机重构成了三维图像。对应深度模型的极线图也已分别在图中表示，可以更加直观地展示三维模型所处的深度位置。图 5-4-15 中在不同视点处重构的图像的 PSNR 值和对应的热力图显示出只有处于深度范围内的模型的 PSNR 值大于 30 dB，在不同视角重构的三维图像才能完整清晰地展现模型的三维信息。而对于位于深度范围之外的模型，其在各个视点处重构的三维图像的 PSNR 值小于 30 dB，图像质量低，无法清晰地展现“猴子”的细节信息。

除了仿真实验，还进行了光学再现实验，实验所用设备的参数与仿真实验一致。图 5-4-16(b)所示为被采集的三维场景的排布图，由 6 个四角星组成，它们离透镜阵列的距离已在图中标明。由上文可知计算出的景深范围为 173.0 mm$<D'<$237.0 mm，由此可知只有 D_3 和 D_4 位置的四角星位于景深范围之内，而其他的四角星位于景深

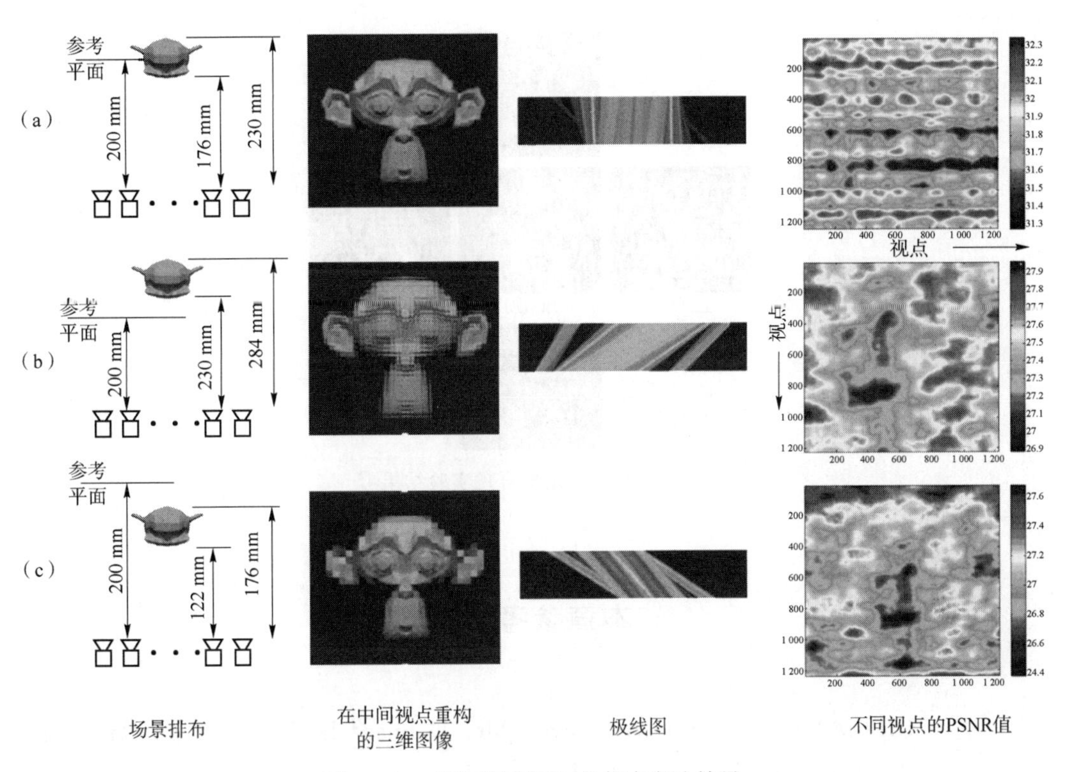

图 5-4-15 不同深度平面的仿真实验结果

范围之外。图 5-4-16(a)所示为实验中使用的集成成像显示系统。本节所介绍的方法使用了数码相机在 2 000 mm 处拍摄再现的三维图像,结果如图 5-4-17 所示。光学再现结果与仿真再现的实验结果基本一致,只有 D_3 和 D_4 位置的四角星被完整地再现,从每个透镜中观看到的基元图像块都能够拼接在一起。其他的四角星都出现了错切现象,重构的三维图像均出现了不同程度的畸变,无法形成完整可分辨的三维图像,离参考平面越远的模型其错切现象越严重。综上所述,仿真实验和光学实验验证了本节所提再现景深模型的合理性。

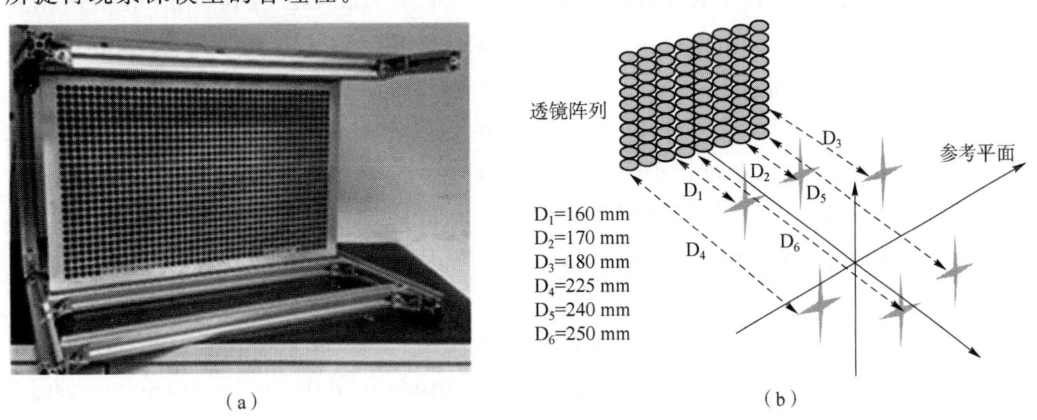

图 5-4-16 集成成像系统和三维场景排布示意图

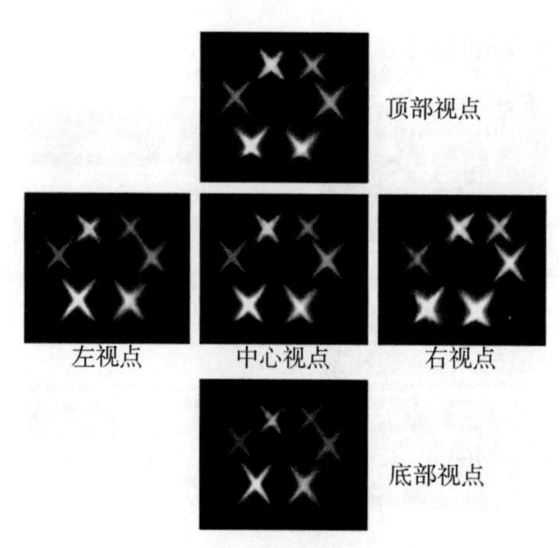

图 5-4-17　光学再现实验结果

本章参考文献

[1] LIPPMANN G. Epreuves Réversibles Donnant la Sensation du Relief[J]. Académie des Science,1908,7.

[2] IVES H E. Optical properties of a Lippmann lenticulated sheet[J]. Journal of the Optical Society of America,1931,21(3): 171-176.

[3] CHUTJIAN A,COLLIER R J. Recording and Reconstructing Three-Dimensional Images of Computer-Generated Subjects by Lippmann Integral Photography[J]. 1968,7(1): 99-103.

[4] OKANO F, HOSHINO H, ARAI J, et al. Real-time pickup method for a three-dimensional image based on integral photography[J]. Applied Optics, 1997,36(7): 1598-603.

[5] HOSHINO H,OKANO F,ISONO H,et al. Analysis of resolution limitation of integral photography[J]. Journal of the Optical Society of America a-Optics Image Science and Vision,1998,15(8): 2059-2065.

[6] JANG J S,JAVIDI B. Real-time all-optical three-dimensional integral imaging projector[J]. Applied Optics,2002,41(23): 4866-4869.

[7] LEE B, MIN S W, JAVIDI B. Theoretical analysis for three-dimensional integral imaging systems with double devices[J]. Applied Optics, 2002, 41 (23): 4856-4865.

[8] Martinez-Corral M,Javidi B,Martinez-Cuenca R,et al. Integral imaging with improved depth of field by use of amplitude-modulated microlens arrays[J]. Applied Optics,2004,43(31): 5806-5813.

[9] MIN S W,HAHN M,KIM J,et al. Three-dimensional electro-floating display system using an integral imaging method[J]. Optics Express,2005,13(12):4358-4369.

[10] MARTINEZ-CUENCA R,SAAVEDRA G,PONS A,et al. Facet braiding:a fundamental problem in integral imaging[J]. Optics Letters,2007,32(9):1078-1080.

[11] 王俊夫,张文阁,蒋晓瑜,等. 集成成像三维显示系统概述[J]. 数字通信世界,2018(10):41+165.

[12] 王艺霏,蒋晓瑜,王俊夫. 集成成像技术中计算重构方法比较[J]. 中国管理信息化,2018,21(15):165-166.

[13] ARIMOTO H,JAVIDI B. Integral three-dimensional imaging with digital reconstruction[J]. Optics Letters,2001,26(3),157-159.

[14] HWANG Y S,HONG S H,JAVIDI,B. Free view 3-D visualization of occluded objects by using computational synthetic aperture integral imaging[J]. Journal of Display Technology,2007,3(1),64-70.

[15] CHO M,JAVIDI B. Free View Reconstruction of Three-Dimensional Integral Imaging Using Tilted Reconstruction Planes with Locally Nonuniform Magnification[J]. Journal of Display Technology,2009,5(9),345-349.

[16] HONG S H,JANG J S,JAVIDI B. Three-dimensional volumetric object reconstruction using computational integral imaging[J]. Optics Express,2004,12(3),483-491.

[17] LEVOY M. Light fields and computational imaging[J]. Computer,2006,39(8),46-55.

[18] JAVIDI B,MOON I,YEOM S. Three-dimensional identification of biological microorganism using integral imaging[J]. Optics Express,2006,14(25),12096-12108.

[19] Myungjin Cho,Bahram Javidi. Three-Dimensional Visualization of Objects in Turbid Water Using Integral Imaging[J]. Journal of Display Technology,2010,6(10),544-547.

[20] CHO M,JAVIDI B. Three-dimensional tracking of occluded objects using integral imaging[J]. Optics Letters,2008,33(23),2737-2739.

[21] JANG J Y,LEE H S,CHA S,et al. Viewing angle enhanced integral imaging display by using a high refractive index medium[J]. Applied Optics,2011,50(7):B71-B76.

[22] XIE W,WANG Y,DENG H,et al. Viewing angle-enhanced integral imaging system using three lens arrays[J]. Chinese Optics Letters,2014,12(1):011101.

[23] ZHANG J L, WANG X R, WU X, et al. Wide-viewing integral imaging using fiber-coupled monocentric lens array[J]. Optics Express, 2015, 23(18), 23339-23347.

[24] LEE S, JANG C, CHO J, et al. Viewing angle enhancement of an integral imaging display using Bragg mismatched reconstruction of holographic optical elements[J]. Applied Optics, 2016, 55(3), A95-A103.

[25] YANG L, SANG X Z, YU X B, et al. Viewing-angle and viewing-resolution enhanced integral imaging based on time-multiplexed lens stitching[J]. Optics Express, 2019, 27(11), 15679-15692.

[26] ALAM M A, BAASANTSEREN G, MUNKH-UCHRAL ERDENEBAT, et al. Resolution enhancement of integral imaging three-dimensional display using directional elemental image projection[J]. Journal of the Society for Information Display, 2012, 20(4), 464-467.

[27] OH Y, SHIN D, LEE B-G, et al. Resolution-enhanced integral imaging in focal mode with a time-multiplexed electrical mask array[J]. Optics Express, 2014, 22(15), 17620-17629.

[28] WANG Z, WANG A T, WANG S L, et al. Resolution-enhanced integral imaging using two micro-lens arrays with different focal lengths for capturing and display[J]. Optics Express, 2015, 23(22), 28970-28977.

[29] YUN H, LLAVADOR A, SAAVEDRA G, et al. Three-dimensional imaging system with both improved lateral resolution and depth of field considering non-uniform system parameters[J]. Applied Optics, 2018 57(31), 9423-9431.

[30] KIM Y, PARK J H, CHOI H, et al. Depth-enhanced three-dimensional integral imaging by use of multilayered display devices[J]. Applied Optics, 2006, 45(18), 4334-4343.

[31] ZHOU D M, CHENG H B, TAM H Y, et al. Extending the depth of field of integral imaging system by employing cubic phase plate[J]. Optik, 2013, 124(24), 7065-7069.

[32] ZHANG L, YANG Y, ZHAO X, et al. Enhancement of depth-of-field in a direct projection-type integral imaging system by a negative lens array[J]. Optics Express, 2012, 20(23): 26021-26026.

[33] LUO C G, DENG H, LI L, et al. Integral Imaging Pickup Method with Extended Depth-of-Field by Gradient-Amplitude Modulation[J]. Journal of Display Technology, 2016, 12(10): 1205-1211.

[34] ZHANG M,WEI C Z,PIAO Y R,et al. Depth-of-field extension in integral imaging using multi-focus elemental images[J]. Applied Optics, 2017, 56 (22): 6059-6064.

[35] PIAO Y,ZHANG M,WANG X,et al. Extended depth of field integral imaging using multi-focus fusion[J]. Optics Communications,2018,411,8-14.

[36] NAVARRO H,MARTINEZ-CUENCA R,SAAVEDRA G,et al. 3D integral imaging display by smart pseudoscopic-to-orthoscopic conversion (SPOC) [J]. Optics Express,2010,18(25),25573-25583.

[37] MARTINEZ-CORRAL M,DORADO A,NAVARRO H,et al. Three-dimensional display by smart pseudoscopic-to-orthoscopic conversion with tunable focus[J]. Applied Optics,2014,53(22),E19-E25.

[38] JUNG J H,KIM J,LEE B. Solution of pseudoscopic problem in integral imaging for real-time processing[J]. Optics Letters,2013,38(1),76-78.

[39] YIM J,CHOI K-H,MIN S-W. Real object pickup method of integral imaging using offset lens array[J]. Applied Optics,2017,56(13),F167-F172.

[40] SANG X, GAO X, YU X, et al. Interactive floating full-parallax digital three-dimensional light-field display based on wavefront recomposing[J]. Optics Express,2018,26(7):8883.

[41] LANMAN D,LUEBKE D. Near-Eye Light Field Displays[J]. ACM Transactions on Graphics,2013,32(6):220.

[42] YU X,SANG X,GAO X,et al. Large viewing angle three-dimensional display with smooth motion parallax and accurate depth cues[J]. Optics Express,2015,23 (20):25950.

第6章 全息三维显示技术

全息即光波的全部信息，包括了光波的振幅信息和相位信息。普通相机拍摄的照片只记录物光波的振幅信息，相位信息丢失。因此，观看普通照片时没有立体感。而全息术利用光的干涉和衍射原理记录和再现了物光波的振幅信息和相位信息，从而实现了三维显示。

1948年，D.Gabor在提高电子显微分辨率的研究过程中首次提出了全息显示(Holography)的概念[1]，即利用参考光对物光波的振幅信息和相位信息进行同时记录，从此开辟了光学的一个新领域。直到20世纪50年代末，当时的全息显示技术都是利用汞灯光源对物光波进行同轴记录，这是第一代的全息显示技术。同轴全息的物光和参考光在同一光轴上，这导致了再现像和共轭像无法分开，因此当时的主要研究工作是分离再现像和共轭像。另外，由于汞灯光源的相干性较差，全息显示的发展也受到了很大的限制。

直到1960年，激光这种高相干性光源的发明给全息显示的发展带来了新的希望[2]，第二代全息显示技术由此发展起来。针对再现像与共轭像的问题，1963年，E.N.Leith和J.Upatnieks将载频的概念推广到了空域中，提出了离轴全息术，成功分离了再现像和共轭像[3]。此后，全息三维显示技术得到了飞速的发展。

由于激光灯是单色光，再现像只能与激光保持同色，因此失去了颜色信息。为了解决这个问题，科学家们开始研究使用激光记录白光再现的全息显示技术。20世纪60年代末以来，反射全息、像全息、彩虹全息、合成全息等第三代全息显示技术如雨后春笋纷纷冒出[4,5]，一定程度上解决了全息显示的颜色信息丢失问题。

激光在提高了光源相干性的同时，也带来了别的问题。记录过程中对环境要求比较严格、相干噪声也比较严重，非常不便于全息显示技术的实际应用。因此，科学家们又对白光记录和白光再现的全息显示技术的可能性进行了新一轮的研究。但是目前使用白光记录、白光再现的第四代全息显示技术还没有实现。

6.1 全息三维显示技术理论基础

全息三维显示主要包括两个过程：(1)波前记录；(2)波前再现。波前记录是指，使用参考光和物光进行干涉，在介质上记录下干涉条纹，对干涉条纹进行冲洗后得到全息图。波前再现是指，使用同一参考光照射全息图，得到与物光波相同的复振幅分布。

6.1.1 波前记录

物光波波前信息包括了振幅信息和相位信息。普通的记录介质只能记录下振幅信息，相位信息丢失。全息三维显示的波前记录利用光的干涉原理，同时记录了物光波的振幅信息和相位信息。

如图 6-1-1 所示，O 为物光，R 为参考光，当物光 O 到达记录介质的同时，使用参考光 R 照射记录介质，物光 O 和参考光 R 进行干涉产生干涉条纹记录在介质上。根据光的干涉原理，干涉条纹的形状、疏密和明暗分布等都由物光的相位分布决定，即物光的波前相位可以与干涉场的强度一一对应。这样，物光的相位信息就会被记录下来。

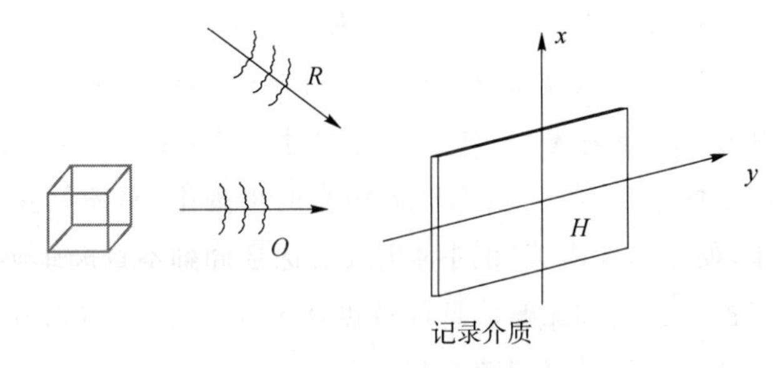

图 6-1-1　物光波的波前记录

物光 $O(x,y)$ 和参考光 $R(x,y)$ 在记录介质上的复振幅分布可以表示为

$$O(x,y)=o(x,y)\exp(\mathrm{i}\varphi_o(x,y)) \tag{6-1}$$

$$R(x,y)=r(x,y)\exp(\mathrm{i}\varphi_R(x,y)) \tag{6-2}$$

式中，$O(x,y)$ 和 $R(x,y)$ 为物光和参考光的振幅分布，$\varphi_o(x,y)$ 和 $\varphi_R(x,y)$ 为物光和参考光的相位分布，则物光和参考光在记录介质产生的干涉光场为

$$U(x,y)=O(x,y)+R(x,y) \tag{6-3}$$

其强度分布为

$$\begin{aligned} I &= U(x,y)\times U^*(x,y) \\ &= (O+R)\times(O^*+R^*) \\ &= |O|^2+|R|^2+O\times R^*+O^*\times R \end{aligned} \tag{6-4}$$

将公式(6-1)和公式(6-2)代入公式(6-4)可以得到：

$$I=O^2(x,y)+R^2(x,y)+2O(x,y)\cdot R(x,y)\cdot\cos(\varphi_o(x,y)-\varphi_R(x,y)) \tag{6-5}$$

由公式(6-5)可以看出，公式中只包含实数部分，因此可以被介质记录，公式中第一项和第二项分别为物光和参考光的强度分布，第三项为干涉项，记录了相位分布情况。

得到记录有物光相位信息和振幅信息的介质后，需要根据记录介质的类型选择显影

液和显影时间进行冲洗，冲洗之后的透过率函数 t 和曝光时的光场强度有着线性的函数关系。因此，透过率函数可以表示为

$$t(x,y)=t_0+\beta I(x,y) \tag{6-6}$$

6.1.2 波前再现

重建物光波复振幅分布并形成立体图像的过程就是波前再现。使用与参考光相同的照明光波对全息图进行照射时，照明光波与干涉条纹进行衍射后重建出与原始物光波相同的复振幅分布，向前继续传播再现出立体图像。

当使用与参考光相同的光照射全息图时，光的复振幅分布为

$$\begin{aligned} U'(x,y)&=t(x,y)\cdot R(x,y)\\ &=R\cdot[t_0+\beta(|O|^2+|R|^2+O\cdot R^*+O^*\cdot R)]\\ &=[t_0+\beta(|O|^2+|R|^2)]R+\beta R\cdot O\cdot R^*+\beta O^*\cdot R\cdot R\\ &=[t_0+\beta(|O|^2+|R|^2)]R+\beta O^*\cdot R\cdot R+\beta O \end{aligned} \tag{6-7}$$

公式(6-7)中，第一项为零级衍射光，是参考光的透射分量；第二项为－1 级衍射光，是物光的共轭像与相位因子的乘积；第三项为所需物光的再现像，是原始物光与振幅常数的乘积。在再现过程中，使用与参考光相同的光照射记录介质后，得到与原始物光波相同的复振幅分布。物光波的相位和振幅信息都被再现出来，因此可以得到真实自然的三维物体的像。物光波的波前再现过程如图 6-1-2 所示。

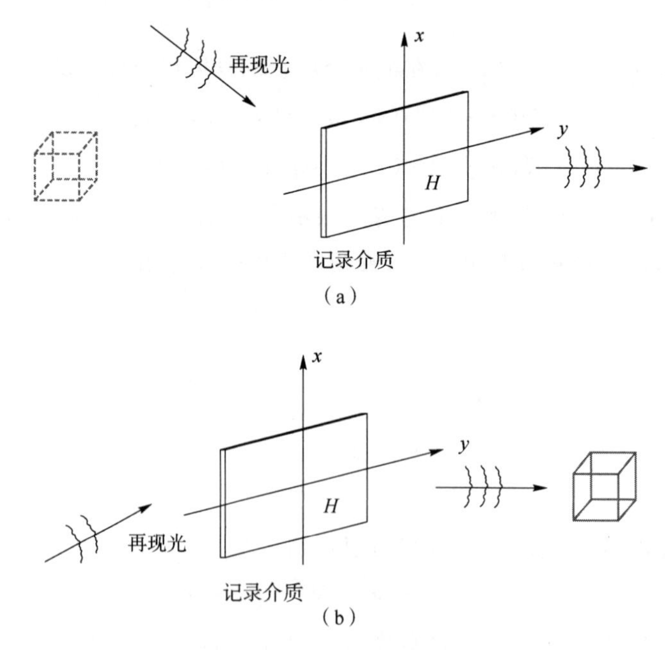

图 6-1-2 物光波的波前再现

(a)使用同一参考光再现；(b)使用参考光的共轭光再现

6.2　光学全息

光学全息是指利用光学的方法对物光波的振幅信息和相位信息进行记录和再现。光学全息图的制作过程要求比较严格。第一，光源必须是相干光，激光光源的空间相干性和时间相干性都比较好，因此常被用作制作全息图的光源；第二，全息图对制作环境要求较高，由于干涉条纹非常密且细，轻微的扰动就会严重影响全息图的质量，因此要求实验台防震且所有的光学器件要牢固地吸在实验台上的同时减少空气中气流和声波的干扰；第三，物光与参考光光程差要尽量小，且两束光的夹角应该在 30°到 60°范围内；第四，物光与参考光的光强之比要合适，一般在 1∶2 到 1∶10 的范围内；第五，记录介质的分辨率要足够高；第六，全息图的冲洗过程中的显影液、停影液、定影液与漂白液要使用蒸馏水或纯净水进行配置，且需要在暗室中进行冲洗。

随着光学全息的不断发展，出现了不同类型的全息图。按照物光与参考光是否同轴可以分为同轴全息和离轴全息；按照物体与记录介质的相对位置可以分为菲涅尔全息和夫琅禾费全息。

光学全息显示技术

6.2.1　同轴全息和离轴全息

1. 同轴全息

D.Gabor 最初提出的全息显示技术即为同轴全息显示技术，如图 6-2-1 所示为同轴全息的记录过程。

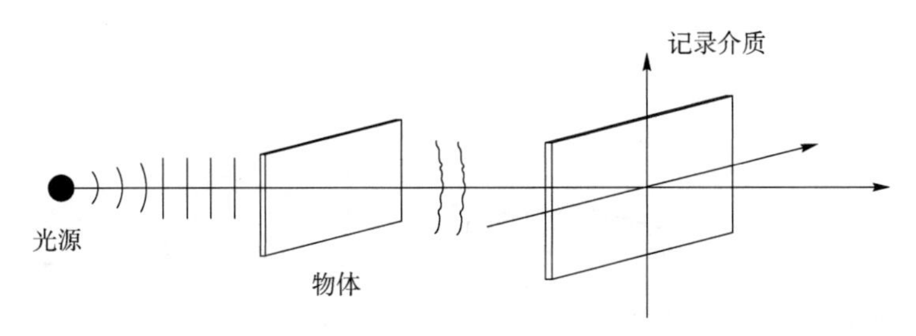

图 6-2-1　同轴全息的记录过程

假设物体是高度透明的，那么平面波的透射光场为

$$t(x_0, y_0) = t_0 + \Delta t(x_0, y_0) \tag{6-8}$$

式中，t_0 是平均透射率。若记录介质放置在距离物体 z_0 位置时，曝光强度为

$$\begin{aligned} I(x, y) &= |O+R|^2 \\ &= |O|^2 + |R|^2 + O \cdot R^* + O^* \cdot R \end{aligned} \tag{6-9}$$

那么，有全息图振幅透过率为

$$t(x,y)=t_b+\beta(|O|^2+O\cdot R^*+O^*\cdot R) \tag{6-10}$$

式中，$t_b=t_0+\beta|R|^2$。若使用振幅为 C 的平面光波照射全息图时，透射光场可以表示为

$$\begin{aligned}U(x,y)&=Ct(x,y)\\&=Ct_b+\beta C|O|^2+\beta CO\cdot R^*+\beta CO^*\cdot R\end{aligned} \tag{6-11}$$

式中，第一项为透过全息图的衰减后的平面光波；第二项为正比于散射光的光强，由于光强较弱，此项可以忽略；第三项为再现的原始物光波产生的虚像；第四项产生了实像。如图 6-2-2 所示，实像和虚像为孪生像关于全息图对称分布。

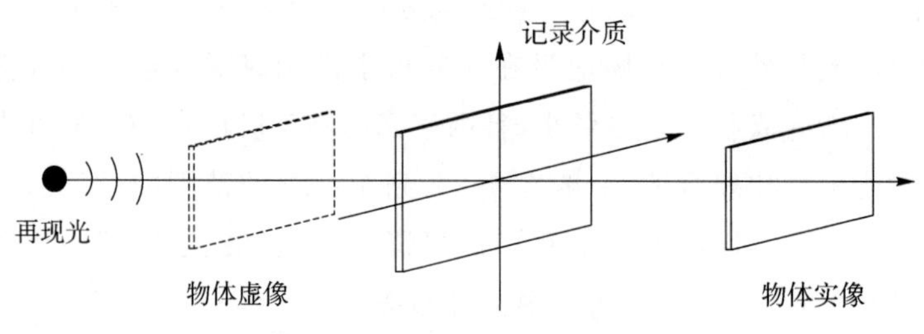

图 6-2-2　同轴全息的再现过程

当聚焦于实像时，虚像是离焦的；当聚焦于虚像时，实像是离焦的。并且两个孪生像不可分离，因此再现像的质量被严重影响。并且，同轴全息要求物体具有高度透明性，这在很大程度上影响了同轴全息的应用范围。

2. 离轴全息

如图 6-2-3 所示为离轴全息的记录过程，物光和参考光具有了一定的倾斜角 θ。离轴全息解决了同轴全息中孪生像的影响。物光和参考光在记录介质上产生的干涉光场为

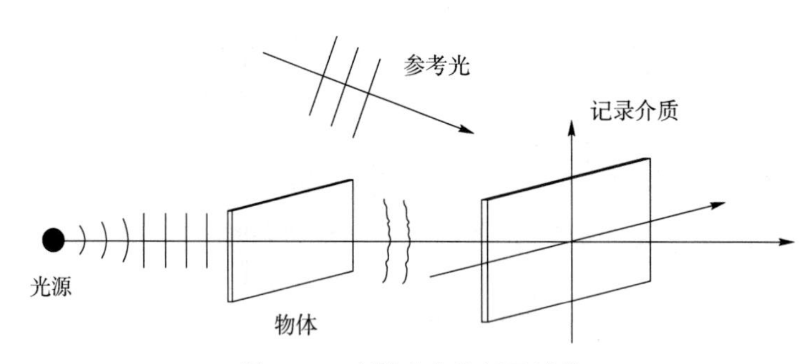

图 6-2-3　离轴全息的记录过程

$$U(x,y)=A\exp(-\mathrm{j}2\pi ay)+O(x,y) \tag{6-12}$$

式中，$a=\sin\theta/\lambda$。其强度分布为

$$I(x,y)=A^2+|O|^2+AO\exp(\mathrm{j}2\pi ay)+AO^*\exp(-\mathrm{j}2\pi ay) \tag{6-13}$$

全息图振幅透过率为

$$t(x,y)=t_b+\beta[|O|^2+AO\exp(\mathrm{j}2\pi ay)+AO^*\exp(-\mathrm{j}2\pi ay)] \tag{6-14}$$

如图 6-2-4 所示为离轴全息的再现过程。若使用振幅为 C 的平面光波垂直照射全息图时，透射光场可以表示为

$$U(x,y)=Ct_b+\beta C|O|^2+\beta CAO\exp(j2\pi ay)A+\beta CAO^*\exp(-j2\pi ay) \quad (6\text{-}15)$$

式中，第一项为衰减后的照明光波；第二项为发散的透射光锥；第三项为再现的虚像；第四项为再现的实像。虚像和实像距离记录介质的距离同为 z_0。

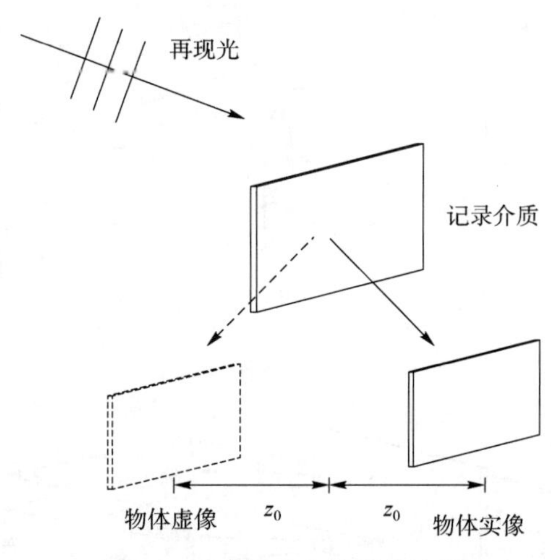

图 6-2-4　离轴全息的再现过程

6.2.2　菲涅尔全息和夫琅禾费全息

1. 菲涅尔全息

图 6-2-5 所示为菲涅尔全息图的记录和再现过程。当记录介质到物体的相对位置在菲涅尔衍射区时，所得到的全息图称为菲涅尔全息图，如图 6-2-5(a)所示为记录过程，菲涅尔全息图的记录过程中物光直接照射到记录介质上。使用同一参考光或参考光的共轭光可以对菲涅尔全息图进行再现。图 6-2-5(b)为使用同一参考光对菲涅尔全息图进行再现，再现像是与原始物体处于同一位置的一个虚像。若使用参考光的共轭光对全息图进行再现，将得到一个实像。

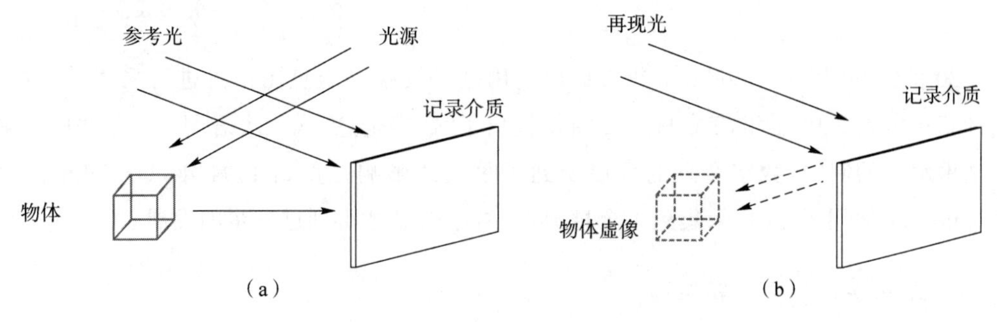

图 6-2-5　菲涅尔全息图的记录和再现过程

(a)记录过程；(b)再现过程

2. 夫琅禾费全息(傅里叶变换全息图)

如图 6-2-6 所示为夫琅禾费全息图的记录和再现过程,夫琅禾费全息图又被称作傅里叶变换全息图。通过将物体放置在透镜的前焦面上将物光波变换为物光波的傅里叶频谱。使用参考光与变换的物光波傅里叶频谱进行干涉将物光波傅里叶频谱的全部信息记录在介质中。

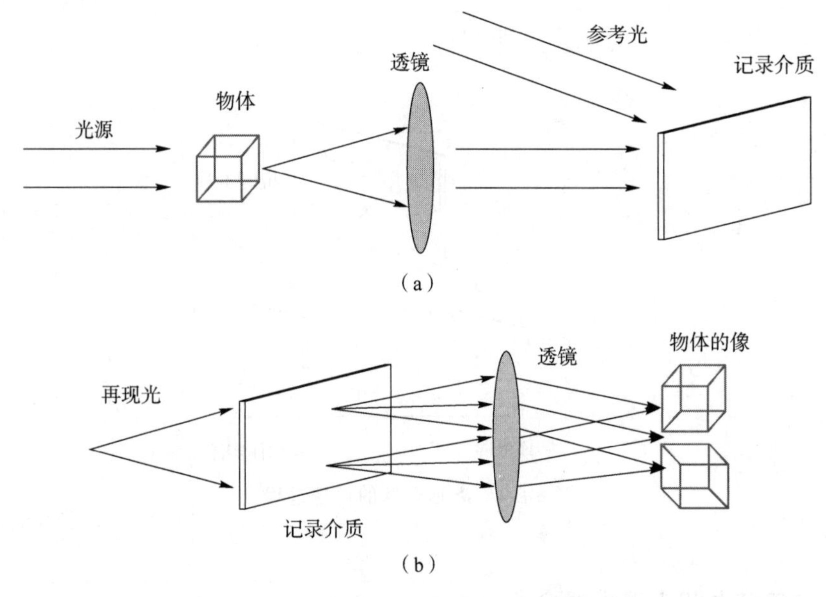

图 6-2-6　夫琅禾费全息图的记录和再现过程

(a)记录过程;(b)再现过程

如图 6-2-6(a)所示,物体与透镜的距离与记录介质与透镜的距离均为透镜的焦距 f,根据几何光学的知识,物体与记录介质之间的距离相当于无穷远,因此满足了夫琅禾费衍射的条件。

6.3　数字全息

数字全息显示技术

20 世纪 60 年代,Goodman 等人提出使用电子设备对全息图信息进行采集[6],并利用计算机再现。1971 年,Ts. Huang 首次提出了"数字全息"这一术语[7]。由于当时计算机技术水平的制约,数字全息的发展受到了很大的影响。直到 1994 年,U. Schnars 和 W. Juptner 使用了 CCD 采集到了全息图[8],数字全息才得到进一步的发展。

6.3.1　数字全息的记录和再现

数字全息的理论基础仍是光学全息基本理论。数字全息的记录光路和光学全息相同，只不过数字全息使用CCD等电子设备代替感光胶片、全息干板等材料对全息图进行记录并保存到计算机中，然后对全息图进行数字再现。具体分为三个过程[9]：

(1) 记录。利用CCD等电子设备记录物光和参考光的干涉条纹，并储存在计算机中。

(2) 图像处理。使用计算机对全息图进行校准、去噪、提取特征等处理。

(3) 再现。分为两种，一种是使用计算机进行数值再现，另一种是使用空间光调制器进行空间再现。

与光学全息相比，数字全息使用电子元件进行记录，减少了曝光时间且不需要进行化学处理，因此可以进行实时记录。同时，对数字全息图进行图像处理非常方便，可以根据需求进行叠加和去背景等处理，因此使用更加灵活[10]。

但是，由于目前的制作工艺的限制，电子器件的分辨率与传统全息干板相比还有很大的差距。传统全息干板的分辨率可以达到0.2 μm，但是CCD的分辨率只有10 μm，SLM的分辨率也只有6.4 μm。同时，CCD和SLM的像素化结构和尺寸大小也限制了全息图的记录和再现。

6.3.2　空间光调制器

空间光调制器(Spatial Light Modulator，SLM)是数字全息图光电再现的重要器件。在信号的控制下可以对一维或二维空间上的光波进行调制，改变光波的强度、相位、偏振态分布等。

根据控制信号的不同可以将空间光调制器分为光寻址空间光调制器[11]和电寻址空间光调制器[12]；根据照明方式的不同可以将空间光调制器分为透射式空间光调制器和反射式空间光调制器；根据调制原理的不同可以将空间光调制器分为声光晶体、电光晶体、磁光开关与微镜面等。液晶空间光调制器(Liquid Crystal-Spatial Light Modulator，LC-SLM)是数字全息光电再现中最常使用的空间光调制器，其调制原理如下[13]：

图6-3-1为液晶空间光调制器的结构示意图。液晶空间光调制器由两层玻璃层、液晶层、集成电路和基底构成。上层的玻璃层下表面镀有透明电极(公共电极)，下层玻璃层表面镀有像素结构的电路，液晶层在两层玻璃层之间。光入射时，经过上层玻璃层、液晶层后被下层玻璃层反射，反射后再次经过液晶层和上层玻璃层出射。当两个电极之间施加电场时，液晶分子会随电场进行偏转。

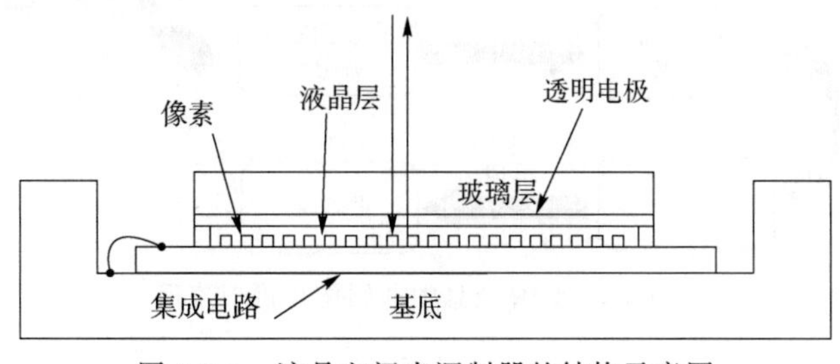

图6-3-1　液晶空间光调制器的结构示意图

强度调制:未施加电场的情况下,液晶分子是扭曲排列的,沿光的透过方向旋转 90°,经过线偏振器后入射光变为偏振光,偏振光通过液晶层后偏振方向旋转 90°,此时出射光与检偏器的偏振方向垂直,光无法透过,光强为 0。当外加电场时,液晶分子的长轴方向向电场方向偏转,入射光经过液晶层后出射光的偏振方向不再与检偏器垂直而是有了一个夹角。电压不同,夹角也会不同,则出射的光强也会不同。

相位调制:外加电场时液晶分子沿着电场方向偏转,由于液晶的双折射效应,非寻常光的折射率会改变,入射光的相位也会改变,从而实现了对光波相位的调制。

6.4 计算全息

计算全息显示技术

由于计算机技术的飞速发展,全息图的记录过程不再需要物光和参考光进行干涉。使用计算机绘制出所需的三维图像,然后利用计算机模拟产生全息图的光学过程,将获得的全息图加载到 SLM 中,使用与模拟过程相同的参考光对 SLM 进行照射在空间中形成三维图像[14]。

1966 年,A. W. Lohmann[15]利用计算机模拟了光学全息的记录过程并绘制出世界上第一幅计算全息图(Computer-Generated Hologram,CGH)。与光学全息图相比,计算全息图同样包含了物光波的振幅与相位信息。另外,可以通过计算产生很多虚拟物体的全息图,并且计算全息图的噪声低、重复性高,这都是计算全息相比光学全息的特有优势。

如图 6-4-1 所示,计算全息图的制作和再现可以分为五个步骤:(1)抽样,获取虚构物体或物光波表达式的离散样点分布;(2)计算,根据光的干涉和衍射理论计算物光波在全息面的复振幅分布;(3)编码,将物光波在全息面的复振幅分布编码为全息透过率函数;(4)绘图,利用计算机技术将全息透过率函数绘制为计算全息图;(5)再现,将参考光照射在计算全息图上,得到再现象。

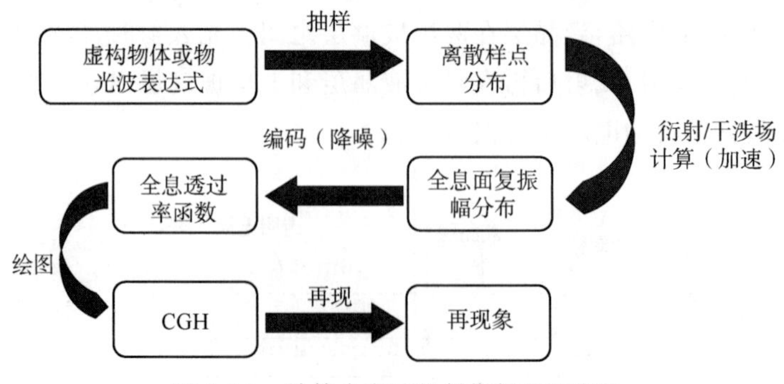

图 6-4-1 计算全息图的制作与再现流程

6.4.1 计算全息图的分类

如图 6-4-2 所示,按照全息图透过率函数的性质和变化特征的不同可以将计算全息图分为振幅型和位相型。按照物体与全息面的相对位置不同可以将计算全息图分为计算傅里叶变换全息、计算像面全息和计算菲涅尔全息。按照计算全息图的编码方式的不同可以将计算全息图分为迂回位相型计算全息、修正离轴参考光计算全息、相息图和计算全息干涉图。

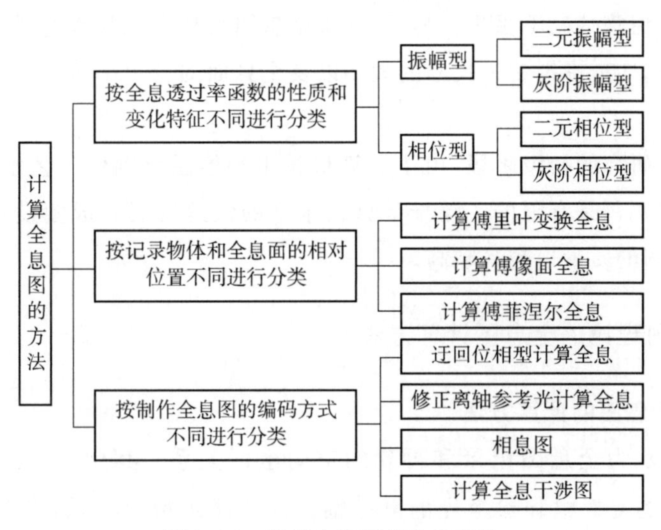

图 6-4-2 计算全息图的分类方法

6.4.2 抽样定理和空间带宽积

1. 抽样定理

获取计算全息图的第一步就是对物光波的复振幅进行抽样。因此,对物光波的复振幅的抽样过程满足抽样定理是计算全息图制作成功的基础。典型的抽样定理包括了奈奎斯特采样定理和香农抽样定理。连续函数带宽有限是抽样定理的一个基本条件,但是一般连续函数的频谱宽度总是无限扩展的。由于物光波的复振幅在频率超过一定范围时会大幅度衰减,因此可以忽略高频分量采用离散的抽样序列对物光波的复振幅进行离散化表示。

2. 空间带宽积

信息经过光学系统传播会受到孔径光阑和视场光阑的限制,孔径光阑会拦截超过截止频率的高频信息,视场光阑会限制接收视场外的物空间信息。光学的空间带宽积(Space-Bandwidth Product,SBP)可以由公式(6-16)表示[16]:

$$\begin{aligned}\mathrm{SBP} &= \text{频域宽度} \times \text{空域宽度} \\ &= \iint \mathrm{d}x\,\mathrm{d}y \iint \mathrm{d}\xi\,\mathrm{d}\eta\end{aligned} \tag{6-16}$$

在计算全息中使用空间带宽积描述空间信号的信息用量，因此物光波的复振幅抽样间隔应满足抽样定理，避免频谱混叠。另外，再现过程中需要选择合适的空间滤波器才可以恢复所需要的波前信息。

假设计算全息图在频域和空域中所占面积均是矩形，且空域中矩形边长分别是 X、Y，频域中矩形边长分别是 $2B_x$ 和 $2B_y$，那么空间带宽积为

$$\mathrm{SBP}=4XYB_xB_y \tag{6-17}$$

空间带宽积在传递过程中是不变的，在对图像进行操作（如位移、缩放）时保持空间带宽积不变才能保障信息不丢失。另外，计算全息图采样点总数也可以通过空间带宽积确定。也就是说，知道虚拟物体尺寸的大小以及全息面的分辨率可以确定计算全息图的像素总数。

在计算全息研究的初级阶段，由于计算机技术和绘图仪制作工艺水平的限制，计算全息图的空间带宽积是有限的。随着计算机水平的快速发展和成图设备分辨率的不断提升，计算全息图的质量也越来越高。

6.4.3 基于衍射理论的全息图计算方法

1. 菲涅尔全息图的计算方法

图 6-4-3 所示为全息图记录和再现的空间坐标关系。其中，$O(x_1,y_1)$和 $R(x_1,y_1)$分别是物面的复振幅和参考光的复振幅。在菲涅尔衍射区域，全息面的复振幅分布为[17]

$$\begin{aligned}\Gamma(x,y)=&\frac{\exp(\mathrm{j}kz)}{\mathrm{j}\lambda z}\iint O(x_1,y_1)R(x_1,y_1)\\&\exp\left\{\frac{\mathrm{j}k}{2z}\left[(x-x_1)^2+(y-y_1)^2\right]\right\}\mathrm{d}x_1\mathrm{d}y_1\end{aligned} \tag{6-18}$$

式中，$k=2\pi/\lambda$。对公式(6-18)进行展开，然后量化处理。假设全息面像素的总数是 $M\times N$，Δx_1 和 Δy_1 是物面的分辨率，Δx 和 Δy 是全息面分辨率。令 $m\Delta x=x$，$n\Delta y=y$，$s\Delta x_1=x_1$，$t\Delta y_1=y_1$，其中，$m=1,2,3,\cdots,M$，$n=1,2,3,\cdots,N$。全息面复振幅离散化表示为

$$\begin{aligned}\Gamma(m,n)=&\frac{\exp(\mathrm{j}kz)}{\mathrm{j}\lambda z}\exp\left[\frac{\mathrm{j}k}{2z}(m^2\Delta x^2+n^2\Delta y^2)\right]\\&\times\sum_{s=1}^{M}\sum_{t=1}^{N}O(s,t)R(s,t)\exp\left[\frac{\mathrm{j}k}{2z}(s^2\Delta x_1^2+t^2\Delta y_1^2)\right]\\&\exp\left[-\frac{\mathrm{j}k}{z}(m\Delta x\cdot s\Delta x_1+n\Delta y\cdot t\Delta y_1)\right]\end{aligned} \tag{6-19}$$

式中，$\Delta x_1=\dfrac{\lambda z}{M\Delta x}$，$\Delta y_1=\dfrac{\lambda z}{M\Delta y}$，因此公式(6-19)可以改写成：

$$\Gamma(m,n)=\frac{\exp(\mathrm{j}kz)}{\mathrm{j}\lambda z}\exp\left[\frac{\mathrm{j}\pi}{\lambda z}(m^2\Delta x^2+n^2\Delta y^2)\right]$$
$$\times\sum_{s=1}^{M}\sum_{t=1}^{N}O(s,t)R(s,t)\exp\left[\mathrm{j}\pi\lambda\left(\frac{s^2}{M^2\Delta x^2}+\frac{t^2}{N^2\Delta y^2}\right)\right] \tag{6-20}$$
$$\exp\left[-\mathrm{j}2\pi\left(\frac{ms}{M}+\frac{nt}{N}\right)\right]$$

若令 $C_1=\frac{\exp(\mathrm{j}kz)}{\mathrm{j}\lambda z}\exp\left[\frac{\mathrm{j}\pi}{\lambda z}(m^2\Delta x^2+n^2\Delta y^2)\right]$，$C_2=\exp\left[\mathrm{j}\pi\lambda\left(\frac{s^2}{M^2\Delta x^2}+\frac{t^2}{N^2\Delta y^2}\right)\right]$，那么公式(6-20)可以改写为

$$\Gamma(m,n)=C_1\mathrm{ff}_{t2}[O(s,t)R(s,t)\cdot C_2] \tag{6-21}$$

式中，$\mathrm{ff}_{t2}(\cdot)$表示二维快速傅里叶变换。

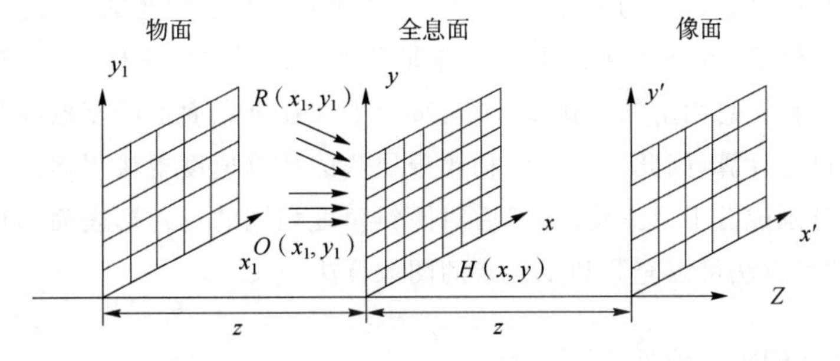

图 6-4-3　全息图记录和再现的空间坐标关系

菲涅尔全息面的复振幅分布可以由物光波 $O(s,t)$、参考光 $R(s,t)$和二次相位因子 C_2 的乘积的二维快速傅里叶变换乘以相位因子 C_1 进行表示。菲涅尔全息图的透过率函数为

$$\mathrm{H}(m,n)=a(m,n)+b(m,n)\cos[\varphi(m,n)] \tag{6-22}$$

式中，$a(m,n)=\max[b(m,n)]$，$b(m,n)=\mathrm{abs}[\Gamma(m,n)]$，$\varphi(m,n)=\arg[\Gamma(m,n)]$。$b(m,n)$和 $\varphi(m,n)$分别包含了全息面物光波的振幅信息和相位信息。

2. 傅里叶变换全息图的计算方法

傅里叶变换全息图的计算方法与菲涅尔全息图的计算方法相似，在夫琅禾费衍射区域，全息面的复振幅分布为

$$\Gamma(x,y)=\frac{\exp(\mathrm{j}kz)}{\mathrm{j}\lambda z}\exp\left[\frac{\mathrm{j}k}{2z}(x^2+y^2)\right]$$
$$\iint O(x_1,y_1)R(x_1,y_1)\exp\left[-\frac{\mathrm{j}k}{z}(xx_1+yy_1)\right]\mathrm{d}x_1\mathrm{d}y_1 \tag{6-23}$$

对公式(6-23)整理，进行离散化处理可以得到傅里叶变换全息面的复振幅离散化表示形式：

$$\Gamma(m,n)=\frac{\exp(\mathrm{j}kz)}{\mathrm{j}\lambda z}\exp\left[\frac{\mathrm{j}k}{2z}(m^2\Delta x^2+n^2\Delta y^2)\right]$$
$$\times\sum_{s=1}^{M-1}\sum_{t=1}^{N-1}O(s,t)R(s,t)\exp\left[-\frac{\mathrm{j}k}{z}(m\Delta x\cdot s\Delta x_1+n\Delta y\cdot t\Delta y_1)\right] \tag{6-24}$$

令 $C_1=\frac{\exp(jkz)}{j\lambda z}\exp\left[\frac{jk}{2z}(m^2\Delta x^2+n^2\Delta y^2)\right]$，那么公式(6-24)可以改写为

$$\Gamma(m,n)=C_1\mathrm{fft2}[O(s,t)R(s,t)] \tag{6-25}$$

傅里叶变换全息面的复振幅分布可以由物光波 $O(s,t)$ 和参考光 $R(s,t)$ 的乘积的二维快速傅里叶变换乘以相位因子 C_1 进行表示。傅里叶变换全息图的透过率函数为

$$H(m,n)=a(m,n)+b(m,n)\cos[\varphi(m,n)] \tag{6-26}$$

傅里叶变换全息图成像在远场，视差小，不利于三维信息的展现[18]，因此不适合用于全息显示。与傅里叶变化全息图相比，菲涅尔全息图有更大的视场角度和空间分辨率，因此更适合用于全息显示[19]。

目前计算机再现菲涅尔全息图的方法有点云法、分层法、表面衍射法等。点云法[20]计算物体每个点在全息面上的复振幅分布，然后对所有点进行叠加，因此这种方法可以再现物体内部的信息，但是这种方法计算量非常大。分层法将物体分割成多个平面，然后计算每个平面在全息面上的复振幅分布，每个平面在全息面上的复振幅分布可以由快速傅里叶变换进行计算，因此与点云法相比分层法的计算速度要快很多。表面衍射法首先将物体表面分割成若干个三角形，然后对倾斜角度相同的三角形表面的衍射分布进行计算并叠加，这种方法可以充分利用显卡的图像算法[21]。

6.4.4 计算全息的编码方式

计算全息的编码是指将复振幅变换成全息图的二维透过率函数分布。最常用的有两种编码手段，一种是使用振幅和相位对复振幅进行表示，对相位和振幅分别编码；另一种是模拟光学离轴全息的记录过程，将全息面复振幅转化成实的非负函数。常用的几种编码方式有：迂回位相编码、修正离轴参考光编码、二元脉冲密度编码、相息图编码、二元计算全息干涉图编码。其中，迂回位相编码、相息图编码属于第一种编码手段，修正离轴参考光编码、二元脉冲密度编码、二元计算全息干涉图编码属于第二种编码手段。

1. 迂回位相编码

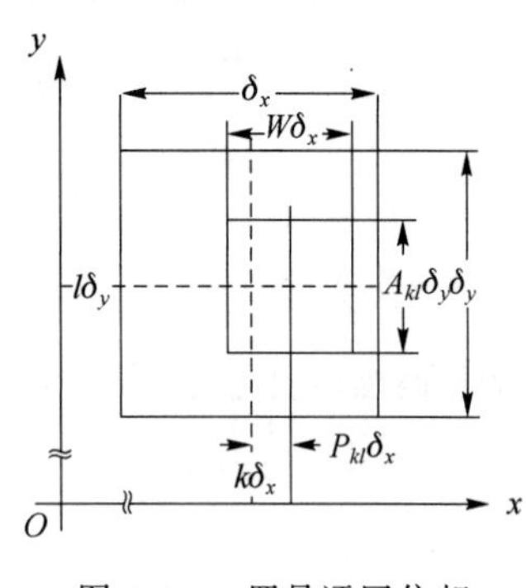

图 6-4-4 罗曼迂回位相编码抽样单元

1966 年，A.W.Lohmann 首次提出了迂回位相的编码方法[15]，罗曼迂回位相编码有Ⅰ型、Ⅱ型和Ⅲ型。其中，罗曼Ⅲ型是最典型的迂回位相编码方式。如图 6-4-4 所示，罗曼Ⅲ型迂回位相编码假设全息面上有 $M\times N$ 个抽样单元，δ_x 和 δ_y 是抽样单元的间隔。全息面的复振幅离散化形式表示为

$$f_{kl}=A_{kl}\exp(j\varphi_{kl}) \tag{6-27}$$

式中，$1\leqslant k\leqslant M$，$1\leqslant l\leqslant N$，$0\leqslant A_{kl}\leqslant 1$。

每一抽样单元中放置一个矩形的通光孔径，通过控制通光孔径的面积对振幅 A_{kl} 进行编码，通过控制通光孔径

的位置对相位 φ_{kl} 进行编码。通光孔径的宽和高分别为 $W\delta_x$、$A_{kl}\delta_y$，其中 W 是常数，通常取 0.5。通光孔径中心与抽样单元中心的距离为 $P_{kl}\delta_x$，$P_{kl}=\varphi_{kl}/(2\pi m)$。

如图 6-4-5(a)所示，当 $\varphi_{kl}>\pi/2$ 或 $\varphi_{kl}<-\pi/2$ 时，第(k,l)抽样单元的通光孔径会进入临近的抽样单元，这种现象称为“模式溢出”。“模式溢出”会造成全息图再现象失真。根据光栅衍射理论，各个抽样单元的相应位置的位相值相同。如图 6-4-5(b)所示，把 φ_{kl} 对 2π 进行取余后会获得溢出部分的值，将溢出部分转移到本抽样单元的另一侧可以对溢出进行校正。

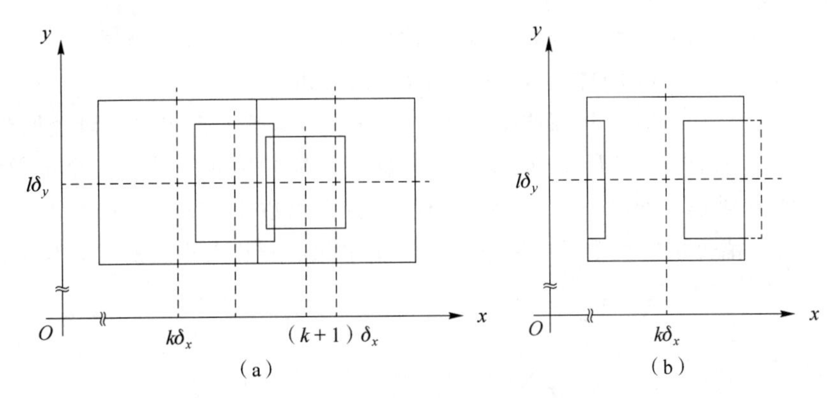

图 6-4-5 模式溢出的校正

罗曼迂回位相编码可以对复振幅的幅值和位相进行同时编码。另外，全息图的透过率为二值型，因此制作简单且不易失真。由于其编码过程不需要引入参考光和偏置分量，因此所需带宽也比较小。但是，对幅值和位相进行量化处理的过程中易引入量化失真，造成再现象失真。同时，由于类似不规则光栅结构的全息图在再现过程中会产生多级衍射像，因此一级衍射效率较低，且其透过率为二元振幅型，光能利用率也不高。

1970 年，W.H.Lee 基于迂回位相效应提出了“四阶迂回位相编码”的方法[22]，这种编码方式是一种延迟抽样编码方法。如图 6-4-6 所示，该方法将全息图的抽样单元等分成四个子单元，每个子单元的位相分别是 0、$\pi/2$、π、$3\pi/2$，对应了复数平面上实数和虚数表示的四个方向。将全息图上的复振幅 $f(x,y)$沿着这四个位相方向进行分解可以得到：

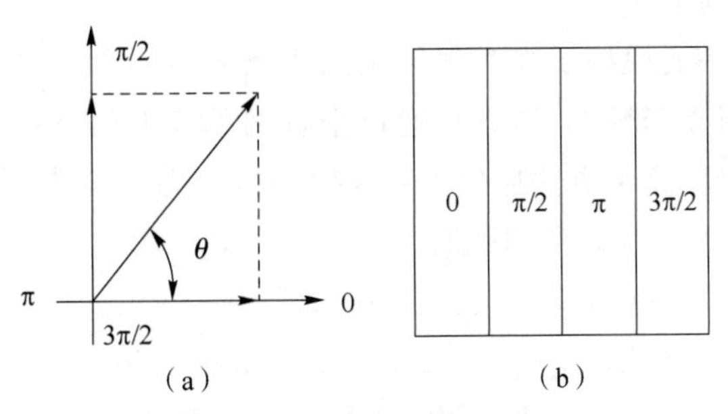

图 6-4-6 四阶迂回位相编码的抽样单元

$$
\begin{aligned}
f(x,y)=&f_1(x,y)\exp(\mathrm{j}0)+f_2(x,y)\exp\left(\mathrm{j}\,\frac{\pi}{2}\right)\\
&+f_3(x,y)\exp(\mathrm{j}\pi)+f_4(x,y)\exp\left(\mathrm{j}\,\frac{3\pi}{2}\right)
\end{aligned}
\tag{6-28}
$$

式中，f_1、f_2、f_3 和 f_4 是抽样点的复振幅在四个位相方向上的非负投影值。

对于一个确定的抽样点来说，f_1、f_2、f_3 和 f_4 中最多有两个是非零分量，因此这两个非零投影值可以用相应子单元中的灰度等级进行表示。例如，在$[0,\pi/2)$区间里，f_1 和 f_2 是非零分量，所以有

$$
f_1(x,y)=|f(x,y)|\cos\theta,\ f_2(x,y)=|f(x,y)|\sin\theta \tag{6-29}
$$

式中，$|f(x,y)|$为 $f(x,y)$的幅值，θ 为 $f(x,y)$的幅角。

1970 年，C. B. Burckhardt 在四阶迂回位相编码的基础上提出了三阶迂回位相编码的编码方式[23]。如图 6-4-7 所示，该方法将全息图的抽样单元等分成三个子单元，每个子单元的位相分别是 0、$2\pi/3$、$4\pi/3$，沿三个位相方向可以把 $f(x,y)$分解为三个向量。其中，$f(x,y)$振幅分量的大小可以用三个抽样子单元的开孔大小或灰度等级进行表示。

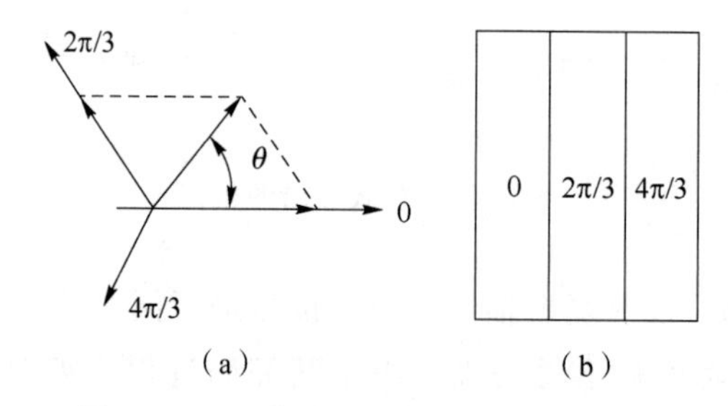

图 6-4-7　三阶迂回位相编码的抽样单元

与四阶迂回位相编码相比，三阶迂回位相编码的每个抽样单元少了一个抽样子单元，所以在抽样点数相同的情况下三阶迂回位相编码的抽样总数单元比四阶迂回位相编码少了 25%。也就是说，若全息图的尺寸、抽样子单元间隔相同，三阶迂回位相编码包含的抽样点数是四阶迂回位相编码抽样点数的 1.33 倍，即包含的信息更多。

由于引入了抽样子单元对振幅和位相进行调制，四阶迂回位相编码和三阶迂回位相编码的再现结果中会出现零级斑和高级衍射像，这使得能量利用效率降低。

2. 修正离轴参考光编码

修正离轴参考光编码模拟了光学离轴全息中物光波和参考光复振幅叠加后的干涉场强度分布(全息透过率函数)。该方法通过全息图单元上的开孔面积或灰度变化对全息透过率函数进行编码，这种方法避免了对复振幅的相位进行编码。

设全息面复振幅 $f(x,y)$、离轴平面参考光 $R(x,y)$为

$$
\begin{cases}
f(x,y)=A(x,y)\exp[\mathrm{j}\varphi(x,y)]\\
R(x,y)=B(x,y)\exp[\mathrm{j}2\pi(\alpha x,\beta y)]
\end{cases}
\tag{6-30}
$$

式中，α 和 β 为倾斜因子，$B(x,y)$是常数(设参考光为均强平面波)。那么全息面透过率函数可以表示为

$$
\begin{aligned}
t(x,y) &= |f(x,y)+R(x,y)|^2 \\
&= A^2(x,y)+B^2(x,y)+2A(x,y)B(x,y)+\cos[2\pi(\alpha x,\beta y)-\varphi(x,y)]
\end{aligned}
\tag{6-31}
$$

式中,第一项是物光的自相关项,第二项是参考光的自相关项,第三项包含了物光波的全部信息。再现时,第一项和第二项的会形成零级斑。而且,这两项除让透过率函数 $t(x,y)$ 为实的非负函数之外无其他作用,还会占用大量带宽。为了在减小带宽的同时保证透过率函数的非负性,1966 年 J. J. Burch 提出了新的全息透过率构造函数[24]:

$$
t(x,y)=0.5\{1+A(x,y)\cos[2\pi(\alpha x,\beta y)-\varphi(x,y)]\} \tag{6-32}
$$

式中,$A(x,y)$ 是归一化的振幅,常数"1"是偏置分量。

这种编码方式被称为"博奇编码",博奇编码虽不需要对位相进行编码,但常数偏置分量的存在仍增加了带宽,且再现像的对比度较低,衍射效率不高。

为了提高再现像对比度,J. S. Huang 提出了将归一化振幅 $A(x,y)$ 作为偏置分量的方法[25],此时透过率函数 $t(x,y)$ 为

$$
t(x,y)=0.5A(x,y)\{1+\cos[2\pi(\alpha x,\beta y)-\varphi(x,y)]\} \tag{6-33}
$$

这种编码方式被称为"黄氏编码",黄氏编码虽提高了再现像的对比度,但与博奇编码相比占用了更多的带宽。由于这种编码方法得到的透过率函数正比于归一化振幅 $A(x,y)$,因此容易受到记录介质的非线性影响,且归一化振幅 $A(x,y)$ 引入的背景噪声也会影响再现象的质量。

3. 二元脉冲密度编码

修正离轴参考光编码是以灰阶形式来表示全息透过率函数。而二元脉冲密度编码的方法是对灰阶形式的全息透过率函数进行二值化处理。在这里仍然设全息透过率函数为公式(6-32)的形式。

为了便于说明,如图 6-4-8 所示为一维情况下全息透过率函数 $t(x,y)$ 的二值化处理。设 $t(x)$,$x=1,2,3,\cdots$ 为归一化的离散抽样点序列,$\text{ƭ}(x)$ 为对 $t(x)$ 进行二元脉冲密度编码后的序列,那么有

$$
\begin{cases}
\text{ƭ}(x)=0, & t(x)<0.5 \\
\text{ƭ}(x)=1, & t(x)\geqslant 0.5 \\
\text{temp}=t(x+1)+t(x)-\text{ƭ}(x) \\
t(x+1)=\text{temp}
\end{cases}
\tag{6-34}
$$

在二维情况下对给定的像素点的透过率 $t(x,y)$ 进行二值化处理后,其误差需要向二维邻域进行扩散。如图 6-4-9 所示为 Floyd-Steinberg(F-S)二值化误差扩散模型[26]。灰度较浅的区域为正在被处理的像素,在其相邻的八个区域中,有四个为当前被处理像素二值化的误差扩散区域,另外四个为已经处理完的像素。按照逆时针的方向,二值化误差分配到四个误差扩散区域的权重分别为 1/16、5/16、3/16、7/16。当然,选择不同的误差扩散模型对再现象的影响也是不同的。

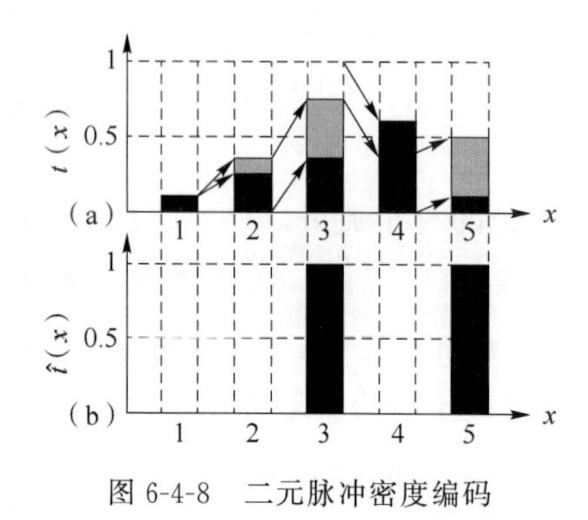

图 6-4-8　二元脉冲密度编码

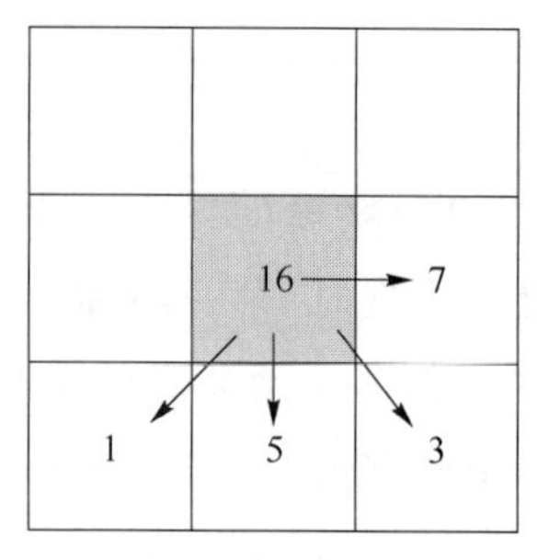

图 6-4-9　F-S 二值化误差扩散模型

4. 相息图编码

1968 年，L. B. Lesem 等人提出了相息图编码的编码方式[27]。相息图编码忽略了物光波的振幅，只对相位信息进行了编码。这种编码方式假定了物光波的振幅为常数，丢失了振幅信息，因此并不能算真正意义上的全息图。但是，当物光波的振幅分布非常接近常量时，这种假设带来的误差是非常小的。另外，这种编码方式的衍射效率很高，理想情况下在再现时，多阶位向型的相息图没有零级衍射斑，且没有共轭像或多余衍射级次。目前，相息图还只能由计算机生成，不能通过光学记录方式得到。

5. 二元计算全息干涉图编码

通常情况下，光学干涉图的透过率函数是连续变化的。但是，若使用高反差记录介质记录干涉条纹可以获得近似二元的干涉图。另外，通过计算机也可以容易的得到二元计算全息干涉图。首先，构造一个非线性限幅模型来对全息面上的复振幅分布的数学表达式进行硬限幅处理，这样就可以得到一个二元干涉条纹函数；然后，将计算全息图的数学表达式输入非线性硬限幅器，为了减小带宽可以采用修正离轴参考光的计算全息图数学表达式；最后，设置合适的抽样间距、载频和硬限幅器的偏置之后就可以得到二元计算全息干涉图。

代码：

点云法代码：

```
import numpy as np
import cv2


f=200                                   #焦距
p=8e-3                                  #空间光调制器像素间距
ps=0.15                                 #像平面像素间距
lmd=527e-6                              #波长,单位 mm
k=2 *  np.pi / lmd                      #波数
Acomlx=0                                #复振幅初始化
```

```
color= cv2.imread(' /home/urhgyt/PycharmProjects/untitled1/color.jpg' ,0)
#读入一张平面图
color=color.astype(np.float32)
depth= cv2.imread(' /home/urhgyt/PycharmProjects/untitled1/depth.jpg' ,0)
#读入一张深度图
depth=depth.astype(np.float32)/255* 10                   #深度归一化到 1cm

x,y=np.meshgrid(np.arange(- 960,960,1),np.arange(- 540,540,1))
#在全息面上建立一个网格
#x=x.astype(np.float32)
#y=y.astype(np.float32)
print x.shape
print x.dtype

#求解全息面复振幅
def dianyun(x,y,color,depth):

    for u in range(0,99, 4):                             #原图分辨率是 100* 100
        for v in range(0,99,4):
            A=color[v,u]                                 #振幅
            d=f- depth[v,u]
            v1=- 50- v                                   #图像坐标和实际坐标转换
            u1=u- 50
            Acomlx +=A* np.exp(- k* 1j* (np.sqrt((x* p- u1* ps)* * 2+(- y* p- v1* ps)* * 2+d* * 2)))
#全息面复振幅
    return Acomlx
    pass

Acomlx=dianyun(x, y, color, depth)
z=- np.angle(Acomlx)/np.pi                               #取相位归一化 0 到- 1
z1=(z+1)/2* 255
z2=z1.astype("uint8")
print z
cv2.imwrite(' tuzi20_504.bmp' , z2)
cv2.imshow("tupian", z2)
cv2.waitKey()

cv2.destroyAllWindows()
```

分层法代码：

```
import numpy as np
import cv2
from timeit import default_timer as timer

ran=np.exp(2* np.pi* 1j* np.reshape(np.random.rand(1920* 1080), (1080, 1920)))
#生成随机相位

x, y=np.meshgrid(np.arange(- 960, 960, 1), np.arange(- 540, 540, 1))
#全息图平面建立网格
u, v=np.meshgrid(np.arange(- 960, 960, 1), np.arange(- 540, 540, 1))
#像平面建立网格

f=[150, 200]                          #分两层,焦距分别为 150 和 200
lmd=527e- 6                           #参考光波长
p=8e- 3                               #空间光调制器像素间距
k=2* np.pi/lmd                        #波数

colors=[' 3.bmp' , ' d.bmp' ]         #读入两张平面图
E=0                                   #透过率函数初始化

start=timer()

for i in range(len(colors)):
    color=cv2.imread(colors[i], 0)
    color=color / 255                 #归一化
    color=color* ran                  #乘以随机相位
    px=lmd* f[i] / (p* 1920)          #成像面的像素间距
    py=lmd* f[i] / (p* 1080)
    E0=color* np.exp(np.pi* 1j / (lmd* f[i])* ((x* px)* * 2+(y* py)* * 2))
    E1 =np.exp(k/f[i]* 1j/2* ((u* p)* * 2+(v* p)* * 2))        #相位因子

#求解全息面复振幅
    Ef1 =np.fft.fft2(E0)                  #对 E0 矩阵作傅里叶变换
    Ef=np.fft.fftshift(Ef1)               #傅里叶变换后产生相移,使用 fftshift 调回来
    E+= Ef* E1                            #全息面复振幅分布
```

```
#r=np.sqrt((u* p)* * 2+(v* p)* * 2+f[0]* * 2)
#空间光调制器上的点到会聚光会聚点的距离(会聚光成像的话要用)
#E =E/(np.exp(1j* k* r))          #调制函数=调制后光波前/调制前。(会聚光)
z=np.angle(E)/np.pi               #取相位
z1=(z+1)/2* 255                   #相位归一化
z1=z1.astype("uint8")

timeit=timer()- start
print("fft took % f seconds " % timeit)
print(z1)
cv2.imwrite(' LED 200 508.bmp', z1)
```

本章参考文献

[1] GABOR D. A new microscopic principle[J]. Nature, 1948, 161: 777-778.

[2] CAULFIELD H J. Handbook of optical holography[M]. Beijing: Science Press, 1988.

[3] LEITH E N, UPATNIEKS J. Wavefront reconstruction with continous-tone objects[J]. Journal of the Optical Society of America, 1963, 53(12): 1377-1381.

[4] BENTON S A. Hologram reconstructions with extended incoherent sources [J]. Journal of the Optical Society of America, 1969, 59(10): 1545-1546.

[5] CHEN H, YU, F T S. One-step rainbow hologram[J]. Optics Letters, 1978, 2(4): 85-87.

[6] GOODMAN J W. Introduction to Fourier optics[M]. Roberts and Company Publishers, 2005.

[7] HUANG T S. Digital holography[J]. Proceedings of the IEEE, 1971, 59(9): 1335-1346.

[8] SCHNARS U, Juptner W. Direct recording of holograms by a CCD target and numerical reconstruction[J]. Applied optics, 1994, 33(2): 179-181.

[9] YAROSLAVSKY L P. Digital holography: 30 years later[C]. //Electronic Imaging. International Society for Optics and Photonics, 2002,4659: 1-11.

[10] 陈宁. 数字全息技术研巧[D]. 广州:暨南大学, 2004.

[11] WILLIAMS D, LATHAM S G, POWLES C M J, et al. An amorphous silicon/chiral smectic spatial light modulator [J]. Journal of Physics D Applied Physics, 1998, 21(10S): S156.

[12] 范志新. 液晶器件工艺基础[M]. 北京：北京邮电大学出版社，2000.

[13] 王东. 基于纯相位液晶空间光调制器的激光束敏捷控制技术研究[D]. 哈尔滨：哈尔滨工业大学，2013.

[14] CAMERON C D, PAIN D A, STANLEY M, et al. Computational challenges of emerging novel true 3D holographic displays[A]. //International Symposium on Optical Science and Technology [C]. International Society for Optics and Photonics, 2000: 129-140.

[15] BROWN B R, LOHMANN A W. Complex spatial filtering with binary masks[J]. Applied optics, 1966, 5(6): 967-974.

[16] 苏显渝，李继陶. 信息光学[M]. 北京：科学出版社，1999.

[17] SCHNARS U, JUPTNER W. Digital recording and numerical reconstruction of holograms[J]. Measurement Science and Technology, 2002, 13(9): 85-101.

[18] BENTON S A, BOVE V, JR M. Holographic imaging[M]. John Wiley and Sons, 2008.

[19] 刘凯峰，沈川，张成，等. 纯相位菲涅尔全息图的反馈迭代算法及其硅基液晶显示[J]. 光子学报，2014，43(5)：509.

[20] ZHANG H, XIE J, LIU J, et al. Optical reconstruction of 3D images by use of pure-phase computer-generated holograms[J]. Chinese Optics Letters, 2009, 7(12): 1101-1103.

[21] HONG J, KIM Y, CHOI H J, et al. Three-dimensional display technologies of recent interest: principles, status, and issues[J]. Applied Optics, 2011, 50(34): 87-115.

[22] LEE W H. Sampled Fourier transform holograms generated by computer [J]. Applied Optics, 1970, 9(3): 369-373.

[23] BURCKHARDT C B. A simplification of Lee's method of generating holograms by computer[J]. Applied Optics, 1970, 9(8): 1949.

[24] BURCH J. A computer algorithm for the synthesis of spatial frequency filters[J]. Proceedings of the IEEE, 1967, 55(4): 599-601.

[25] HUANG T S, PRASADA B. Considerations on the generation and processing of holograms by digital computers[J]. MIT Res Lab of Elect Quar Prog Rep, 1966, 81: 199-205.

[26] FLOYD R, STEINBERG L. An adaptive algorithm for spatial greyscale[J]. Proceedings of the Society for Information Display, 1976, 17(2): 75-77.

[27] LESEM L B, HIRSCH P M, JORDAN J A. Generation of discrete point holograms[J]. Journal of the Optical Society of America, 1968, 58: 729A.

第7章 体三维显示技术

体三维显示技术是一种全新的三维图像显示技术，它利用人眼特殊的视觉机理，制造了一个由体素微粒代替分子微粒组成的显示实物。如果将真正能够看见物体的过程认定为视觉过程，非真正看见物体的过程认定为幻觉过程，那么体三维显示则是一种客观存在的真实显示方法。该技术通过适当方式激励点亮位于显示空间内的物质，利用可见辐射的产生、吸收或散射形成体像素。当显示空间内各个方位的物质都被激励点亮之后，空间内大量的体像素便会构成三维图像。

体三维显示技术呈现的图像浮现在真实三维空间中，就像是一个真实的三维物体一样，符合人类观察普通三维图像的任何特点，几乎能满足所有的生理和心理深度暗示，可实现多人、多角度、同一时间裸眼观察，无须任何助视仪器或观察设备，是一种较为自然的显示技术，目前已在医疗、材料以及军事等领域得到了应用。

7.1 体三维显示技术的概述

类似于全息三维显示，体三维显示提供的视觉场景也是透明的，在观察者视线上，不同深度的平面会互相重叠，由于不具备深度检测功能从而会导致平面信息混淆。对于一些不需要看到物体内部结构或者需要在物体之间引入遮挡的三维场景，这会导致某些视点看到的图像信息混杂、空间关系难以感知。但是在一些需要移除遮挡的分析性三维场景中，这一特性是非常理想的。例如，在医学成像领域中，为了更好地显示病理结构，要求被研究的对象组织按照原貌被显示在对应的生理位置上，即显示在其正确的三维位置上，彼此之间不能有任何遮挡。体三维图像包含全视差信息，所以当遮挡引起混淆时，医生只需改变视角从一个新的角度来观察就能利用新感知到的信息来辅助判别，进而消除不同深度的混淆。

当前学者们研究的三维显示大多都是基于在二维平面上记录和表达三维信息的显示技术，这些可被归类为面三维显示。由于它们的显示特点所限，需要克服一系列技术问题：助视三维显示的视点数目是分立有限的，无法在大范围内使视觉场景随用户位置的变化而变化；全息三维显示视角受限，为了实现全角度可视，需要分步制作全息图并进行合成拼接，这种过程非常复杂并且需要的硬件结构不易实现；透视三维显示在深度判断过程中会出现不确定性，这种偏差很难通过对大脑视觉的训练而消除。

与上述的面三维显示不同，体三维显示是把三维信息图像在真实的三维物质空间内表达，不再需要将三维数据投影到二维表面上，可同时从几乎所有角度来再现空间信息，并且在各个方向上都具有连续视场，多数体三维显示设备满足 360°环视要求，由此得到的三维图像同时具有三维方向上的所有视差包括水平视差和垂直视差，直接观看即可获得三维效果。图像的真实三维性和视点几乎不受限制并且符合人眼观察的生理习惯是体三维显示技术最主要的优点。

7.2 体三维显示技术的类别和相关显示设备

根据原理的不同，体三维显示技术主要分为静态体和扫描体两大类。它们的区别在于成像空间的基本构造方式。其中，静态体三维显示技术通过用特殊物质充满一定空间来构造成像空间；扫描体三维显示技术通过用特制二维平面均匀扫描一定空间来构造成像空间。而基于不同的成像空间构造物质以及发光体素点构造方式，又可形成各种体三维显示技术。根据以上的描述，体三维显示技术可细分为基于动态屏的体三维显示技术、基于上转换发光的体三维显示技术、基于层屏的体三维显示技术。

7.2.1 基于动态屏的体三维显示

基于动态屏的
体三维显示技术

基于动态屏的体三维显示是目前较为成熟和实用的重要体三维显示方式。大多数体三维显示都以动态屏技术为基础，因为运用现今的软硬件条件来实现动态屏体三维显示技术相对简单，其性能也较好。基于动态屏的体三维显示是依靠机械装置旋转或移动二维显示屏，利用人眼的视觉暂留效应实现空间三维显示效果。用于显示二维平面图像的动态屏既可以是直视显示屏，又可以是投影显示屏。当各种形状的动态屏随二维图像的周期对应地垂直摆动或旋转时，图像深度就体现出来了。

如图 7-2-1 所示，典型的动态屏三维显示系统主要由动态屏、成像装置、电动机、三维数据接口及计算机组成。若动态屏是直视显示屏，就不需成像装置。

基于动态屏的体三维显示系统具有很直观的结构框架。当系统运行时，三维数据接口将计算机中的三维图像信息以及控制信号传送至成像装置和电动机，电动机带动显示屏高速运转，成像装置使显示屏发光成像。在系统的各个组成部分中，动态屏及其成像装置的研究与制作最为关键，它决定了整个系统的最终性能。

动态屏的运动方式主要有平移运动和旋转运动两种。平移运动方式只适用于平面动态屏，它在水平方向上作反复运动建立了一个立方体的成像空间。由于动态屏左右来回往复，这种运动方式很难保证显示屏始终做匀速运动，特别是方向变换的瞬间，一定存在加速度，恶化了成像空间的非均匀程度。而旋转运动的优势在于运动中不用改变方向，能够始终保持匀速运动，使得空间均匀性更好。另外，平移运动方式为克服风阻付出的功耗代价较大，而利用旋转方式则有助于减少阻力。

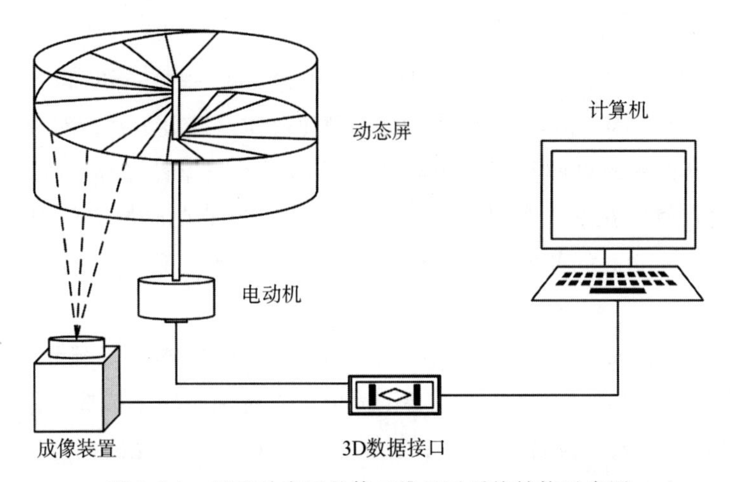

图 7-2-1 基于动态屏的体三维显示系统结构示意图

旋转运动方式常用于平面屏和螺旋屏显示，如图 7-2-2 所示。当动态屏采用旋转的运动方式时，对于平面屏旋转来说，其优点是容易定位，在整个圆柱体空间里，体素的寻址和定位容易确定。但其运动时的离心力不易平衡，并且在高速旋转时容易产生较大的噪声。而螺旋屏旋转时，与空气接触面很小，因此，噪声较小。所以在旋转成像中，绝大部分采用的是螺旋屏。

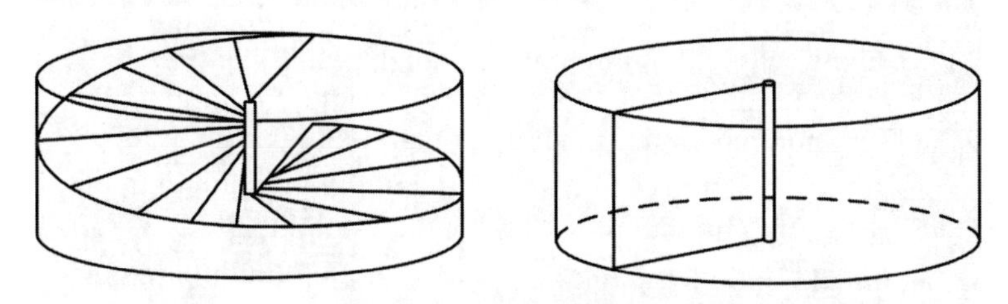

图 7-2-2 螺旋屏和平面屏

动态屏的成像方式分为直视和投影两种。从理论上讲，直视动态屏可以是各种图像显示屏，实际使用中，目前多采用 LED 显示屏。对于投影动态屏，由于它只是一个承载图像的屏幕，必须与投影成像装置一起才能实现图像的显示。

动态屏的形状选择常常结合动态屏成像方式加以考虑。根据上述的动态屏形状和成像方式，可以归纳为四种不同的动态屏：直视平面屏、投影平面屏、直视螺旋屏、投影螺旋屏。投影螺旋屏是目前广泛采用的动态屏，直视平面屏也常常被采用。

由于目前软硬件条件来实现基于动态屏的体三维显示相对简单，所以利用动态屏技术来实现体三维显示的研究较为广泛，但是该类系统生成的三维图像还存在一些不足之处。动态屏体三维显示系统目前只能显示有限的几种颜色，对比度和亮度都还需要进一步提高，而且目前还无法显示完全不透明的图像。如果要显示不透明图像，对于单个使用者，要使用人头部追踪或其他技术来确定观看者的位置，然后对图像进行消隐等处理。而对于多个使用者同时观看时，消除透明现象几乎是不可能实现的，所以，这种半透明的显示方式限制了该系统的应用范围。

为了获得比较稳定的图像，动态屏扫过整个成像空间的频率不能低于 25 Hz，相当于旋转速度不得少于 1 500 rpm。而高速的旋转则使得体三维显示系统对放置平台的平稳程度要求较高，其摆放的桌面不能随意晃动，否则将导致三维图像显示模糊，甚至无法成像，因此它不适宜使用在航天器及航海船舶等场合。为了在成像空间内准确地定位体素，需要保证动态屏能避免各种由于机械运动产生的图像变形，这也是限制三维显示系统尺寸的重要因素。

2001 年，美国 Actuality Systems 公司基于投影平面屏体三维显示技术研制出了 Perspecta 三维系统。这种显示系统通过将平面屏绕固定轴旋转来形成成像空间。利用由 DMD 芯片控制的高速投影设备投射出相应角度的二维图像，经光路调整后投射至平面屏幕上，从而实现三维显示。图 7-2-3 为 Perspecta 三维系统的示意图。该系统具有一个直径为 10 英寸的球形成像空间。通过调整光路，使得投影光线始终垂直于屏幕。该系统使 DMD 芯片对体素点显示进行控制。其最大体素点数的理论值为 $768\times768\times198=1.16\times10^8$。理论上，该系统的观察视角为全视角，但是随着视角的升高，观察效果会降低。

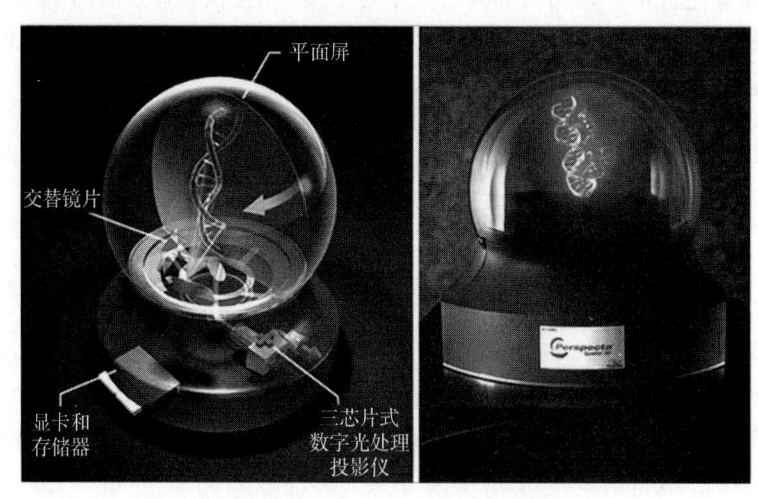

图 7-2-3　Perspecta 三维系统示意图

Perspecta 三维系统具有很好的显示能力，并且制造成本低廉，是目前最有可能率先进入电子消费市场的体显示设备，但是，它和其他所有的扫描体显示技术一样存在着致命的弱点——“亮度”和“旋转”。全向开放外加投影的显示结构流明值较低，容易受到背景光影响；而高速的旋转则使得 Perspecta 对安置平台的平稳程度要求较高，其摆放的桌面不能随意晃动，否则将导致体像素显示模糊，甚至完全无法成像。

7.2.2 基于上转换发光的体三维显示

1912年,Luzy预测了可以通过使用两个不同波长的光束来激励位于透明体积内的光学活性介质,以便在两光束的交汇处产生双频两步上转换效应而形成荧光。此后,这种效应在汞蒸汽中被证实,并于1952年试用于成像领域。进一步研究表明,对于一种掺杂了稀土族光学活性离子的透明晶体,当其中的活性离子受到两束交叉激光束照射时会处于激发状态,并发出可见光。基于上转换发光的体三维显示的原理便是从此演变而来。通过使用两束不同波长的不可见光束来扫描和激励位于透明体积内的光学活性介质,在两光束的交汇处取得双频两步上转换效应而产生可见荧光,从而实现空间立体图像的显示,如图7-2-4所示。

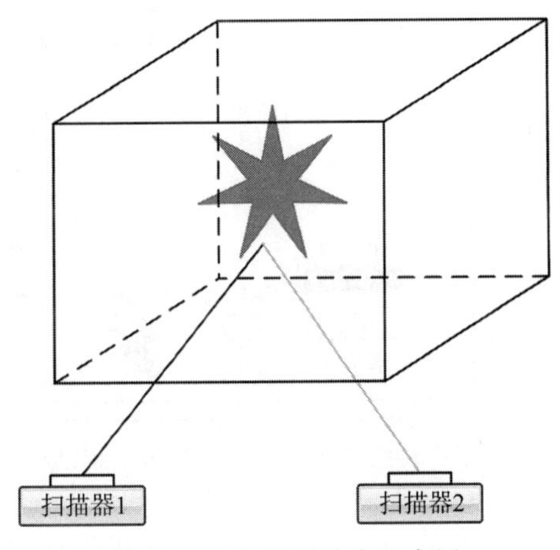

图7-2-4　上转换效应示意图

概括地说,上转换是通过多光子机制将长波辐射转换为短波辐射。上转换发光原理的研究主要集中在稀土离子的能级跃迁。若选用的基质材料和激活离子不同,跃迁机制也有所不同,不同的文献对上转换发光原理有不同的归纳方法,比较典型的主要有基态吸收/激发态吸收、能量转移和光子雪崩。

通常情况下,体三维显示生成三维图像最常用的方法是双频两步上转换技术。在实际应用中,由计算机控制两激励激光束的交叉点在介质成像空间内按照指定的轨迹作寻址扫描,就可以产生三维图像。

由上面的介绍可知,利用具有上转换发光特性的材料作为主显示材料构成显示系统的成像空间,再结合相关外围设备,即可成功建立一个完整的体三维显示系统,如图7-2-5所示。该显示系统主要由计算机、三维接口、两个投影单元及介质成像空间组成。其中,每个投影单元又分别由一个光电调节器和XZ方向或YZ方向的二维扫描器构成,并由计算机通过三维接口与三维软件实现同步控制。

基于上转换发光的体三维显示系统的关键在于:一方面要提供所要显示的三维图像的空间形状,另一方面还要控制外围设备所发出激光束的运动轨迹以及光门开关的闭合。该系统运作时，所要显示的三维图像预先以空间点阵或者函数的形式输入计算机中；在执行显示过程时，通过三维接口程序依次读取三维图形空间各点的位置，计算机通过控制激光束交叉点的偏移量来调整 X、Y、Z 坐标在成像空间的位置，然后控制两束激光在空间中运动，使其交点以高于 24 Hz 的频率依次扫描三维图像在空间中的各点；在高速的扫描过程中，被激光交点所照射的介质材料发出红、绿、蓝三基色荧光，三维图像以发光点的形式显现出来；随着发光点的不断增多，整个上转换空间就出现连续稳定不闪烁的彩色三维图像。

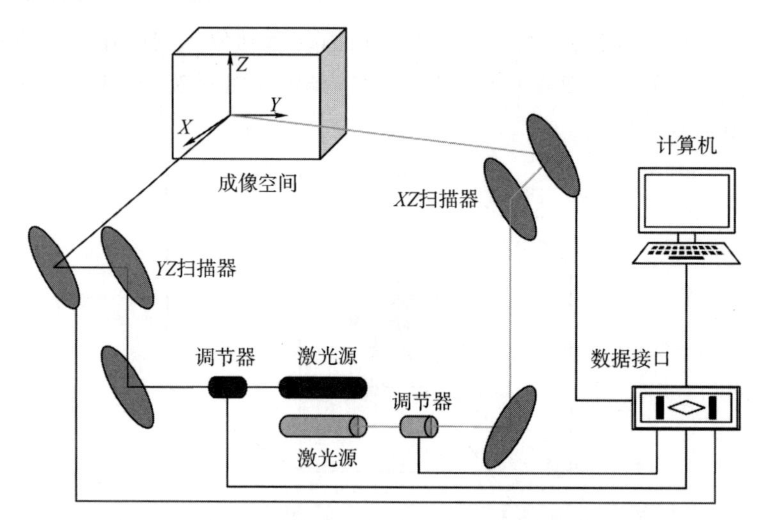

图 7-2-5　基于上转换发光的体三维显示系统结构示意图

上文介绍了基于上转换发光的体三维显示技术的实现原理与相关系统结构。从中可以看出，由于这类系统无须采用任何与平移旋转相关的器件，因而大大提高了系统的稳定性，降低了工作噪声，因此具有相当大的发展潜力。但目前尚无合适的激励源和具有较高转换效率的发光介质。且若体素被串行激活，体素总数不够多就无法准确地表述复杂的图像信息或活动的光点信息。诸多的物理和技术限制使建成的实验装置显示范围小、分辨率低、局限于简单的字母或图形静态显示。因此短期内不易实现大尺寸、高分辨率和高亮度的体三维显示。

以 Downing E.A.为首的实验团队运用该技术进行了较为成功的试验。1997 年，他们使用镨、铒、铥掺杂的氟化物玻璃构成一块立方体，并以此作为成像空间。在不同方向上放置两个激光发射装置，并利用振镜调整发射角度。通过调整激光波长，可使两处激光交汇处的稀土离子进行跃迁并发出可见荧光。由于单束激光为不可见光，并且在成像空间内也不会发生散射，因此单束激光的轨迹得以隐藏。由计算机控制器提供的信号通过驱动放大电路驱动振镜，从而快速控制激光束的偏转；短时间内在成像空间中形成多个荧光点，组成立体图像，从而实现三维显示。

该实验中，固体成像空间的尺寸为 10 cm×10 cm×10 cm。受振镜技术的限制，激光扫描速度具有一定上限，因此可组成稳定立体图像的最大有效体素点数量为 300 个。如果忽略成像空间棱角处的光线折反射问题,那么可观测视角则为全视角。但固态成像空间的制作存在成本及技术问题,所以利用基于固体介质能量跃迁的静态体三维显示技术时在尺寸方面难以实现大幅提升。

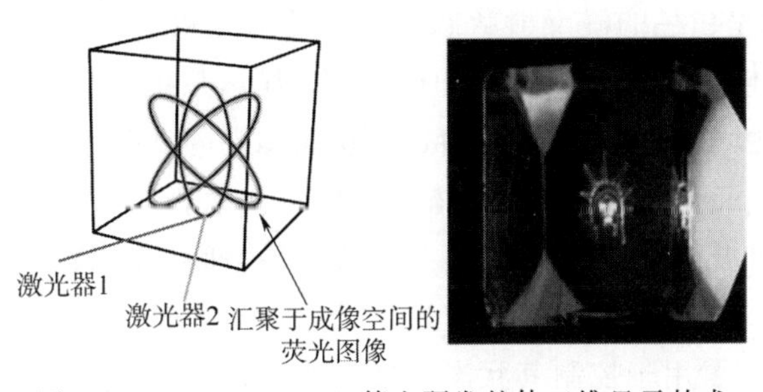

图 7-2-6 Downing E.A.等人研发的体三维显示技术

基于分层屏的体三维显示技术

7.2.3 基于层屏的体三维显示

基于层屏的体三维显示系统使用高速投影机将待显示的三维物体的二维深度截面连续投射到层屏的不同深度位置上,且保证在较短时间内完成在显示体上的一次投影成像,利用人眼的视觉暂留效应,从而获得高度连续的三维图像。这种显示方式是在三维空间内的立体成像,可在显示体前方任意位置进行观看,是一种真三维显示。

如图 7-2-7 所示,基于层屏的体三维显示系统由高速投影机、层屏和控制系统构成。高速投影机采用背投方式,且要求其帧率达到 1 500 Hz,一般采用 DLP 投影机。层屏即层叠显示屏,一般采用液晶散射屏制成。控制系统包括层屏驱动器、计算机和缓冲设备。

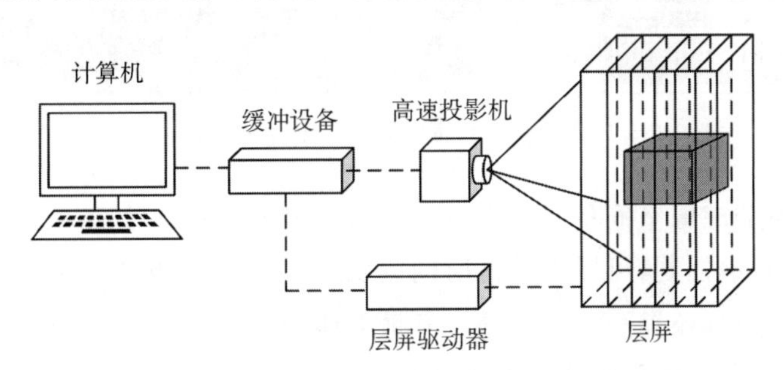

图 7-2-7 基于层屏的体三维显示系统示意图

液晶散射屏具有光开关特性,能够根据施加电压与否在透明与不透明两种状态之间快速切换。投影机将一系列彩色三维图像的二维等深度截面连续投射到层屏上,其中,每帧图像切片都停留在相应深度的层屏处,从而得到均匀有序且正交分布的三维体素阵列,实现真三维显示。

构成层屏的液晶散射屏通常采用 PDLC 来制备,所谓 PDLC,是一种由微米级液晶微滴聚合而成,具有电光响应特性的材料,主要工作在散射态和透明态之间,并具有一定的灰度。在适当的外加电场驱动下,PDLC 将具备光开关特性。

基于层屏的体三维显示系统的层屏设计正是利用了 PDLC 的光开关特性。将多层由 PDLC 制备的液晶散射屏合理堆叠在一起，当对其中某层加电压时，该层的液晶微粒将像百叶窗叶面一样平行于光束传播方向、从而令照射该点的光束透射穿过；不加电压时，该层液晶微粒将呈白色的漫反射状态从而对照射光束进行漫反射，形成一个存在于液晶屏层叠体中的体素。在层屏驱动器的驱动下，显示系统以高于人眼刷新频率的速度在各散射屏上快速地切换显示三维物体截面，从而实现逼真的三维显示。

2004 年，LightSpace 公司基于层屏体三维显示技术研制出了 Depth Cube 三维显示器。该显示器通过堆叠多层平面 LCD 屏幕形成成像空间。LCD 屏幕具有透明和不透明两种状态。其中，透明状态可近似看作透明介质，不透明状态可近似看作反射屏幕。LCD 屏幕连接控制装置用于控制其状态切换。在进行三维显示时，通过改变 LCD 屏幕的状态，使成像空间仅有一块屏幕呈不透明状态，并依次切换；同时通过由 DMD 芯片控制的高速投影设备投射出相应的二维图像，从而实现三维显示。图 7-2-8 为基于平移平面屏的体三维显示技术的示意图。

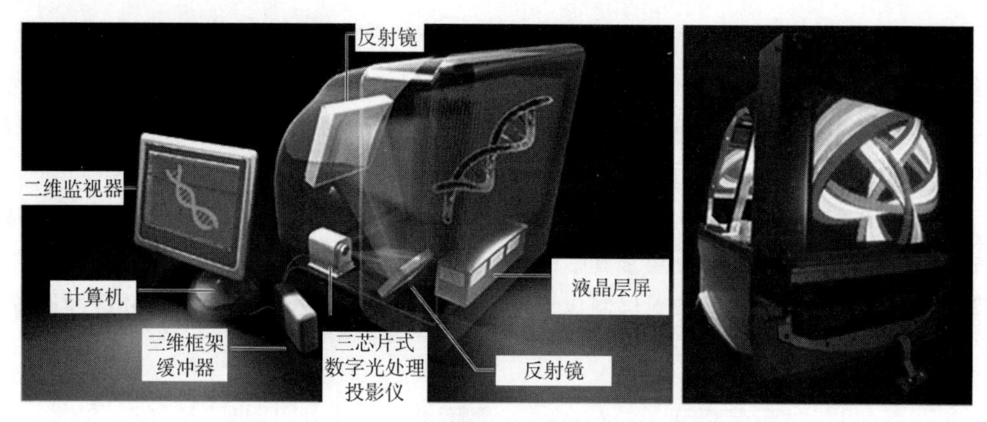

图 7-2-8　基于平移平面屏的体三维显示技术的示意图

该实验中，整个成像空间的尺寸为 15.6 cm×11.8 cm×4.1 cm。由于使用 DMD 芯片进行体素点的显示控制，可以在单位时间内实现多个体素点的生成。这不仅大大增加了最大体素点数，而且还提高了分辨率。其最大体素点数的理论值为 $1\ 024\times748\times20=1.53\times10^{7}$。同时，该显示系统可以进行彩色显示，其色彩深度为 15 bit。由于屏幕无法将图像反射至侧面，所以侧面上没有观察视角。因此，该显示系统的观察视角只有正面。除此之外，这种体三维显示方式在层屏间的亮度不均匀、远离投影机的层屏亮度很低、由二维图像所堆叠而成的三维图像立体感较低。

第8章 近眼3D显示技术

近眼显示（Near Eye Display，NED）也被称为头戴显示（Head-mounted Display，HMD），是实现虚拟现实（Virtual Reality，VR）和增强现实（Augmented Reality，AR）应用的关键技术之一。它的工作原理是利用光学系统将位于人眼附近的微显示器上的图像放大后，准确投射在人眼视网膜上，使得人眼在舒适的可观看范围内观看到微显示器上的图像，进而产生沉浸或现实增强的视觉效果。

近眼显示作为一种新型的显示方式，它的应用越来越广泛。首先在军事领域，近眼显示改善了人机交互形式，在严峻的战场环境中，士兵可以通过近眼显示设备观察外界，第一时间了解自己所处的环境，随时获取重要的作战指令，能够快速准确掌握战场的实时态势。在虚拟演习中，通过佩戴近眼显示设备，再结合VR/AR技术，可以达到降低成本和减少风险的目的。在医疗领域，利用VR技术进行医疗教学观摩，可以近距离观察到专家和导师的实际手术操作手法，提升医学生的实践经验。另外医务人员在近眼显示设备的协助下，能够更加直观地观看到患者体内各个器官的活动以及在手术中的动态变化。基于近眼显示技术的AR/VR应用在医患沟通方面同样可以起到重要的桥梁作用。构建虚拟的器官组织有助于医生更有效地和患者进行病情沟通，讨论治疗方案，并提高患者对康复治疗的信心。在教育领域，近眼显示技术能够使得教育的内容更加丰富，易于掌握。比如利用AR/VR应用可以让学生感受到逼真的三维场景，有利于让学生真实感知知识，提升教育的深度，能够避免枯燥的平面文字带给读者的疲惫感，提高读者对教育内容的认知度，使接受知识的过程充满乐趣。在广告领域，近眼显示作为一项新兴的技术，最大的特点是能够营造一种身临其境或者现实增强的体验，这对于品牌来说，可以掌控用户感知环境中的所见所闻，从而能够传达给用户所有想要传达的信息。而对于消费者而言，则可以直观感受到品牌所要传达的信息。正是如此，利用近眼显示技术展示品牌产品内容越来越受到了市场营销人员的青睐。不仅所述领域，近眼显示正得到越来越多其他领域的关注和应用。

8.1 国内外近眼 3D 显示研究现状

从近眼显示技术的发展历程及当前的应用状况分析可知，近眼显示技术从出现到研究到应用经历了很长的时间。众多的研究都是围绕着提升近眼显示光学系统的视场角(Field of View,FOV)，提升成像清晰度，提升成像分辨率，减少系统体积重量，提供深度线索等方面进行展开。

8.1.1 国内外专利情况

近眼显示技术萌芽于 20 世纪 60～70 年代，在 1973 年至 1993 年的 20 年间，近眼显示技术发展缓慢，每年有少量的相关技术专利申请，且申请主要集中在美国，其中比较有代表性的为美国的 Honeywell 公司 US3787109 近眼显示专利。之后，随着日本以及欧洲国家对这一领域的关注，这些国家的相关专利数也在逐年增加。以佰腾网专利数据库为检索工具，以“near eye display”和“head mounted display”为检索关键词，检索全球各个国家跟地区的发明专利。以检索结果为样本，发现国外近眼显示技术的专利每年的数量以及地区分布如图 8-1-1 所示，截至 2018 年申请已公开专利 20 697 件，并于 2016 年达到了申请量的阶段性顶峰，该年专利申请量为历年之最共计 1 368 件。另外看到美国专利申请量独占鳌头，占据了 49%的最大份额，日本和欧洲分别以 8%和 4%位居第二和第三。中国在这领域属于一个后来者，近几年专利数量快速增长，到 2018 年以占到 3%的市场份额，并有赶超欧洲日本的趋势。

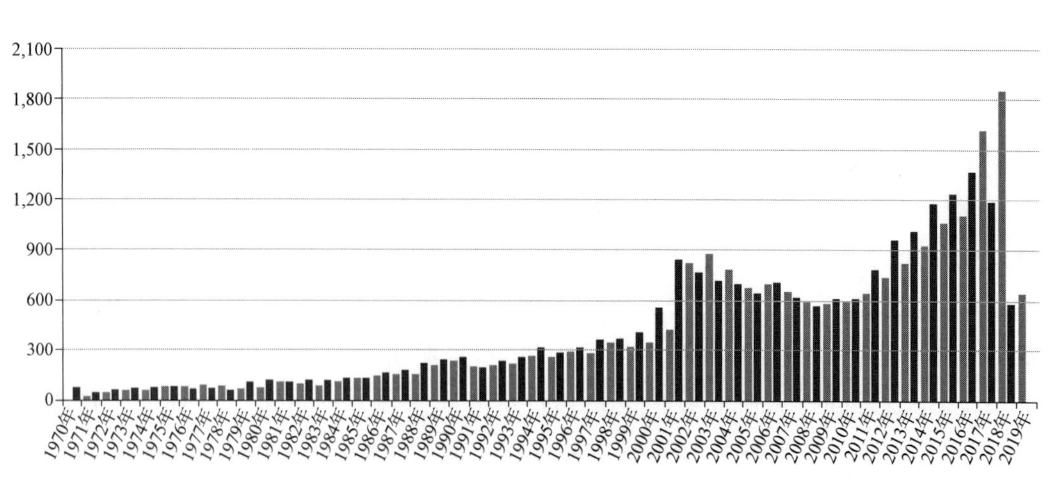

图 8-1-1　近眼显示技术相关发明专利数量趋势图

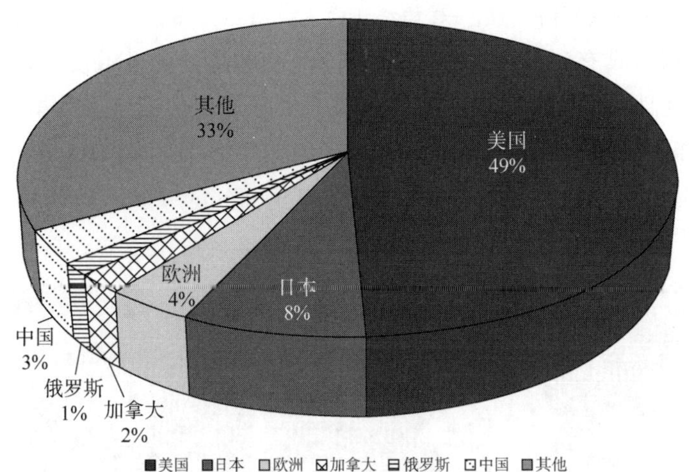

图 8-1-1 近眼显示技术相关发明专利数量趋势图(续)

头戴式近眼显示

8.1.2 近眼显示实现方法和研究现状

国外对于近眼显示技术的研究系统而全面,以麻省理工学院、华盛顿大学、伯克利大学、斯坦福大学为代表,取得了大量的研究成果,也积累了丰富的研究经验。相较于国外,国内对于近眼显示技术的研究起步较晚。但随着国内研究人员对这领域的持续关注及投入,同时借鉴国外的先进技术,在这方面也取了很多不俗的研究成果。一个完整的近眼显示光学系统包含四个部分,分别为:底层显示原理、光学显示结构、光学器件以及内容算法。图 8-1-2 所示为近眼显示光学系统的主要包含内容。

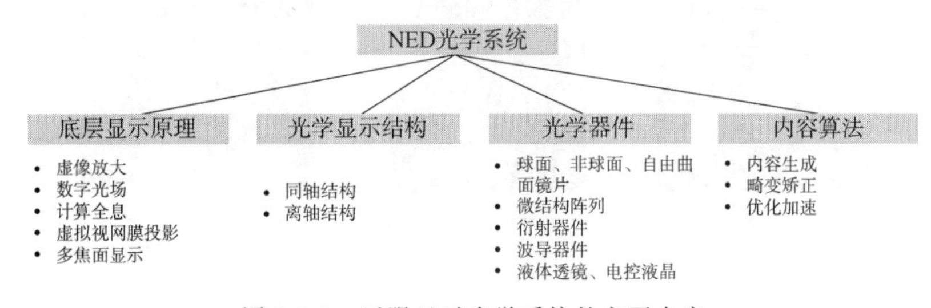

图 8-1-2 近眼显示光学系统的主要内容

本节将近眼显示技术按底层显示原理分为五类:虚像放大显示、近眼数字光场显示、近眼计算全息显示、虚拟视网膜投影以及多焦面显示技术。这里统计了国内外机构对这五类显示方法的研究状况。

1. 虚像放大显示

在 Sutherland 发明了第一款近眼显示设备后,近眼显示技术随后得到关注和发展,第一款近眼显示设备基于的正是虚像放大显示原理,这也是最常见最成熟的近眼显示技术。早在 1973 年,美国就已经开始为军队配备近眼显示设备,这种第一代近眼显示设备性能较为简单，仅能显示目标方位，对角线 FOV 仅有 3°～6°。目前军用的近眼显示设备已经发展到第三代，具有 40°以上的对角线 FOV，采用高分辨显示技术，能够在护目镜上显示全部数据，还能显示夜视设备或者红外成像传感器中的图像。为军队研制专属的基于近眼显示的作战辅助系统的设备制造商以美国的 VIS、Gentex、Kaiser Electronic、法国的 Thales、英国的 BAE Systems、以色列的 Elbit Systems 等公司为代表。图 8-1-3 所示为部分军用的近眼显示设备。

图 8-1-3 部分军用的近眼显示设备

由于虚像放大技术设计简单，可制造性强，因此也是目前民用近眼显示设备最常用的方案。关于这方面的技术，国外主要集中在专利的报道，其中包含同轴目镜式结构、离轴目镜式结构、基于逆反射屏的投影结构、自由曲面棱镜结构、折衍混合结构以及光波导结构等。对于沉浸式系统，一般采用同轴光学结构，设计难度也比其他光学结构要低。图 8-1-4 所示为几个同轴沉浸式系统的示例以及专利。图 8-1-5 所示为采用平面组合镜、曲面组合镜、全息组合镜和光波导组合镜的典型 AR 近眼显示系统。

国内一直跟踪国际头盔显示器的发展前沿，早在 1992 年，中国航空工业总公司第 613 研究所就对全息头盔显示器进行了初步的理论研究并在 1998 年成功研制出了第一台国产化的基于虚像放大原理的近眼显示设备。同样地，国内研制的近眼显示设备一开始也用于军事用途，设备的研制机构以西光集团、上海航旭机载有限公司、北京理工大学和中科院长春光机所为代表。

基于虚像放大原理，南开大学和天津大学分别研制了折-衍混合的近眼显示系统，与传统的折射型系统相比，它们具有更小的尺寸和重量，并能够改善系统的像差。北京理工大学基于自由曲面光学技术做了很多研究工作，包括用自由曲面技术抑制光波导系统中的杂散光，采用同轴反射形式实现了对角线110°的FOV，厚度30 mm的沉浸式光学显示方案，利用镜片拼接的方式实现超过100°对角线视角的现实增强型显示系统。另外，哈尔滨工业大学、西安交通大学、苏州大学、国防科技大学、上海交通大学、装甲兵工程学院、中科院软件所、中科院长春光机所等单位也设计并研制了基于虚像放大原理的近眼显示设备。

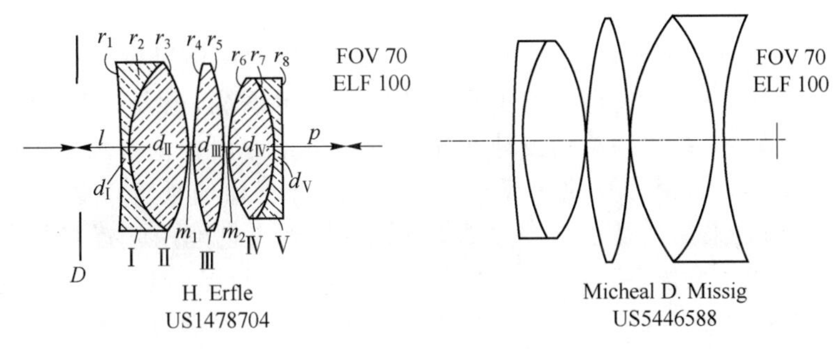

图 8-1-4　沉浸式同轴系统

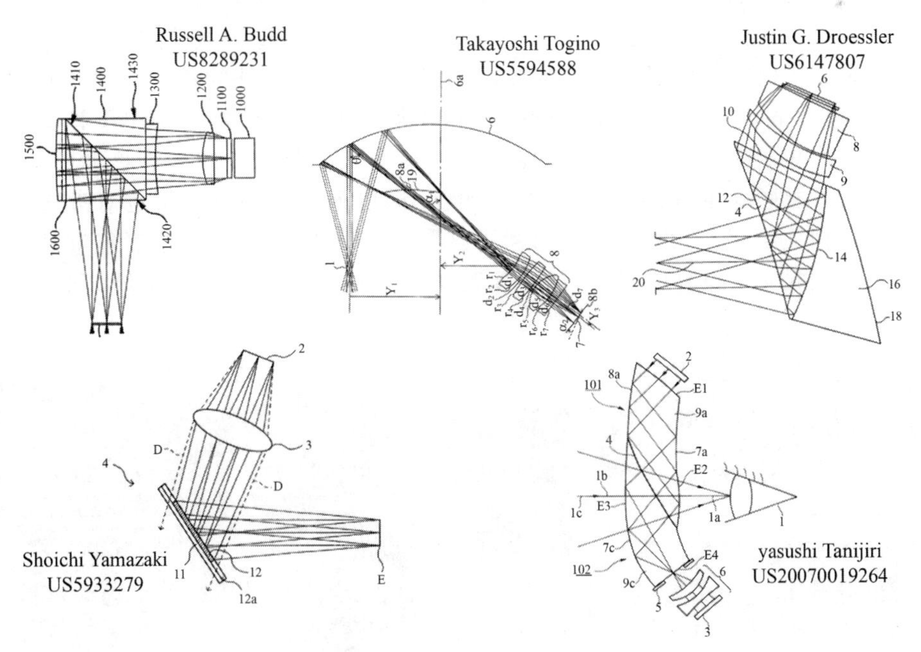

图 8-1-5　不同组合镜形式的典型AR近眼显示系统

虽然虚像放大技术在多年的发展过程中呈现了不同的形式，但都没能得到大规模的普遍应用。除了成本和应用场景之外，其中主要的一个原因是虚像放大技术在实现双目三维显示时不符合人眼自然观看物理世界的特征。虚像放大技术所投射出来的图像是在一个固定的深度平面上的，人眼所感知的立体感是由于左右眼图像的视差引起的。这种方式会引起人眼辐辏与调节之间的矛盾，因此长时间佩戴这类型的设备会造成视觉跟大脑的不适，特别是在视差较大、立体感较强的场景，会引起晕眩恶心等生理反应。为了解决这一问题，需要引入单目的深度线索，也就是说单独给左右眼提供的内容本身就具备了三维纵深的信息。以下的几种近眼显示技术路线能够提供正确的辐辏调节信息。

2. 近眼数字光场显示技术

数字光场显示技术是一种真三维显示技术，其一开始是应用于裸眼 3D 显示领域，随着近眼显示领域中对解决辐辏调节矛盾的迫切需求，数字光场显示技术也被引入到近眼显示领域中。由于数字光场技术能够提供正确的单目深度信息，将这项技术应用于近眼显示设备中同样也能克服辐辏与调节之间的矛盾。

如图 8-1-6～图 8-1-8 所示，Navidia 公司于 2013 年利用微透镜阵列实现了沉浸式的近眼数字光场显示技术，他们构建了完整的原型显示系统，包含对系统的分辨率、视场和景深的定量分析，系统的结构设计和光场图的渲染方法。该系统显示的图像锐度较低。亚利桑那大学和康涅狄格大学于 2014 年结合自由曲面光学以及显微积分方法，通过对真实场景采集大量视差图重建微型 3D 场景来创建用于近眼数字光学系统的 3D 图像源，实现了紧凑、轻量、目镜式的 AR 近眼显示设备，但是显示的内容较为单一。慕尼黑大学的研究人员于 2015 年提出了一种基于机器学习技术的近眼数字光场校正方法，它可以补偿由光学器件引起的真实场景失真，该方法减少了系统误差，显著提高了无交互标定的标定精度。为了提升三维物体的分辨率，我国台湾省的台湾阳明交通大学的学者提出采用时分复用的方式，利用人眼的视觉暂留效应，使得同一个物点发出的多条光线在不同时刻进入瞳孔，该方法需要增加额外的控制器件。麻省理工学院、斯坦福大学、北卡罗纳大学等机构为了最大化利用平面像素，提出了计算光场显示的概念并成功制作相应的原型机，能够有效地提升人眼感知的三维物体的分辨率，但这些方法要求画面本身存在较高的冗余度。国内的北京理工大学也对近眼数字光场技术做了相关研究，于 2018 年提出利用离散的微透镜阵列，让观察者能够从微透镜之间的间距接收真实世界的光线，从而实现透过式的近眼光场数字系统，利用该方式观看真实世界会存在明显的“纱窗效应”。

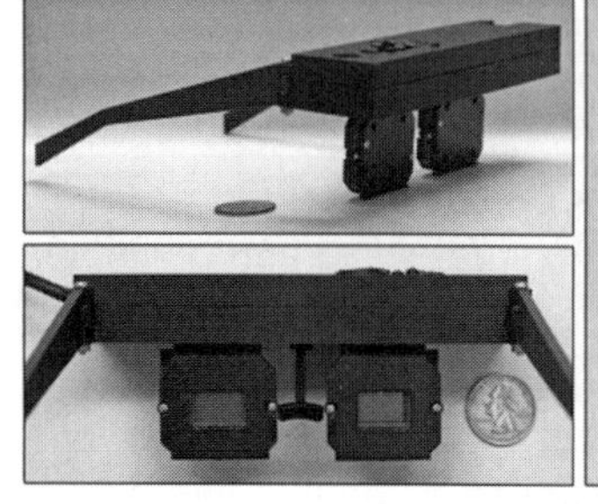

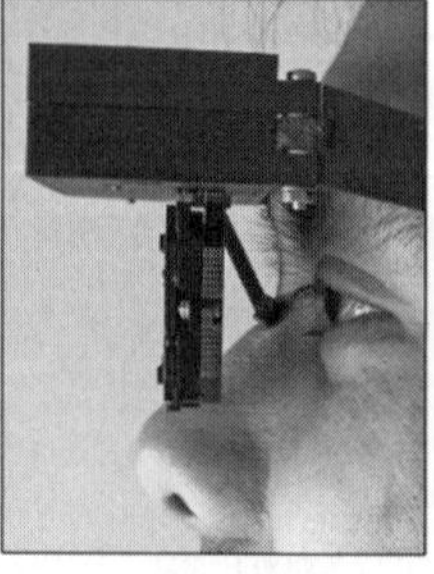

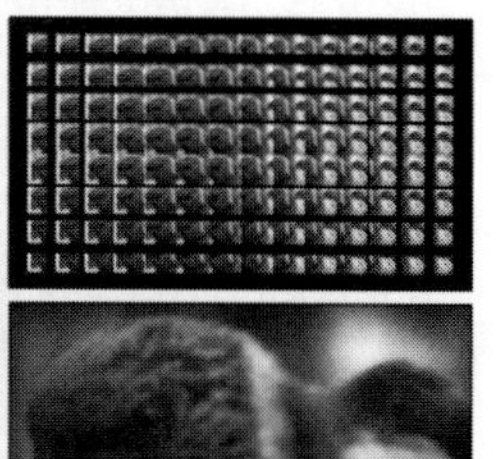

图 8-1-6　沉浸式近眼数字光场（Lanman D. 2013 年）

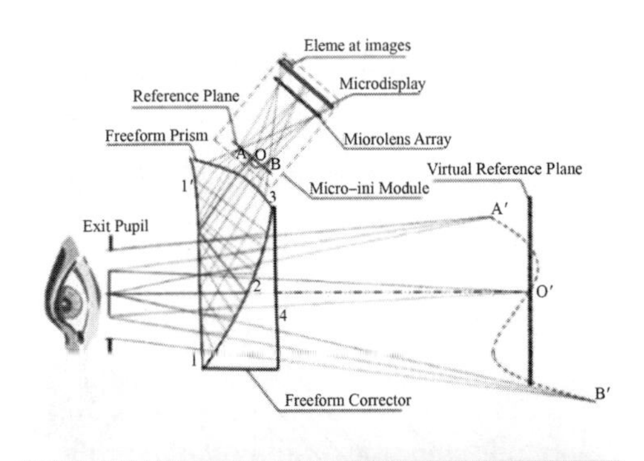

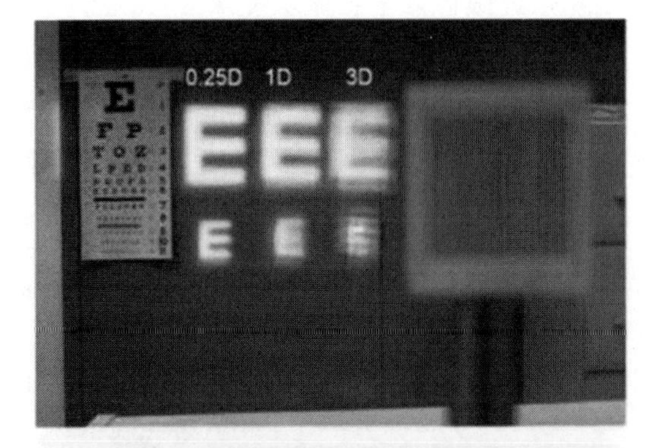

图 8-1-7　透过式近眼数字光场(Hua H. 2014 年)

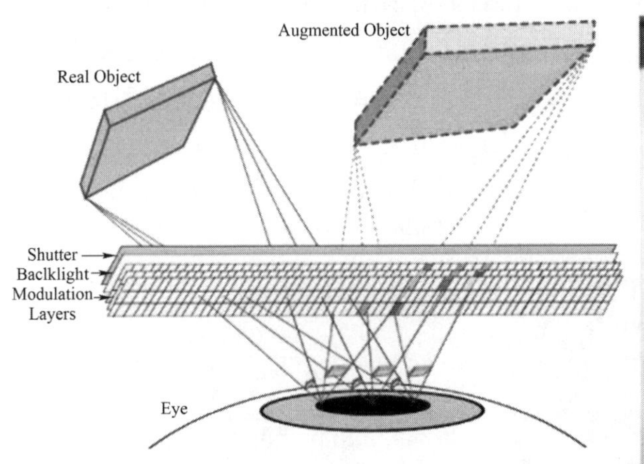

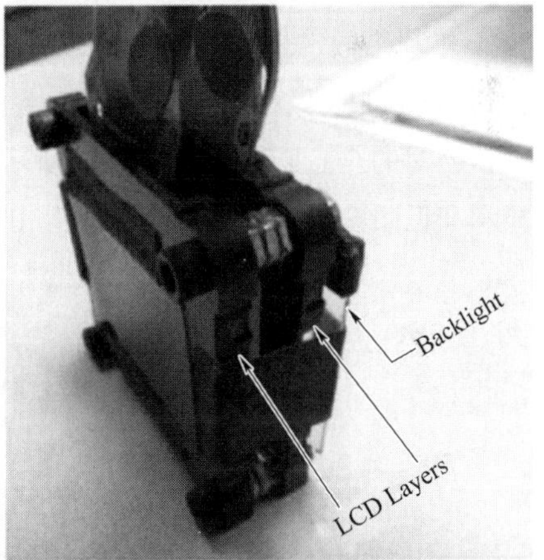

图 8-1-8　基于压缩光场计算的近眼显示系统(Malmone A. 2013 年)

虽然数字光场技术能够实现真三维显示,但其面临分辨率损失和计算量大的问题。因为构建一个物点进入人眼瞳孔的多条光线中每条光线都是由一个像素来产生的,即用多个平面像素点构建一个三维的空间物点。这样就造成了人眼最终感知的三维物体的分辨率低于图像源自身的分辨率。

3. 近眼计算全息显示技术

计算全息跟数字光场技术类似，一开始都是在裸眼 3D 显示领域有所应用，随后也被引进到近眼显示领域，其同样能够实现真三维显示。计算全息技术通过构建虚拟物点的衍射波前信息来重构三维物体。计算全息术同样也能解决辐辏与调节的矛盾，不会损失感知的三维图像的分辨率。传统全息术的原理如图 8-1-9 所示。

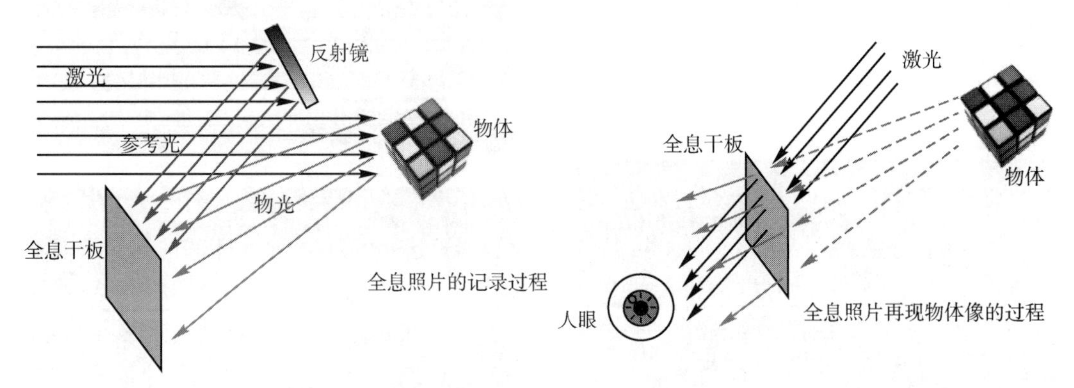

图 8-1-9　传统全息术的原理

剑桥大学的学者提出了基于分层计算的全息图生成算法，分别引入改进编码、多深度融合以及分数法三种方法提升了 4 倍以上的全息图计算效率。韩国的高丽大学和庆北国立大学一起合作研制了一种紧凑型近眼全息三维显示器，该显示器采用三色 RGB 的 LED 光源，并且研究了全彩色全息图像的设计以及与 LED 照明的图像的质量问题。微软公司在 2017 年利用数字全息技术分别实现了彩色轻便 80°视角的沉浸式和光学透过式近眼显示设备，受到了工业界和学术界极大的关注，但其需要借助人眼跟踪系统调整全息图的生成。微软公司的全息眼镜如图 8-1-10 所示。国内的北京邮电大学等高校也在大视角近眼全息显示和近眼全息图生成算法的提升上做了相关研究，但目前仅实现单色图像的显示。

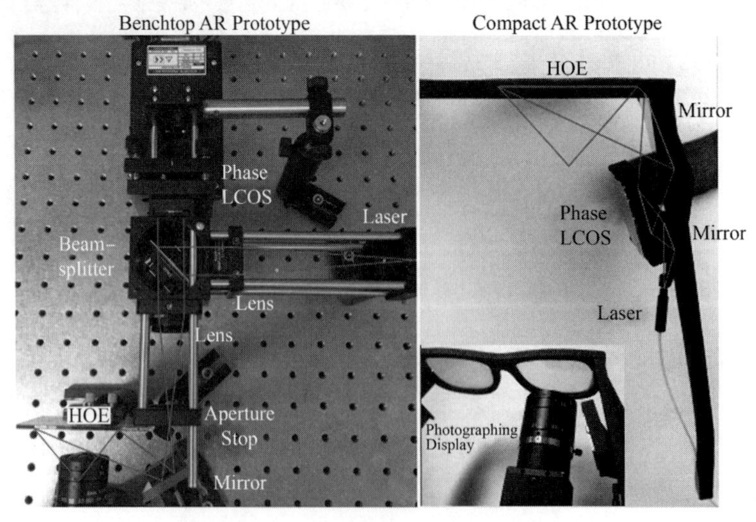

图 8-1-10　微软公司的全息眼镜

在近眼显示技术领域,计算全息术展现了其应用潜力。但是全息图生成的计算量庞大,并且显示画面色彩单一。

4. 虚拟视网膜投影技术

数字光场和计算全息技术都是通过构建三维光场或者物光波信息使得人眼可以在不同深度上选择性对焦。而虚拟视网膜投影技术则采用扩大系统的景深效果来达到人眼在不同调节状态下对图像清晰聚焦的目的。虚拟视网膜投影技术(Virtual Retinal Display,VRD),是基于麦克斯韦观察法(Maxwellian view)的一种显示技术,其可以不考虑人眼的聚焦情况而始终能够在视网膜上呈现清晰可辨别的像,因此这种方式也可以解决辐辏与调节的矛盾。其原理是通过减小整个近眼成像系统的系统光阑的孔径,使得整个系统的景深得到扩展。

基于VRD技术的系统主要包含两个核心结构,一个是细光束产生源,另一个是将细光束汇聚到人眼瞳孔的中心。按图像源的载体区分,主要分有两种:一种是基于小孔成像,另一种是基于激光束扫描。VRD技术原理如图8-1-11所示。

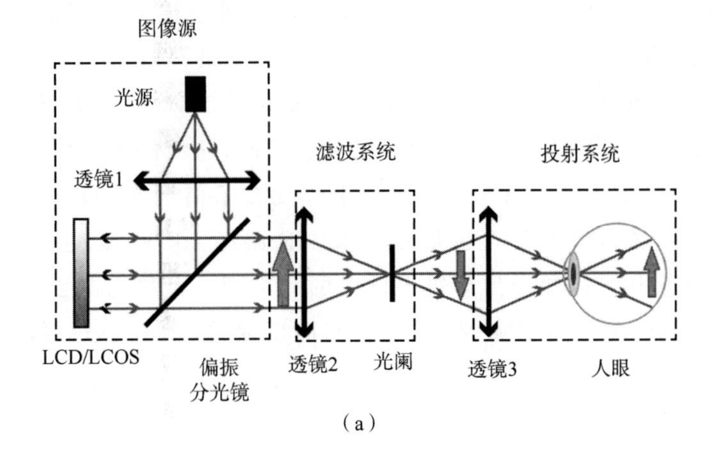

(a)

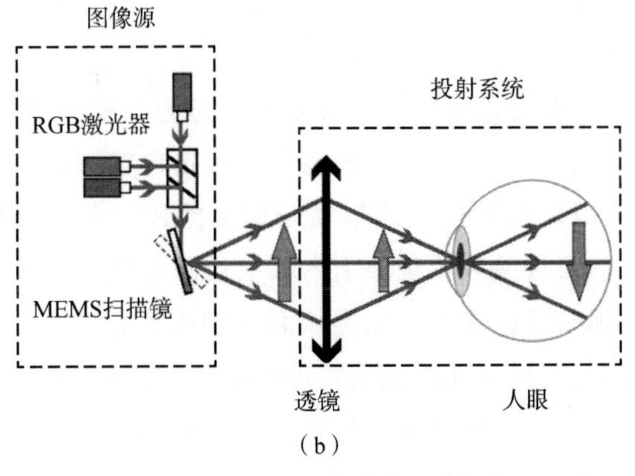

(b)

图8-1-11 VRD技术原理

(a)基于小孔成像;(b)基于激光扫描光束

最早将小孔成像原理用于解决近眼显示中辐辏与调节矛盾的是 Ando 等人，他们于 1998 年做出了第一个基于小孔成像的 VRD 显示器，在他们的系统中将激光相干光源作为准直光，采用 HOE 作为光束的汇聚，并且在 HOE 和 SLM 之间插入了一个滤波系统用于消除光波通过 SLM 像素产生的衍射效应，该系统的光学长度较长。2003 年瑞士可穿戴技术实验室的 Waldkirch 等人采用了部分相干的 LED 作为照明光源，其利用一组小孔来消除衍射效应。他们在 2014 年在系统中插入了一个相位板空间过滤器，增大了系统的景深。日本的三菱机电公司的 Yuuki 等人于 2012 年利用子单元孔径为 0.8 mm 的透镜阵列产生投影的细光束实现不同结构的视网膜投影显示系统。伯克利大学的 Maimone 等人于 2014 年利用了点光源阵列作为 LCD 的背光，实现了一个对角线 110°FOV 的点光源显示系统，但系统存在分辨率低，对比度以及透过率低等问题。

美国的人机界面技术实验室（HIT 实验室）的 Kollin 等人率先开始通过激光束扫描的方式实现 VRD 技术。目前，已有几家公司已经完成了基于视网膜扫描技术的近眼显示显示器原型。于 1993 年从 HIT 实验室独立出来的 Microvision 公司，在 2001 年采用基于微机电系统（Micro Electro Mechanical System，MEMS）的扫描镜进行激光投影，并实现了一个近眼显示显示器原型。2010 年在日本世界博览会上 Brother 公司展示了基于同样技术的 AR 眼镜。然而，这两家公司的产品都未能进行商业化生产。直到 2014 年，Avegant 公司正式发布了借助 VRD 技术的 VR 头盔产品“Glyph”。同年，QD 激光公司也展示了其 AR 眼镜 LEW，眼镜采用 MEMS 扫描镜，RGB 激光模组和自由曲面反射镜。国内的北京理工大学也在 2017 年对 VRD 技术进行了相关研究，利用 MEMS 投影仪和凹面反射镜，实现了双目的 VRD 近眼显示系统。上海交通大学于 2018 年利用 LED 及投射式 LCD 实现了基于 VRD 的 VR 近眼显示系统。

当前，所有的 VRD 近眼显示技术都存在出瞳小、人眼观看位置受限的问题。

5. 多焦面显示技术

虚像放大技术只给人眼提供了一个能够清晰聚焦的深度平面，多焦面显示技术则是通过技术手段根据人眼当时的调节情况，投射相应深度的投影面。这种适时改变投影面的深度能够有效缓解近眼显示设备中的辐辏与调节问题。多焦面显示技术要达到这种效果一般采用两种方式，一种是在系统中引入如电控液晶透镜等可改变光焦度的光学器件，通过电信号或者其他信号改变其光焦度从而改变系统的有效焦距。另一种则是通过改变图像源与镜片之间的距离从而改变系统的物距，使得图像源经过光学系统投射出的虚像距离也会随之改变。1994 年 Shiwa 等人首先在显示设备之间插入一个中继镜头组，然后用步进电动机控制中继镜头在 z 轴的位置，实现了第一个多焦面显示的原型。之后 2005 年 Shibata 等人演示了一个具有类似变焦功能的工作台原型，通过轴向平移安装在微控台上的微显示器，实现了对焦距的控制。北京理工大学于 2008 年和 2010 年报道了基于液体透镜的多焦面显示系统，通过电压控制液体透镜的屈光度，从而实现了近眼显示系统焦距的控制。

多焦面显示技术一般是采取时分复用的方式使得人眼感知多个深度平面的信息，这样可以最大减小系统的整体体积。由于采用时分显示，因此对器件的刷新率要求较高，同时还要实时跟踪人眼的调节情况。多焦面近眼显示技术如图8-1-12所示。

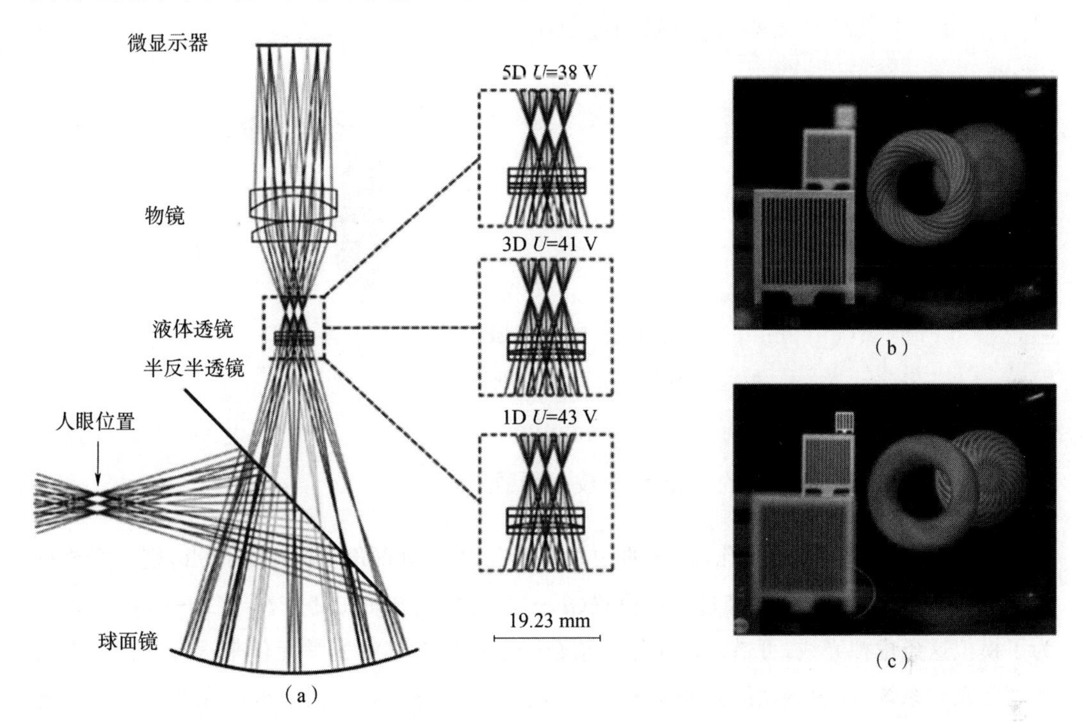

图8-1-12　多焦面近眼显示技术

(a)基于液体透镜的多焦面近眼显示系统及基于动态双焦面的近眼显示效果；

(b)聚焦在近处物体；(c)聚焦在远处物体

8.2　近眼三维系统显示及设计原理

近眼显示技术本质上就是利用一些光学投影方法让人眼看清位于人眼近处的图像源，将位于人眼近处的图像源成像在人眼可正常观看的可视范围内，进而达到虚拟成像的效果。考虑光具有几何性质和波动性质，因此可以利用光的几何特性或者波动特性模拟真实物体进入人眼的光场情况。在显示领域，根据几何光学，光的传播主要表现为光沿直线传播的特性，而根据波动光学理论，光的传播主要表现为依靠衍射进行传播，如图8-2-1所示。

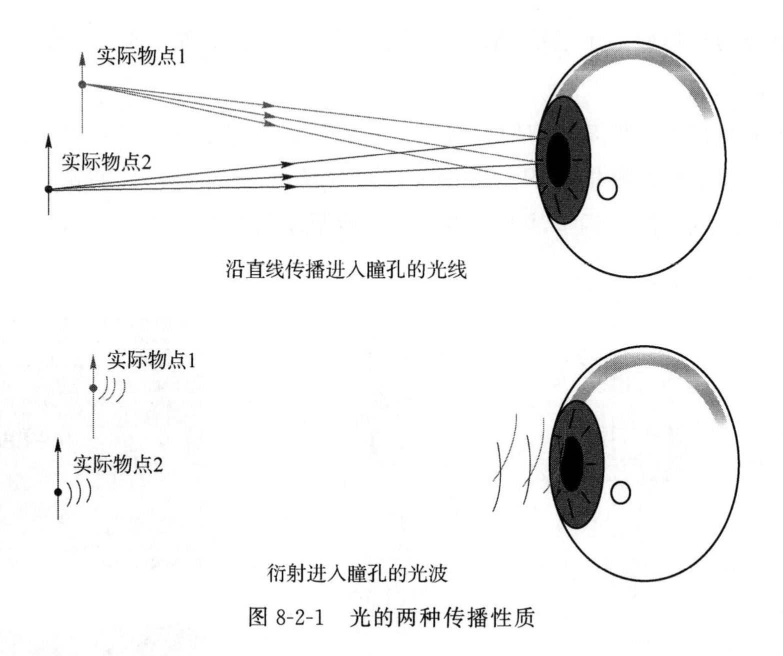

图 8-2-1　光的两种传播性质

8.2.1　基于光沿直线传播的近眼显示技术原理

考虑半径为 r 的人眼瞳孔，瞳孔的中心位于三维空间直角坐标中的原点，则一个坐标位置为(x,y,z)的三维物点经过瞳孔位置$(u,v,0)$的光线方向矢量为 $\boldsymbol{l}_i=(x-u,y-v,z)$，为了模拟这条虚拟光线，可借由发光像素结合透镜或反射镜等光学元件来进行生成。若考虑理想光学系统，理想透镜的光心位置为(l_x,l_y,r_f)，焦距为 f，则模拟的光线应由理想透镜上的$\left[(x-u)\dfrac{r_f}{z},(y-v)\dfrac{r_f}{z},r_f\right]$位置出射，根据理想光学系统的成像规律，该出射光线对应于物方的一条入射光线，其入射高度与出射光线一致，入射的方向矢量为

$$\begin{aligned}\boldsymbol{l}_o&=\left[(x-u)\frac{f}{z},(y-v)\frac{f}{z},\frac{f}{z}\right]-\left[(x-u)\frac{r_f}{z},(y-v)\frac{r_f}{z},r_f\right]\\&=\left(\frac{f-r_f}{z}\right)(x-u,y-v,1)\end{aligned}\tag{8-1}$$

在这个透镜位置相应的方向矢量上的发光像素都可产生对应的入射光线，如图 8-2-2 所示。然而实际上从一个实际物点进入人眼瞳孔的光线有连续无数多条，只需要重建其中离散几条光线，让每条对应的光线的延长线相交于重构目标点的空间位置，并且每条光线的强度与该目标点的强度一致，则可以让人眼感受到对应位置并不存在的虚拟物点。该原理也是数字光场显示技术的基本原理。

若只考虑重构固定深度平面 $z=z_0$ 的物体，利用透镜或者反射镜的成像规律则能够很简单地模拟出该物平面。将位于人眼近处的图像成像在人眼可视范围内，按照高斯成像定律，应将图像源放置于光学投影系统的一倍焦距内并接近系统的焦平面处，此时图

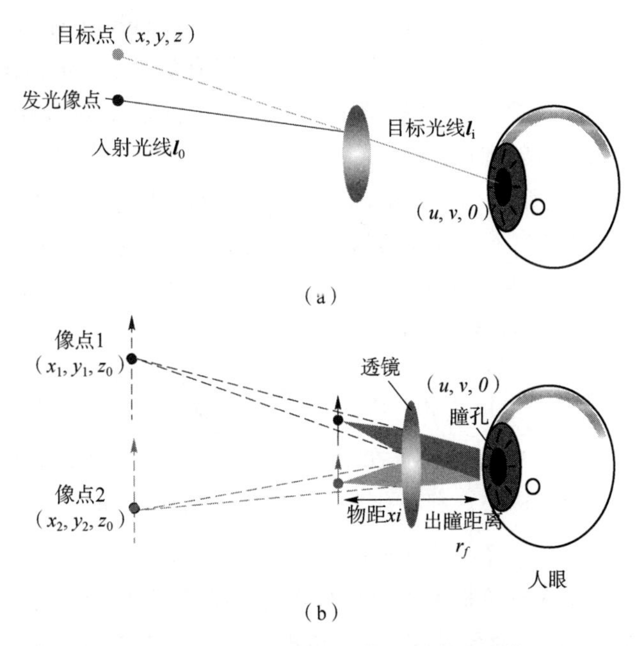

图 8-2-2　基于光沿直线传播的光线重建

(a)重构一条目标光线;(b)固定深度物体的成像

像源经过光学系统后所成的像为放大的虚像，因此这种近眼显示技术被称为虚像放大技术。高斯成像公式也被称为理想成像公式：

$$\frac{1}{x_o}+\frac{1}{x_i}=\frac{1}{f} \tag{8-2}$$

式中，x_o 是图像源到投影系统主平面的距离，x_i 是像面到投影系统主平面的距离，f 是投影系统的有效焦距。这种方式可以不用单独构建每个物点各个方向的光线，因为物平面上各个发光像素经过理想光学系统所成的虚像点已经是该深度平面需要重构的目标点。

随着近眼显示技术的发展，目前已经出现多种多样依靠虚像放大技术的近眼显示设备。对于沉浸式系统，一般采用同轴光学系统，设计难度也比光学透过式系统要低。现有市面上风靡的虚拟现实头盔，则是采用单透镜结合大尺寸屏幕实现100°左右的对角线FOV，系统简单成本低廉。现有的光学透过式近眼显示系统大部分也都采用虚像放大技术。

8.2.2　基于衍射效应的近眼显示技术原理

基于衍射效应的近眼显示技术把物体发出的漫反射光视为由无数的子波源发出的球面光波的波前叠加。球面光波衍射理论一开始由荷兰的物理学家Huygens于1678年提出，后来由Fresnel进行了补充，并提出了著名的惠更斯-菲涅尔原理，其表述为：光波的波前上任何一个未受阻挡的面元，可看成是一个发射频率与入射波一致的波面子波，在其后任意点的光振动，是所有子波叠加的结果。之后 Kirchhoff 对 Huygens 和 Fresnel 的思想融入数学基础，并表明幅度和相位是光波的固有属性。Sommerfeld 通过使用格林函数对 Kirchhoff 的数学表述进行修正，丰富并完善了衍射理论，即瑞利-索末菲(Rayleigh-Sommerfeld)衍射理论。

在基于衍射效应的近眼显示系统中，就是通过模拟物体进入人眼瞳孔的波前从而实现物体的虚拟重建。对于一个待重构的物体，将物体的表面视为由无数个三维空间的子波源构成，每个子波源向前发出球面波。则根据瑞利-索末菲的衍射积分公式，可以得到人眼瞳孔任意一点$(u,v,0)$的光波复振幅信息：

$$C(u,v,0)=\iiint_{\Sigma}A(x,y,z)\frac{z\exp(\mathrm{i}kR)(1-\mathrm{i}kR)}{2\pi R^3}\mathrm{d}x\,\mathrm{d}y\,\mathrm{d}z \tag{8-3}$$

式中，$k=2\pi/\lambda$ 为自由空间中的光波波数，$A(x,y,z)$为重构物体Σ表面空间坐标为(x,y,z)的物点强度。R 为重构物点和瞳孔上取样点之间的距离，即

$$R=\sqrt{(x-u)^2+(y-v)^2+z^2} \tag{8-4}$$

公式(8-3)是标量衍射理论框架中最为精确地描述了特定一点的光波复振幅信息，其中不包含任何的物理近似。通常情况下，此衍射积分并不存在解析解，只能通过数值的方式进行求解，将积分的形式转化为简单求和的方式进行计算。利用此方式能够得到人眼瞳孔需要接受的光波复振幅分布。

基于衍射效应的近眼显示系统就是产生类似的目标复振幅分布，并让人眼正确接受此光波，就能使人感受到实际并不存在的虚拟物体。通常，此虚拟物体的复振幅光波是由一个平面形并具有衍射功能的器件产生的，实际使用的并不是直接进入人眼瞳孔的光波，而是计算出虚拟物体到此衍射平面的光波信息 $C_2(u_h,v_h,d)$，由此衍射器件加载相应的透过率函数，再经由此器件对照明光进行调制衍射，从而产生目标光波进入人眼，如图 8-2-3 所示。

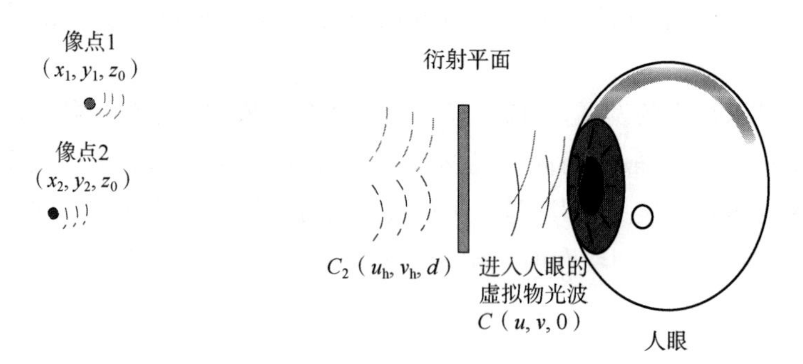

图 8-2-3　构建虚拟物体的衍射光波

通常，人眼瞳孔平面与加载器件平面呈相互平行的关系，两个平面之间距离为 d，将距离公式(8-5)进行幂级数展开，同时保留前两项，得到

$$\sqrt{(u_h-u)^2+(v_h-v)^2+d^2}=d+\frac{(u_h-u)^2}{2d}+\frac{(v_h-v)^2}{2d} \tag{8-5}$$

在近轴近似下，可以得到两个平面之间的衍射场关系，即著名的菲涅尔衍射积分公式为

$$C(u,v,0)=\frac{e^{ikd}}{j\lambda d}\times\iint C_2(u_h,v_h,d)e^{\frac{jk}{2d}[(u_h-u)^2+(v_h-v)^2]}du_h dv_h \tag{8-6}$$

该式可以写成卷积积分的形式，即

$$C(u,v,0)=\iint C_2(u_h,v_h,d)h(u_h-u,v_h-v)du_h dv_h \tag{8-7}$$

其卷积核为

$$h(u,v)=\frac{e^{ikd}}{j\lambda d}e^{\frac{jk}{2d}(u^2+v^2)} \tag{8-8}$$

公式(8-6)可进一步写成傅里叶的变换形式，即

$$C(u,v)=C_2(u_h,v_h)**h(u,v)=\text{FFT}^{-1}\{\text{FFT}\{C_2(u_h,v_h)\}H(k_u,k_v)\} \tag{8-9}$$

式中，$**$ 表示二维卷积，$H(k_u,k_v)$为卷积核的傅里叶表达形式：

$$H(k_u,k_v)=\text{FFT}(h(u,v))=e^{2j\pi(k_u^2+k_v^2)dk} \tag{8-10}$$

通过傅里叶变换式，两个相互平行的平面之前的光波复振幅分布可以进行相互转换。利用公式(8-3)和公式(8-7)，即可求得衍射平面需要加载的光波复振幅形式，人眼通过接受该衍射平面发出的衍射光波从而观察到构建的虚拟物体。

8.2.3 光学系统波像差理论

由上节分析可知，近眼显示系统的实现依靠于光学器件对光的控制作用，近眼显示光学系统本质上属于目视系统，由于其应用的场景主要是在VR和AR领域，因此造成了近眼显示光学系统与普通的目镜有许多不同的要求，如大FOV、体积重量、眼盒大小等。近眼显示技术是利用光学系统来达到成像的目的，光学系统的性能直接决定了最终的显示质量。上节中所涉及的近眼显示系统的实现原理是基于理想光学系统。理想的光学系统是指物方空间中任意物点发出的光线经过这个系统之后能够完美地在像方空间上会聚成一点，然而理想光学系统在实际中并不存在，不存在一个光学系统能够让每个物点完美成像。实际中光学系统的成像效果与理想像(近轴区域成像)之间的偏差被称为像差。光学系统的设计就是在满足各项指标的情况下，尽可能地减少像差，近眼显示光学系统也同样如此。为了更好地给近眼显示系统的设计提供指导，本节内容从矢量像差理论出发，分析同轴跟离轴系统中存在的像差类型，为后续章节的光学系统设计提供理论依据。

矢量像差理论是从传统的同轴像差理论基础上发展而来，由于同轴的近眼显示系统很难兼容大FOV与轻便的要求，因此有许多研究人员提出采用离轴的光学系统来实现近眼显示，特别是针对光学透过式的近眼显示系统。离轴的光学系统可以通过光学器件的偏心和倾斜来矫正像差，同时还具备有效抑制杂光、布局多样的特点，因此这种设计能够保证近眼显示系统结构的紧凑、参数的合理以及性能的达标。然而传统的同轴像差理

论无法分析光学系统中元件的偏心和倾斜所造成的影响，对于离轴的光学系统，需要借助矢量像差理论进行分析。

矢量像差理论是由 Shack 在 Hopkins 和 Burchroeder 两人的工作基础上提出的，其原本是为了分析同轴系统在装配失调与像差之间的关系，后来国内外一些研究人员对矢量像差理论进行深入并拓展，将其应用到了离轴光学系统的设计中。与同轴像差相比，离轴的像差并没有增加新的类型，而是出现了新的特性。矢量像差理论并不是为了单纯计算某种类型像差的大小，而在于帮助设计人员研究在系统引入离轴旋转量之后的像差变化趋势。

一个物体在物方空间发出的光波经由光学系统的折射、反射或者衍射作用后，到达像方空间，由于光学系统像差的存在，实际出射的波面与理想的波面会存在一定的偏差。在近眼显示系统的设计中，若以出瞳作为参考平面，则系统的波像差为实际波面与理想波面到达出瞳处的光程差。本节采用如图 8-2-4 中所示的坐标系进行参数定义，$\boldsymbol{H}$ 为物方归一化视场矢量，θ 为物方视场极坐标方位角，$\boldsymbol{\rho}$ 为归一化出瞳半径矢量，ϕ 为出瞳面上的方位角。

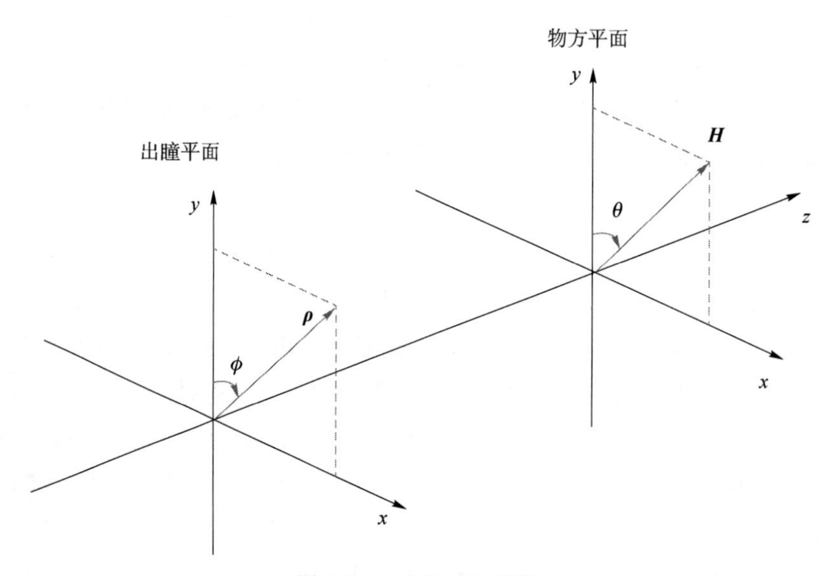

图 8-2-4　坐标系示意图

因此，物平面上任一视场的坐标可表示：

$$\boldsymbol{H}=H\mathrm{e}^{\mathrm{i}\theta} \tag{8-11}$$

出瞳面上任意一点的孔径坐标可表示为

$$\boldsymbol{\rho}=\rho\mathrm{e}^{\mathrm{i}\phi} \tag{8-12}$$

通常对于同轴旋转对称系统，波像差的标量形式可用以下的幂级数展开式表示：

$$W(H,\rho,\phi)=\sum_{j}\sum_{p=0}^{\infty}\sum_{n=0}^{\infty}\sum_{m=0}^{\infty}(W_{klm})_{j}H^{k}\rho^{l}\cos^{m}\phi \tag{8-13}$$

且$\begin{cases}k=2p+m\\l=2n+m\end{cases}$。其中，$(W_{klm})_j$ 为第 j 个光学表面上某种类型像差所对应的像差系数。

由表达式可知，同轴旋转对称系统的像差关于旋转轴对称，并且与视场有较大的相关性。为了分析光学系统中元器件的偏心及旋转带来的像差特性，需将公式(8-13)中的H、ρ替换成图8-2-4所示的矢量形式$\boldsymbol{H}$、$\boldsymbol{\rho}$。当物方视场平面与出瞳面平行时，假定将两平面进行重叠，则归一化视场矢量$\boldsymbol{H}$与归一化出瞳半径矢量之间的点乘为

$$\boldsymbol{H} \cdot \boldsymbol{\rho} = H\rho\cos(\theta - \phi) \tag{8-14}$$

由此，同轴旋转对称光学系统的波前像差矢量表达形式为

$$\begin{aligned} W &= W\{(\boldsymbol{H} \cdot \boldsymbol{H}), (\boldsymbol{\rho} \cdot \boldsymbol{\rho}), (\boldsymbol{H} \cdot \boldsymbol{\rho})\} \\ &= \sum_{j}\sum_{p=0}^{\infty}\sum_{n=0}^{\infty}\sum_{m=0}^{\infty} (W_{klm})_j (\boldsymbol{H} \cdot \boldsymbol{H})^p (\boldsymbol{\rho} \cdot \boldsymbol{\rho})^n (\boldsymbol{H} \cdot \boldsymbol{\rho})^m \\ &= \sum_{j}\sum_{p=0}^{\infty}\sum_{n=0}^{\infty}\sum_{m=0}^{\infty} (W_{klm})_j H^{2p}\rho^{2n}\cos^m(\theta - \phi) \end{aligned} \tag{8-15}$$

对于同轴旋转对称光学系统，有$\theta=0$，所以公式(8-15)与波前像差的标量表达形式公式(8-13)一致，可以说明Hopkins的标量表达形式是矢量表达形式的一个特例。

对于偏心离轴旋转系统，由于元件的偏心与倾斜，会引起像面上像差场的偏移。为了表征这些偏移带来的影响，引入像差场偏移矢量$\boldsymbol{\sigma}_j$用以表示第j个光学表面因为离轴和旋转引起的像差相对于理想像面(高斯像面)中心的偏移，定义有效视场矢量为

$$\boldsymbol{H}_{Aj} = \boldsymbol{H} - \boldsymbol{\sigma}_j \tag{8-16}$$

图8-2-5为像差场偏移矢量与有效视场矢量之间的关系。

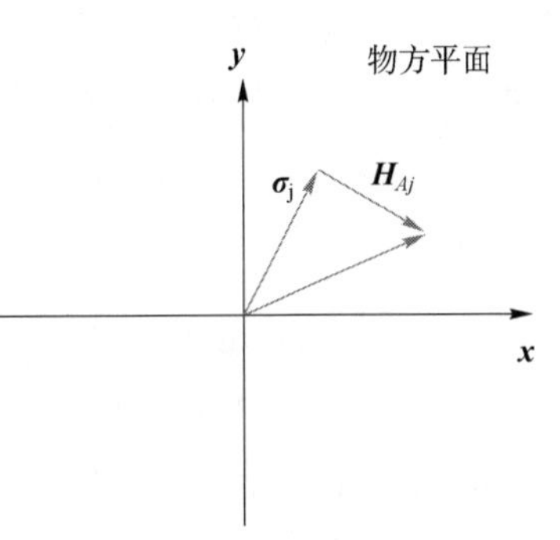

图8-2-5　有效视场矢量与像差场偏心矢量关系示意图

根据波像差的矢量表达形式(8-15)以及有效视场矢量公式(8-16)，得到离轴光学系统的矢量像差表达形式为

$$\begin{aligned} W = &\sum_{j}\sum_{p=0}^{\infty}\sum_{n=0}^{\infty}\sum_{m=0}^{\infty} (W_{km})_j (\boldsymbol{H}_{Aj} \cdot \boldsymbol{H}_{Aj})^p (\boldsymbol{\rho} \cdot \boldsymbol{\rho})^n (\boldsymbol{H}_{Aj} \cdot \boldsymbol{\rho})^m \\ &+ \sum_{j}\sum_{p=0}^{\infty}\sum_{n=0}^{\infty}\sum_{m=0}^{\infty} (W_{klm})_j [(\boldsymbol{H} - \boldsymbol{\sigma}_j) \cdot (\boldsymbol{H} - \boldsymbol{\sigma}_j)]^p (\boldsymbol{\rho} \cdot \boldsymbol{\rho})^n [(\boldsymbol{H} - \boldsymbol{\sigma}_j) \cdot \boldsymbol{\rho}]^m \end{aligned} \tag{8-17}$$

由公式可得离轴旋转光学系统的初级像差表达式为

$$\begin{aligned} W = &\Delta W_{20}(\boldsymbol{\rho} \cdot \boldsymbol{\rho}) + \Delta W_{11}(\boldsymbol{H} \cdot \boldsymbol{\rho}) + \sum_j W_{040j}(\boldsymbol{\rho} \cdot \boldsymbol{\rho})^2 \\ &+ \sum_j W_{131j}[(\boldsymbol{H} - \boldsymbol{\sigma}_j) \cdot \boldsymbol{\rho}](\boldsymbol{\rho} \cdot \boldsymbol{\rho}) + \sum_j W_{222j}[(\boldsymbol{H} - \boldsymbol{\sigma}_j) \cdot \boldsymbol{\rho}]^2 \\ &+ \sum_j W_{220j}[(\boldsymbol{H} - \boldsymbol{\sigma}_j) \cdot (\boldsymbol{H} - \boldsymbol{\sigma}_j)](\boldsymbol{\rho} \cdot \boldsymbol{\rho})(\boldsymbol{\rho} \cdot \boldsymbol{\rho}) \\ &+ \sum_j W_{311j}[(\boldsymbol{H} - \boldsymbol{\sigma}_j) \cdot (\boldsymbol{H} - \boldsymbol{\sigma}_j)][(\boldsymbol{H} - \boldsymbol{\sigma}_j) \cdot \boldsymbol{\rho}] \end{aligned} \tag{8-18}$$

在波像差矢量公式中，$(W_{klm})_j$ 同样表示为第 j 个光学表面上某种类型像差所对应的像差系数，其数值不受光学元件的离轴旋转影响；其中第一、二项的系数 ΔW_{20} 和 ΔW_{11} 分别为离轴和倾斜因子，用于表征其带来的系统像差。这样一来，离轴旋转的光学系统初级像差就能够完整地表述。其中的第三项为初级球差，第四项为初级彗差，第五项为初级像散，第六项为初级场曲，最后一项为初级畸变。

由于公式中第三项球差项不含视场矢量，可以看出系统的初级球差与归一化

视场矢量 $\boldsymbol{H}$ 无关，这也说明了光学系统的球差不受元件的偏心旋转影响。将第四项初级彗差项改写成：

$$\begin{aligned} W &= \sum_j W_{131j}[(\boldsymbol{H}-\boldsymbol{\sigma}_j)\cdot\boldsymbol{\rho}](\boldsymbol{\rho}\cdot\boldsymbol{\rho}) \\ &= \left[\left[\left(\sum_j W_{131j}\boldsymbol{H}\right)-\left(\sum_j W_{131j}\,\boldsymbol{\sigma}_j\right)\right]\cdot\boldsymbol{\rho}\right](\boldsymbol{\rho}\cdot\boldsymbol{\rho}) \\ &= W_{\text{linear}}+W_{\text{const}} \end{aligned} \tag{8-19}$$

式中，第一个叠加项 W_{linear} 表示系统处于同轴状态时的慧差，并且此项随着矢量视场的变化呈线性变化关系；第二个叠加项为所有光学表面的像差场唯一矢量 $\boldsymbol{\sigma}_j$ 与其所贡献的彗差的加权总和，为一常数项：

$$\boldsymbol{A}_{131}=\sum_j W_{131j}\,\boldsymbol{\sigma}_j \tag{8-20}$$

对公式(8-19)进行整理，可得

$$W=W_{131}[(\boldsymbol{H}_{131}-\boldsymbol{a}_{131})\cdot\boldsymbol{\rho}](\boldsymbol{\rho}\cdot\boldsymbol{\rho})=W_{131}(\boldsymbol{H}_{131}\cdot\boldsymbol{\rho})(\boldsymbol{\rho}\cdot\boldsymbol{\rho}) \tag{8-21}$$

式中$\begin{cases}\boldsymbol{a}_{131}=\boldsymbol{A}_{131}/W_{131}\\ \boldsymbol{H}_{131}=\boldsymbol{H}-\boldsymbol{a}_{131}\end{cases}$。由公式(8-21)可知，离轴旋转的光学系统的慧差仍与视场保持线性关系，但是在这种情况下，彗差为零的视场点则偏离了像面的中心，相比于同轴系统偏移了 $\boldsymbol{a}_{131}$，并且从数学角度分析，这样的系统无论光学器件数量为多少，其初级彗差为零的节点只存在一个。

关于第五项像散，对于离轴旋转的光学系统，像散的值是相对于中间焦平面进行度量的。变换之后的像散表达式为

$$W=\frac{1}{2}W_{222}[(\boldsymbol{H}-\boldsymbol{a}_{222})]\cdot\boldsymbol{\rho}^2=\frac{1}{2}W_{222}[(\boldsymbol{H}_{222}^2+\boldsymbol{b}_{222}^2)]\cdot\boldsymbol{\rho}^2 \tag{8-22}$$

式中，归一化矢量 $\boldsymbol{a}_{222}=\dfrac{\sum_j W_{222j}\,\boldsymbol{\sigma}_j}{W_{222}}$，$\boldsymbol{b}_{222}^2=\dfrac{\sum_j W_{222j}\boldsymbol{\sigma}_j^2-\sum_j W_{222j}\boldsymbol{\sigma}_j}{W_{222}}$。

令公式(8-22)中的 $W=0$，则可求出相对于中心焦平面的零像散位置节点为

$$\boldsymbol{H}=\boldsymbol{a}_{222}\pm\mathrm{i}\boldsymbol{b}_{222} \tag{8-23}$$

由此可知，一般情况下，离轴旋转的光学系统的零像散节点会有两个，被称为双节点像散。对于同轴旋转对称系统，系统的像散随着视场的平方呈正比关系，且是关于像面中心旋转对称。而对于离轴旋转系统，由于像散中心点不再位于像面中心，而是分布在 $\boldsymbol{a}_{222}$ 矢量的两侧。

根据公式(8-18)中的第一项离焦项以及第六项场曲项，可求得离轴旋转系统关于中间像散焦面的场曲为

$$
\begin{aligned}
-\Delta W_{20} &= W_{220}[(\boldsymbol{H}-\boldsymbol{a}_{220M})(\boldsymbol{H}-\boldsymbol{a}_{220M})+b_{220M}] \\
&= W_{220M}[(\boldsymbol{H}_{220M}\cdot\boldsymbol{H}_{220M})+b_{220M}]
\end{aligned}
\tag{8-24}
$$

式中，归一化矢量 $\boldsymbol{a}_{220M}=\dfrac{\sum_j W_{222Mj}\boldsymbol{\sigma}_j}{W_{220M}}$，$\boldsymbol{b}_{222}^2=\dfrac{\mathring{a}_j W_{222Mj}\sigma_j^2}{W_{220M}}-\boldsymbol{a}_{220M}\times\boldsymbol{a}_{220M}$。由公式中可以得知，其中的第一项说明离轴旋转光学系统的中间焦平面仍然是关于视场平方的二次曲面，但是该焦平面的中心不再是像面中心，焦平面中心的横向偏移是由归一化矢量 $\boldsymbol{a}_{220M}$ 决定，纵向偏移是由 $W_{220M}b_{220M}$ 所决定。

对于公式(8-18)中的最后一项，其表示系统的初级畸变，与视场的三次方相关。由于畸变并不影响成像的清晰度，而是令图像产生变形，可使用横向像差替代畸变进行分析。横向像差的数值等于波像差的梯度，即

$$
(n'u')\boldsymbol{\varepsilon}=\nabla W \tag{8-25}
$$

则，用横向像差表示畸变的归一化形式为

$$
\begin{aligned}
(n'u')\boldsymbol{\varepsilon} &= \Delta W_{11}\boldsymbol{H}+W_{311}\{[(\boldsymbol{H}-\boldsymbol{a}_{311}^2)^2+\boldsymbol{b}_{311}^2](\boldsymbol{H}-\boldsymbol{a}_{311})^* \\
&\quad +[2b_{311}\boldsymbol{H}-(\boldsymbol{c}_{311}-\boldsymbol{b}_{311}^2\boldsymbol{a}_{311}^*)]\}
\end{aligned}
\tag{8-26}
$$

式中，归一化矢量为 $\boldsymbol{a}_{311}=\dfrac{\sum\limits_j W_{311}\boldsymbol{\sigma}_j}{W_{311}}$，$\boldsymbol{c}_{311}=\dfrac{\sum\limits_j W_{311j}(\boldsymbol{\sigma}_j\cdot\boldsymbol{\sigma}_j)\boldsymbol{\sigma}_j}{W_{311}}-(\boldsymbol{a}_{311}\cdot\boldsymbol{a}_{311})\boldsymbol{a}_{311}$；

$\boldsymbol{b}_{311}=\dfrac{\sum\limits_j W_{311j}(\boldsymbol{\sigma}_j\cdot\boldsymbol{\sigma}_j)}{W_{311}}-\boldsymbol{a}_{311}\cdot\boldsymbol{a}_{311}$，$\boldsymbol{b}_{311}^2=\dfrac{\sum\limits_j W_{311j}\boldsymbol{\sigma}_j^2}{W_{311}}-\boldsymbol{a}_{311}^2$，向量 $\boldsymbol{a}$ 跟 $\boldsymbol{a}^*$ 互为共轭关系。

可见，畸变是公式里头最复杂的一项。为了进一步简化，引入参数 ΔW_{11} 用于表征像面倾斜引起的像移，则表达式(8-26)可变换为

$$
(n'u')\boldsymbol{\varepsilon}=W_{311}[(\boldsymbol{H}_{311}^2+\boldsymbol{b}_{311}^2)\boldsymbol{H}_{311}^*]+W_{111E}\boldsymbol{H}_{111E} \tag{8-27}
$$

式中，$W_{111E}=\Delta W_{11}+2W_{311}b_{311}$；$\boldsymbol{a}_{111E}=W_{311}/W_{111E}\cdot(\boldsymbol{c}_{311}-\boldsymbol{b}_{311}^2\boldsymbol{a}_{311}^*)$；$\boldsymbol{H}_{311}=\boldsymbol{H}-\boldsymbol{a}_{311}$；$\boldsymbol{H}_{111E}=\boldsymbol{H}-\boldsymbol{a}_{111E}$。$W_{311}$ 跟 W_{111E} 相互独立。公式中 $W_{111E}\boldsymbol{H}_{111E}$ 是由像面倾斜引起的，公式中通过归一化矢量 $\boldsymbol{a}_{111E}$ 可求得第一个畸变为零的节点；对于三阶项 $W_{311}[(\boldsymbol{H}_{311}^2+\boldsymbol{b}_{311}^2)\boldsymbol{H}_{311}^*]$，令 $\boldsymbol{H}_{311}^2+\boldsymbol{b}_{311}^2=0$ 可求得另外两个畸变为零的节点，分别为 $\boldsymbol{H}_{311}+\mathrm{i}\boldsymbol{b}_{311}$ 和 $\boldsymbol{H}_{311}-\mathrm{i}\boldsymbol{b}_{311}$；再令 $W_{311}\boldsymbol{H}_{311}^*=0$ 可再得到第四个畸变为零的节点，为 $\boldsymbol{H}_{311}+\boldsymbol{a}_{311}$；后面求得的三个节点处在同一直线上，且均为系统的畸变造成的。

根据以上矢量波像差理论分别对同轴旋转对称光学系统和离轴光学系统进行分析，发现光学系统在引入光学元件的离轴及倾斜量之后，会造成像差与同轴旋转系统存在很大的不同。其不同之处可以用表8-1进行总结。

表 8-1　同轴旋转对称系统与离轴光学系统像差特性对比

	相同点	不同点
初级球差	与视场无关	—
初级彗差	与视场是线性关系	同轴系统零彗差点在像面中心，离轴系统不在中心
初级像散	与视场二次方成正比	同轴系统一个零像散点在像面中心，离轴系统有两个不在中心的零像散点
初级场曲	中间焦平面为视场矢量的二次曲面	同轴系统中间焦平面顶点在像面中心，离轴系统不在中心
初级畸变	与视场矢量的三次方相关	离轴系统有三个共线的三阶零畸变点

因此可见，离轴光学系统相比于同轴光学系统在性质上有很大的不同，离轴光学系统每个元器件的表面的像差场在像面的位置分布各不相同，很难找到共性的像差校正视场。对于离轴光学系统的设计，相邻两个很接近的视场可能表现的像差分布差异很大，因此无法用特定某一视场来进行优化设计，需要选择尽可能多的视场来进行像差的校正，以综合衡量整个系统的光学成像性能优劣。

另外，在设计大视场离轴光学系统时，仅仅校正初级像差已无法满足设计的需求。因此还要考虑到高级像差所带来的成像影响，例如倾斜球差、椭球彗差以及五次像散等。对于高级像差，本节对波矢量像差表达式(8-15)进行扩展到六阶项，如下式所示：

$$
\begin{aligned}
W = &\Delta W_{20}(\boldsymbol{\rho}\cdot\boldsymbol{\rho}) + \Delta W_{11}(\boldsymbol{H}\cdot\boldsymbol{\rho}) + \sum_j W_{040j}(\boldsymbol{\rho}\cdot\boldsymbol{\rho})^2 \\
&+ \sum_j W_{131j}[(\boldsymbol{H}-\boldsymbol{\sigma}_{\mathrm{j}})\cdot\boldsymbol{\rho}](\boldsymbol{\rho}\cdot\boldsymbol{\rho}) + \sum_j W_{222j}[(\boldsymbol{H}-\boldsymbol{\sigma}_{\mathrm{j}})\cdot\boldsymbol{\rho}]^2 \\
&+ \sum_j W_{220j}[(\boldsymbol{H}-\boldsymbol{\sigma}_{\mathrm{j}})\cdot(\boldsymbol{H}-\boldsymbol{\sigma}_{\mathrm{j}})](\boldsymbol{\rho}\cdot\boldsymbol{\rho})(\boldsymbol{\rho}\cdot\boldsymbol{\rho}) \\
&+ \sum_j W_{311j}[(\boldsymbol{H}-\boldsymbol{\sigma}_{\mathrm{j}})\cdot(\boldsymbol{H}-\boldsymbol{\sigma}_{\mathrm{j}})][(\boldsymbol{H}-\boldsymbol{\sigma}_{\mathrm{j}})\cdot\boldsymbol{\rho}] \\
&+ \sum_j W_{060j}(\boldsymbol{\rho}\cdot\boldsymbol{\rho})^3 + \sum_j W_{151j}[(\boldsymbol{H}-\boldsymbol{\sigma}_{\mathrm{j}})\cdot\boldsymbol{\rho}](\boldsymbol{\rho}\cdot\boldsymbol{\rho})^2 \\
&+ \sum_j W_{240j}[(\boldsymbol{H}-\boldsymbol{\sigma}_{\mathrm{j}})\cdot\boldsymbol{\rho}](\boldsymbol{\rho}\cdot\boldsymbol{\rho})^2 + \sum_j W_{242j}[(\boldsymbol{H}-\boldsymbol{\sigma}_{\mathrm{j}})\cdot\boldsymbol{\rho}](\boldsymbol{\rho}\cdot\boldsymbol{\rho}) \\
&+ \sum_j W_{331j}[(\boldsymbol{H}-\boldsymbol{\sigma}_{\mathrm{j}})\cdot(\boldsymbol{H}-\boldsymbol{\sigma}_{\mathrm{j}})][(\boldsymbol{H}-\boldsymbol{\sigma}_{\mathrm{j}})\cdot\boldsymbol{\rho}](\boldsymbol{\rho}\cdot\boldsymbol{\rho}) \\
&+ \sum_j W_{333j}[(\boldsymbol{H}-\boldsymbol{\sigma}_{\mathrm{j}})^3\cdot\boldsymbol{\rho}^3] + \sum_j W_{420j}[(\boldsymbol{H}-\boldsymbol{\sigma}_{\mathrm{j}})\cdot(\boldsymbol{H}-\boldsymbol{\sigma}_{\mathrm{j}})]^2(\boldsymbol{\rho}\cdot\boldsymbol{\rho}) \\
&+ \sum_j W_{442j}[(\boldsymbol{H}-\boldsymbol{\sigma}_{\mathrm{j}})\cdot(\boldsymbol{H}-\boldsymbol{\sigma}_{\mathrm{j}})][(\boldsymbol{H}-\boldsymbol{\sigma}_{\mathrm{j}})^2\cdot\boldsymbol{\rho}^2] \\
&+ \sum_j W_{511j}[(\boldsymbol{H}-\boldsymbol{\sigma}_{\mathrm{j}})\cdot(\boldsymbol{H}-\boldsymbol{\sigma}_{\mathrm{j}})][(\boldsymbol{H}-\boldsymbol{\sigma}_{\mathrm{j}})\cdot(\boldsymbol{H}-\boldsymbol{\sigma}_{\mathrm{j}})][(\boldsymbol{H}-\boldsymbol{\sigma}_{\mathrm{j}})^2\cdot\boldsymbol{\rho}^2]
\end{aligned}
\tag{8-28}
$$

式中，各项参数的意义分别为五次球差 W_{060}，倾斜球差 W_{240}，五次线性彗差 W_{151}，椭圆彗差 W_{331} 和 W_{333}，五次场曲 W_{420}，五次像散 W_{422}，五次畸变 W_{511}。五次像差的分析跟初级像差一样，也会随视场变化而进行变化，并呈现相应的节点特征。由于高级像差的分析方法跟初级像差类似，故在此不再赘述其分析过程。

8.2.4 光学系统的频域分析

由于近眼显示系统可能由多个光学元器件组成，并且由于像差的存在，单独分析每个元器件的像差的工作量会十分庞大。由于近眼显示光学系统是一个线性系统，因此为了说明整个系统的性能，可将所有的光学元器件组合看成一个"黑箱系统"，通过描述该系统两端的边缘性质来描述系统的光学性能。"黑箱系统"的边缘分别是入瞳和出瞳，如图 8-2-6 所示。对于一般的近眼显示系统而言，出瞳则是人眼的瞳孔。将光学成像系统在像平面的成像写成以下积分的形式：

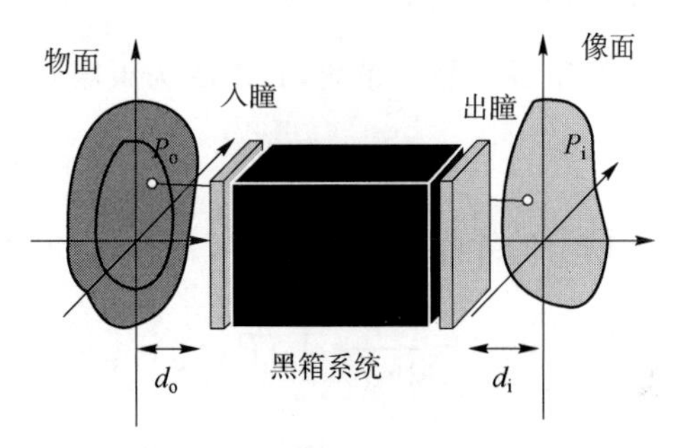

图 8-2-6 成像系统的抽象形式

$$U(x_i, y_i) = \iint_{-\infty}^{\infty} h(x_i, y_i; x_o, y_o) U(x_o, y_o) \mathrm{d}x_o \mathrm{d}y_o \tag{8-29}$$

式中，$h(x_i, y_i; x_o, y_o)$ 表示物平面上点 $P_o(x_o, y_o)$ 在像平面位置 $P_i(x_i, y_i)$ 的光场强度，也被称为光学系统的脉冲响应函数。从系统的出瞳到像平面可看成一个菲涅尔衍射过程，因此可将脉冲响应函数用系统的光瞳函数进行表示，其简化形式为

$$\begin{aligned} h(x_i, y_i; x_o, y_o) = &\frac{1}{\lambda^2 d_o d_i} \iint_{-\infty}^{\infty} P(x, y) \exp[\mathrm{j}kW(x, y)] \\ &\times \exp\left\{-\mathrm{j}k\left[\left(\frac{x_o}{d_o} + \frac{x_i}{d_i}\right)x + \left(\frac{y_o}{d_o} + \frac{y_i}{d_i}\right)y\right]\right\} \mathrm{d}x\,\mathrm{d}y \end{aligned} \tag{8-30}$$

式中，d_o 为物面到入瞳的距离，物面到入瞳的过程也可视为菲涅尔衍射过程，d_i 为出瞳到像面的距离；$W(x, y)$ 为出瞳处有像差的波面与无像差时的波面之间的光程差分布函数，也是上节所分析的波像差分布函数。$P(x, y)$ 为出瞳函数，定义为

$$P(x, y) = \begin{cases} 1, & \text{在孔径内} \\ 0, & \text{不在孔径内} \end{cases} \tag{8-31}$$

定义广义的光瞳函数为 $\widetilde{P}(x, y) = P(x, y)\exp[\mathrm{j}kW(x, y)]$，令 $M = -\dfrac{d_i}{d_o}$；$\widetilde{x}_o = Mx_o$，$\widetilde{y}_o = My_o$。则公式(8-30)可进一步表示为

$$h(x_i, y_i; \widetilde{x}_o, \widetilde{y}_o) = \frac{1}{\lambda^2 d_i^2} \iint_{-\infty}^{\infty} \widetilde{P}(x, y) \exp\left\{-\mathrm{j}2\pi\left[\frac{(x_i - \widetilde{x}_o)x}{\lambda d_i} + \frac{(y_i - \widetilde{y}_o)y}{\lambda d_i}\right]\right\} \mathrm{d}x\,\mathrm{d}y \tag{8-32}$$

从该式可以看出，脉冲响应具有空间不变性，仅仅与变量的相对位置有关，从而可写成：

$$\begin{aligned} h(x_i, y_i) &= \frac{1}{\lambda^2 d_i^2} \iint_{-\infty}^{\infty} \widetilde{P}(x, y) \exp\left\{-j2\pi\left[\frac{x_i x}{\lambda d_i} + \frac{y_i y}{\lambda d_i}\right]\right\} dx\, dy \\ &= \frac{1}{\lambda^2 d_i^2} F\{\widetilde{P}(x, y)\} \Big|_{f_x = \frac{x_i}{\lambda d_i}, f_y = \frac{y_i}{\lambda d_i}} \end{aligned} \tag{8-33}$$

式中，$F(\cdot)$为傅里叶变换。可见系统的脉冲响应函数为广义光瞳函数的傅里叶变换在频率坐标$\left(\frac{x_i}{\lambda d_i}, \frac{y_i}{\lambda d_i}\right)$处的值。

对于近眼显示系统，其出瞳为人眼瞳孔，因此系统的光瞳函数为圆形分布：

$$P(x, y) = \text{circ}\left(\frac{x^2 + y^2}{l/2}\right) \tag{8-34}$$

由于圆形的光瞳孔径具有旋转对称性，因此可将公式(8-33)转化为极坐标形式：

$$\begin{aligned} h(x_i, y_i) &= \frac{1}{\lambda^2 d_i^2} \iint_{-\infty}^{\infty} \widetilde{P}(x, y) \exp\left\{-j2\pi\left[\frac{x_i x}{\lambda d_i} + \frac{y_i y}{\lambda d_i}\right]\right\} dx\, dy \\ &= \frac{1}{\lambda^2 d_i^2} \int_0^{2\pi} \int_0^{r_{\max}} \widetilde{P}(r) \exp\left[-j\frac{2\pi}{\lambda d_i}(r\rho\cos\theta\cos\phi + r\rho\sin\theta\sin\phi)\right] r\, dr\, d\theta \\ &= \frac{1}{\lambda^2 d_i^2} \int_0^{r_{\max}} \widetilde{P}(r) r \left\{\int_0^{2\pi} \exp\left[-j\frac{2\pi r\rho}{\lambda d_i}\cos(\theta - \phi)\right] d\theta\right\} d\varphi \\ &= \frac{2\pi}{\lambda^2 d_i^2} \int_0^{r_{\max}} r\widetilde{P}(r) J_0\left(\frac{2\pi r\rho}{\lambda d_i}\right) dr \end{aligned} \tag{8-35}$$

另外近眼显示系统一般为非相干照明成像系统，而由于非相干光照明成像系统对于强度是线性的。而光强等于光场振幅的平方，因此非相干光照明成像系统的成像表达式为

$$I_i(x_i, y_i) = \kappa \iint_{-\infty}^{\infty} |h(x_i - \widetilde{x}_o, y_i - \widetilde{y}_o)|^2 I_g(\widetilde{x}_o, \widetilde{y}_o) d\widetilde{x}_o dy_o \tag{8-36}$$

式中，$I_i(x_i, y_i)$为像平面的强度分布，$I_g(\widetilde{x}_o, \widetilde{y}_o)$为物平面强度分布，$\kappa$ 为一常数。每个频域的分量成像是否清晰，与该频域分量的幅度有关，还与平均强度相关。在一个光学系统中，图像光强的分布由各个频域分量的对比度进行表示，其也表示了该光学系统的成像质量，即光学系统的成像质量可用频域上携带图像信息的部分与直流分量部分的相对强度来进行表示。将 I_g 和 I_i 的频域变换规范化处理：

$$N_g(f_x, f_y) = \frac{\iint_{-\infty}^{\infty} I_g(\widetilde{x}_o, \widetilde{y}_o) \exp[-j2\pi(f_x \widetilde{x}_o + f_y \widetilde{x}_y)] d\widetilde{x}_o d\widetilde{y}_o}{\iint_{-\infty}^{\infty} I_g(\widetilde{x}_o, \widetilde{y}_o) d\widetilde{x}_o d\widetilde{y}_o} \tag{8-37}$$

$$N_{\mathrm{i}}(f_x,f_y)=\frac{\iint_{-\infty}^{\infty} I_{\mathrm{i}}(x_{\mathrm{i}},y_{\mathrm{i}})\exp[-\mathrm{j}2\pi(f_x x_{\mathrm{i}}+f_y y_{\mathrm{i}})]\mathrm{d}x_{\mathrm{i}}\mathrm{d}y_{\mathrm{i}}}{\iint_{-\infty}^{\infty} I_{\mathrm{i}}(x_{\mathrm{i}},y_{\mathrm{i}})\mathrm{d}x_{\mathrm{i}}\mathrm{d}y_{\mathrm{i}}} \tag{8-38}$$

系统的传递函数OTF为脉冲响应函数的傅里叶变换，其规范化形式为

$$H(f_x,f_y)=\frac{\iint_{-\infty}^{\infty} |h(x_{\mathrm{i}},y_{\mathrm{i}})|^2\exp[-\mathrm{j}2\pi(f_x x_{\mathrm{i}}+f_y y_{\mathrm{i}})]\mathrm{d}x_{\mathrm{i}}\mathrm{d}y_{\mathrm{i}}}{\iint_{-\infty}^{\infty} |h(x_{\mathrm{i}},y_{\mathrm{i}})|^2\mathrm{d}x_{\mathrm{i}}\mathrm{d}y_{\mathrm{i}}} \tag{8-39}$$

则非相干光学成像系统的成像性质在频域的表示形式为

$$N_{\mathrm{i}}(f_x,f_y)=H(f_x,f_y)N_{\mathrm{g}}(f_x,f_y) \tag{8-40}$$

$H(f_x,f_y)$的模$|H|$被称为调制传递函数MTF，幅角被称为相位传递函数PTF。光学传递函数能够简单直观地反映出光学系统的能量调制度从低频到高频的变化情况。它把成像过程看成是物面上的光能量在像面上的重新分布，能够用来评价一个光学系统的成像质量的优劣。同样地，光学传递函数也能用来评价近眼显示光学系统的成像质量优劣。

8.2.5　人眼的视觉特性分析

作为近眼显示光学系统，人眼的观看效果是最直接的评价标准，因此它的设计与人眼的特性密切相关。人眼的构造、分辨力、FOV和立体视觉等都是在近眼显示系统设计中必须考虑的因素。了解并熟悉人眼的视觉特性是进行近眼显示光学系统设计的基础。

1. 人眼的构造

虽然人眼的构造相比于照相机或者摄影机复杂得多，但成像原理比较接近。图8-2-7是人眼结构与相机结构的对比。

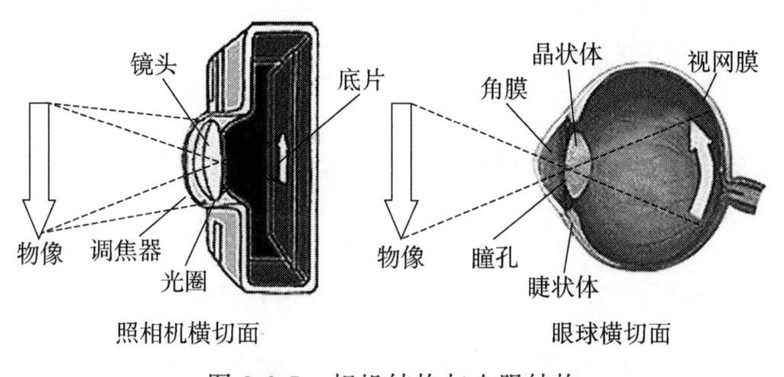

图8-2-7　相机结构与人眼结构

成像过程中，光首先进入通过眼球的角膜。角膜位于眼球前极中央，略向前凸，占整个眼球表面积的1/6，它是直径为11.5～12 mm的透明膜。角膜的屈光指数为1.376，为眼睛提供了大部分的屈光能力。角膜与晶状体一起，构成了类似照相机或摄影机中的成像镜头，将外界光线准确地聚焦在视网膜上。晶状体的形状类似于双凸透镜，透明而富有弹性，由睫状体肌肉控制其厚度和曲度，由此来改变调节晶状体自身的屈光度，其功能

类似于照相机或摄影机上的全自动对焦镜头。位于角膜与晶状体之间的是虹膜，虹膜的中间是一个由虹膜肌控制大小的孔，被称为瞳孔。瞳孔的作用类似于照相机或摄影机上的光圈，用于收集光线，当外界光线较强时，瞳孔收缩，当外界光线较暗时，瞳孔开张，从而控制合适的进光量。正常的人眼瞳孔范围为 2.5～5.0 mm。人眼的视网膜相当于照相机或者摄影机上的感光元件(胶片、CMOS/CCD)，视网膜上分布两种感光细胞——视锥细胞和视杆细胞，可将光信号转换为生物电信号。视锥细胞主要负责明亮视觉，在面对强光的时候，视锥细胞比较敏锐，不仅如此，其还可以对颜色进行更好地认知和了解。但是视杆细胞不能够对颜色进行更好地认知和了解，其更多的是用来阴暗视觉，它的灵敏度数值很大，对于那些颜色很暗的事物，都可以对其进行认知。这两种感光细胞的分布具有一定的特点，视锥细胞主要集中分布在正对眼球中心的黄色区域内，此区域被称为黄斑，是产生最清晰视觉的地方。而视杆细胞则在黄斑区域内分布较少，均匀分布在其他区域内。

一般情况下，人的眼睛可以被看成是理想镜头，它焦距的数值大小是 17 mm(物方)以及 23 mm(像方)，瞳孔大小 2 mm 到 8 mm 分别对应的镜头的相对光圈是 $f/2.1$ 到 $f/8.4$，人眼眼球的直径与镜头的像方焦距相同，为 23 mm。虽然人眼可类比于理想镜头，单眼观看实际物体时情况要复杂得多，不能单纯地将其视为理想镜头。

2. 人眼的分辨力及空间分辨率

人眼对空间分辨率非常敏感，研究人眼对空间物体的分辨能力能够有针对性的提供适当密度的空间信息。人眼能够辨别靠近两个点之间的极限距离值称之为人眼的空间分辨率。人眼的空间分辨率跟观测物体之间的距离相关，因此一般以分辨角来衡量人眼的分辨能力。人眼的极限分辨角对应于刚能被眼睛分辨开的两个点与眼睛的瞳孔中心所成的张角，其跟空间分辨率成反比关系。若按照上文将人眼视为理想透镜系统，根据物理光学中的衍射理论，其极限的分辨角为

$$\varphi=\frac{1.22\lambda}{D} \tag{8-41}$$

式中，D 为入射光瞳直径，λ 为波长，极限分辨角 φ 以秒为单位。设 $\lambda=0.000\ 55$ mm，则眼睛的极限分辨角为

$$\varphi=\frac{1.22\times 0.000\ 55}{D}\times 266\ 265''\approx\frac{140''}{D} \tag{8-42}$$

在光强较强的情况下，瞳孔的直径 $D=2$ mm，此时，人眼的极限分辨角最大，约为 $70''$。当视角为 $70''$时，在视网膜上对应的像高为 0.006 mm。在眼睛黄斑上的视神经细胞的直径约为 0.003 mm，因此，根据奈奎斯特采样定理，视网膜的结构是满足分辨率要求的。根据大量统计结果，$\varphi=50''\sim120''$。在良好的照明条件下，一般可认为 $\varphi=60''=1'$，也就是一弧度。若按照人眼的极限分辨率为一弧度计算，若产生 $100°\times100°$视角范围的图像，则需要 12 000×12 000 的像素才能达到人眼的分辨极限。而目前成熟的微显示器的分辨率为 FULL HD(1 920×1 080)，4K 显示器还未进入大规模商用阶段，由此可见，

若要产生细腻的大视角图像,图像加载源的分辨率还需进一步提升。而这么高的像素要求同样需要高带宽的图像渲染处理器进行图像处理。所幸,利用人眼的视觉特性,可以大幅度减少像素的渲染量。比如,人眼只有在视网膜中心的黄斑区域位置才能感受到清晰高锐度的图像(对应于中心15°视角),而在黄斑区域外,图像的清晰度则快速下降变得模糊。根据这个特性,可以采用分区域图像渲染的方法,大大降低所需的计算资源。

3. 人眼的视场角

视场角(Field of View,FOV)指的是可观看或拍摄物体的边缘与观察点之间的夹角。对于人眼而言,以人眼为顶点,可观看物体的最大范围的边缘构成的夹角,称为人眼的视场角。一般正常的人眼单只眼睛的静态FOV为151°,两只眼睛共同覆盖了190°的视角范围。当考虑到人眼转动的情况,那么人眼的FOV可扩大到接近290°。虽然人眼的自然FOV是比较大的,但是只有投射到视网膜上中心部分能够分辨清楚,称为分辨视域,约为15°。从十几度到三十度之间的视觉区域被称为有效视域,在这个区域内的图像的清晰度明显降低,而超过30°则被称为诱导视域,俗称"余光"。人眼的视场角如图8-2-8所示。

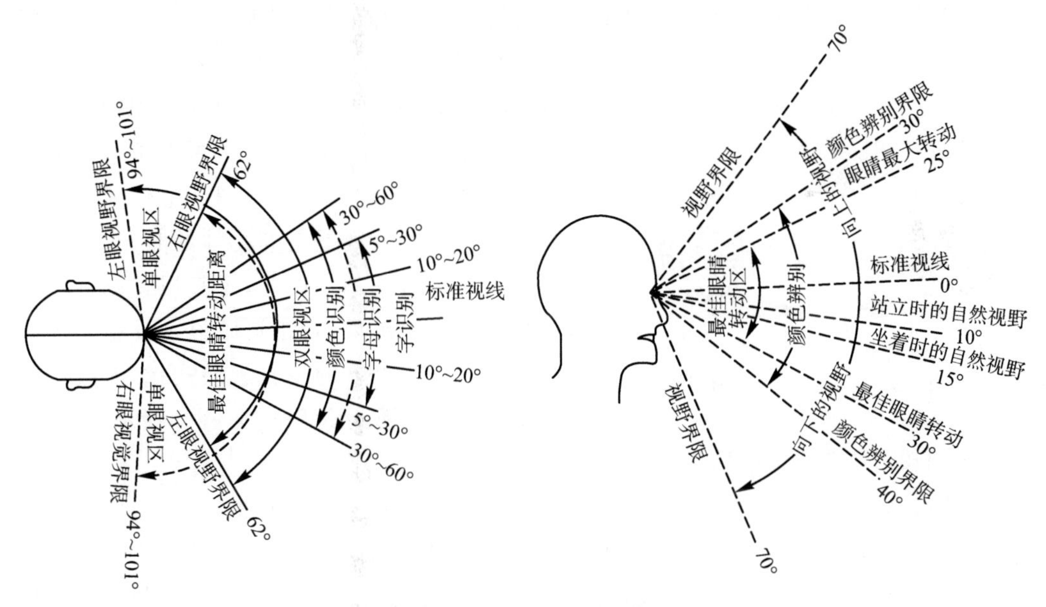

图8-2-8 人眼的视场角

因此,一个理想的近眼显示系统应该能提供超过100°FOV的图像,对于虚拟现实应用而言,广的视域能够给人以身临其境的体验感,而对于增强现实则能够很好地实现与现实物理世界的无缝融合。目前市面上成熟的VR头盔视角为80～120°,已经能够提供比较好的沉浸式体验,而AR眼镜的平均视角水平则是在30～50°之间。市面上一些近眼显示设备及参数如表8-2所示。

表 8-2　市面上一些近眼显示设备及参数

产品	分辨率	对角线 FOV	应用领域	产品形态
Google glass	640×360	16°	AR	单目眼镜
Vuzix Blade	640×360	18°	AR	单目眼镜
Epson BT-350	720P	23.5°	AR	双目眼镜
Magic leap One	1080P	50°	AR	分体式头盔
Microsoft Hololens 2	2K	60°	AR	一体机头盔
Sony HMZ-t3	1080P	60°	VR	头盔显示器
HTC Vive	2K	100°	VR	头盔显示器
Oculus Rift	2K	100°	VR	头盔显示器
VMG-PROV	2K	100°	AR+VR	头盔显示器

4. 人眼的立体视觉

我们所处的空间是立体三维的，近眼显示设备无论在 VR 领域还是 AR 领域，都需要提供逼真自然的立体虚拟画面信息，因此研究人眼产生立体视觉的因素十分关键。

1）双目视差原理

由于人体的生理特征，人的两只眼睛之间具有一定的横向距离为 58～72 mm。人眼在空间的位置不同，因此左右眼在观察同一物体时，物体在左、右两眼视网膜上所成的像会略有差异。这种差异被称为双目视差。若以左右眼视差图像的中心为基准，同一物点在左右眼图像上位置的差异为视差值。正常人眼观看空间物体的时候，只有水平视差而没有垂直视差。但是，垂直视差则很容易在近眼显示设备中出现，若是近眼显示设备所提供的左右眼图像存在上下的垂直视差，会给人眼带来不适与疲劳。双目视差原理如图 8-2-9 所示。

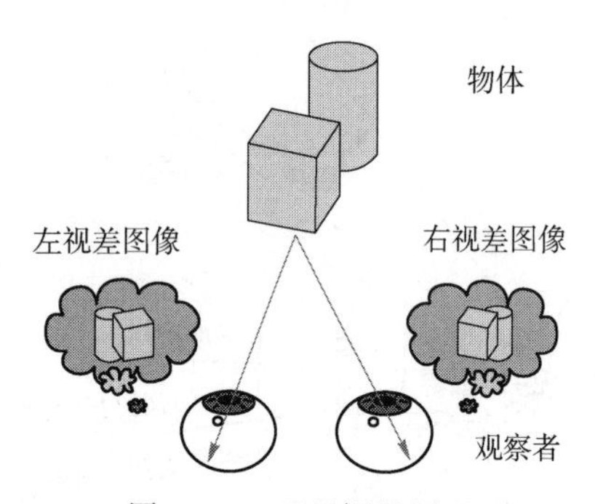

图 8-2-9　双目视差原理

2）辐辏与调节立体信息

人类感知三维环境中的距离深度信息是依靠两只眼睛协同作用的，两只眼睛在长期进化的过程中已形成完美的生理机制来感知三维空间——辐辏与调节（Vergence-accommodation）机制。从上文可知，人眼只有在视网膜黄斑中心凹的区域图像才是清晰的。因此，人眼为了看清楚注视点，会将眼球进行旋转，将视轴对准在注视点中心。左、右两眼的视轴在注视点位置相交，这个过程被称为辐辏。人的两只眼睛在观看近处物体时，两个眼球向鼻侧转动，左、右两眼的视轴向内集中，辐辏角变大；而在观看远距离物体时，左右眼视轴开合，趋于平行，辐辏角随之变小。这些辐辏运动所形成的动觉信息传递给大脑，给大脑判断空间深度信息提供了重要依据。而调节机制指的是，人眼为了使得不同距离的物体在视网膜上的成像聚焦而改变晶状体屈光能力的过程。根据被观测物体的远近而自动完成调焦。调节的作用一方面可以保证不同距离的物体在视网膜上清晰成像，也能够在单视的时候，通过调节的应激反应进行距离的判断。

人眼的辐辏与调节两种生理机制协调作用，默契配合。在观看实际物理环境的时候，双眼的辐辏和单眼焦点的调节是保持同步一致的。因为双眼视轴的交点在注视点处，同时聚焦的焦点深度平面也是在注视点上。然而，目前主流的近眼显示设备，包括VR眼镜/头盔和AR眼镜/头盔，都无法同步具备这两种机制。因为这些设备只能分别给左右眼提供固定深度的视差图像，在观看这些图像时，双目视差诱发人眼产生辐辏，形成体视融像点。体视融像具有深度立体感，但是实际焦点的调节却是在一个固定的深度平面上。这样造成了辐辏与调节之间的矛盾，长时间佩戴这些设备观看立体影像时，容易引发视觉疲劳及晕眩。因此为了实现自然舒适的三维显示，解决辐辏与调节的矛盾十分必要。辐辏与调节冲突如图8-2-10所示。

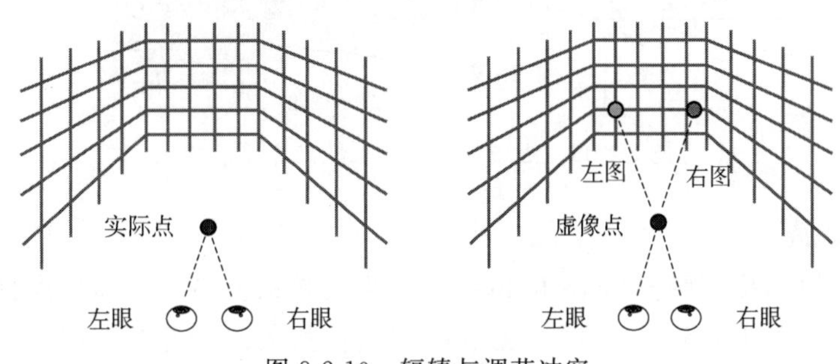

图8-2-10　辐辏与调节冲突

3）其他因素

上文主要研究了人眼观看自然物体时的一些生理特征，因此若要实现理想的近眼显示技术，给人眼提供的虚拟图像应尽可能接近真实的自然物体，即高分辨大视角并且能提供双目视差及单目深度信息的虚拟图像。除了考虑人眼的生理特征之外，还需考虑人眼与近眼显示设备构成的系统特征参数。主要包含：眼球活动区域，近眼显示设备的出瞳距离，对于AR近眼显示设备还需考虑真实物体与虚拟画面之间的遮挡关系，还有透明显示的方式。

(1) 眼球活动区域

人们在使用近眼显示的时候，能够观看到设备提供的虚拟画面信息，人眼在观看图像的时候，会产生转动和移动的动作，因此保证人眼在运动过程中，还能够清晰地观看到虚拟画面信息是十分必要的。将人眼在一定范围内活动仍能观看到完整无渐晕的清晰图像的区域定义为眼球活动区域(Eye Box，也称为眼盒)。超出这个区域的时候，人眼可能观看到一个亮度不均，或者不完整的图像，或者完全看不到图像。因此眼球活动区域应该满足人眼的活动要求，一般而言，对于近眼显示设备，理想的眼球活动区域应该大于10 mm。但需要注意的是，眼球活动区域并不等于系统的光阑，因为一般对于人眼及近眼显示设备构成的显示系统，系统的光阑应该为人眼的瞳孔，并且这个光阑是运动的而非静止的。瞳孔位于眼球活动区域内，直径小于眼球活动区域的大小。

对于双目显示的近眼显示设备，则还需要考虑左右两只眼睛的横向距离。为了适配不同人群的瞳距，需要采用合适的调节结构来调整眼球活动区域的位置，一般成年男性的瞳距在 60～73 mm 之间，成年女性的瞳距在 53～68 mm 之间，小孩的瞳距会更小。当然，大范围的眼球活动区域可以减少适配的难度和范围，但是增大活动范围一般会增加显示镜片的大小和数量，因为若是增大眼球活动区域，则可能需要增加一些成像镜片来平衡系统的像差。因此需要综合考虑眼球活动区域与系统的体积、大小、成像质量之间的关系，选择最优的参数进行设计。近眼显示光学系统的主要参数如图 8-2-11 所示。

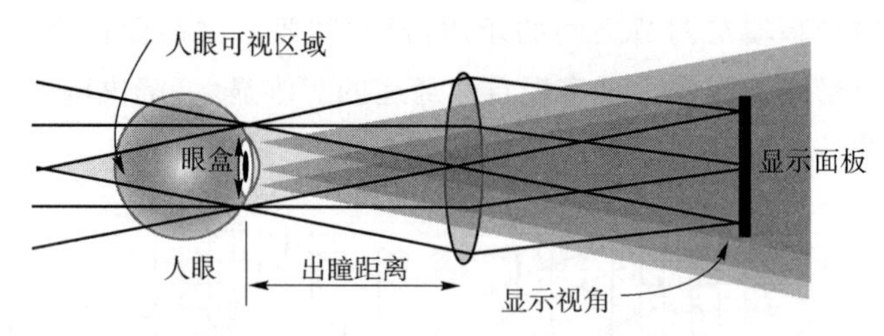

图 8-2-11　近眼显示光学系统的主要参数

（2）出瞳距离

在光学系统中，出瞳距离（Eye Relief）定义为光学系统最后一面顶点到出瞳平面与光轴交点的距离，在近眼显示系统中，出瞳距离具体指人眼瞳孔与近眼显示设备最靠近人眼的镜片的顶点之间的距离。为了能够舒适地佩戴近眼显示设备并且还能容纳佩戴者的视力矫正眼镜，需要一个长度适宜的出瞳距离，一般的出瞳距离应大于 20 mm。与眼球活动区域一样，出瞳距离也是影响系统成像的关键因素。在近眼显示系统中，FOV 受限于离人眼最近的镜片的尺寸，随着出瞳距离的增大，系统能够提供的虚拟画面的 FOV 也随之降低。

（3）真实虚拟遮挡关系

一个理想的 AR 近眼显示设备应该能提供令人信服的虚实融合的画面，而要达到这种效果，则需要设备给人眼提供不透明的虚拟物体影像。这意味着近眼显示设备除了能够展示虚拟画面之外，还要能够有选择性的阻挡自然物理环境的光线进入人眼。一些学者已经在实验室内成功研制出了具备这种功能的设备，他们利用一个光调制器，选择性地将外界不需要的光线进行衰减，被衰减过的外界图像与虚拟图像结合起来一同呈现给人眼，这样就能够感受到非透明状的虚拟物体。

（4）透明显示方式

对于 AR 近眼显示设备，一个重要的特征是其能够让人眼同时观看到自然物理环境和设备提供的虚拟影像。能够实现这种功能的技术路径有两种：视频透过式（Video See-through）显示和光学透过式（Optical See-through）显示。视频透过式显示借助摄像头来捕获真实自然环境的图像，将自然环境数字化后叠加上虚拟图像，再一并呈现给人眼。而光学透过式则是让人眼通过一个透明或者半透明的镜片直接观看物理世界。

这两种技术路径各有其特点。视频透过式显示技术可以较好地完成真实画面与虚拟画面的同步问题，能够将虚拟物体很好地融合到真实画面中。在视频透过式中，能够很容易地处理虚拟物体对真实环境的遮挡关系并且还能以比较简单的方式实现一个大FOV的画面。但是在视频透过式设备中，佩戴者的移动与视频信号的更新之间的信号延迟比较严重，大大影响了佩戴者的体验。另外对物理世界的视频采集不可避免地会降低人眼感知画面的分辨率。尽管视频透过式在特定场合会有一些应用，但其特点使得这种技术路径在日常生活中或者需要长时间佩戴使用的情景下受到限制。因此本节重点研究光学透过式技术，目的在于克服现有光学透过式近眼显示设备的局限性及难题，如轻便性、视场角和辐辏与调节的协调等（注：若不进行特殊说明，本节提及的AR近眼显示设备都属于光学透过式显示）。

8.3　基于离轴三反结构的大视角近眼显示系统

8.3.1　离轴反射式系统介绍

在上文提到的显示技术中，虚像放大技术是最成熟应用最广的近眼成像技术。虚像放大技术需要借助折射、反射或者衍射器件实现图像源的放大及投影。在各式各样的光学系统中，有一种光学系统比较特殊，其采用的成像器件全都属于反射型的器件，这种光学结构被称为纯反射型光学系统。相比于透射型光学系统或者折反混合型光学系统，纯反射型光学系统具有很重要的实用价值，其原因在于：

(1) 反射镜的材料更容易获得并且成本更低，特别是对于大尺寸的器件而言；

(2) 反射镜一般采用镀金属膜或者介质膜的方式，使其在很宽的波段范围内具备比较高的反射率；

(3) 由于反射型系统不经过介质材料，因此系统没有色差；

(4) 反射型光学系统能够折叠光路，系统结构更加紧凑，空间利用率更高。由于这些特点，使得反射型光学系统在大口径天文望远镜系统、红外或紫外光学系统中有很重要的应用。而离轴反射式光学系统由于没有中心遮拦的问题正逐渐成为光学系统设计研究的热点。

在离轴反射式的光学系统设计中，需要对镜片进行轴心的偏移和旋转来避免光线的遮挡，这使得系统在离轴偏转的过程中不可避免地引进了非旋转对称的高阶像差。为了在不降低系统的有效孔径的情况下提升系统的成像质量，球面或者旋转对称非球面透镜已经无法满足设计的要求。所幸，随着近几年来数字机加工技术以及高精度测量技术的飞速发展，使得在光学系统中采用新型面型成为可能，其中最具代表性的新型面型为自由曲面。自由曲面是一种非旋转对称的复杂异形曲面，是先进光学领域的前沿技术代表之一。相较于球面或者旋转对称非球面面型，自由曲面面型具备更多的设计自由度，因此可以在不增加光学元器件数量的情况下使得系统像差的矫正能力得到提升,从而提高系统的成像质量。旋转对称面离轴三反结构图与自由曲面三反结构图如图 8-3-1 所示。

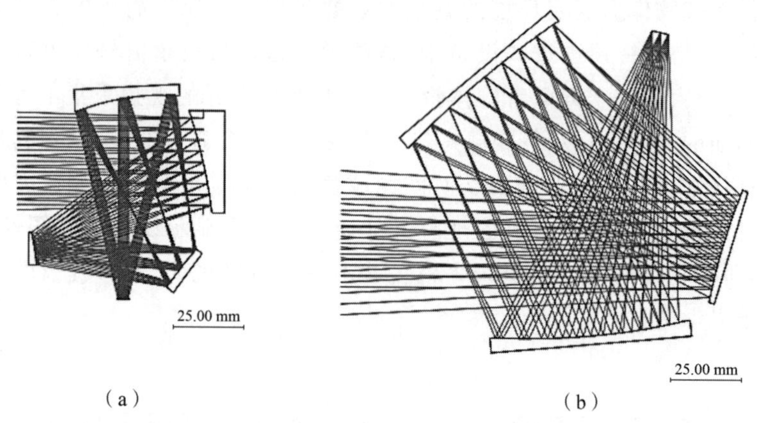

图 8-3-1 旋转对称面离轴三反结构图与自由曲面离轴三反结构图

(a)旋转对称面离轴三反结构图;(b)自由曲面离轴三反结构图

采用自由曲面面型的离轴反射式光学系统最早是在 20 世纪 80 年代被提出,利用多个反射镜的偏心和旋转实现无光线遮挡的离轴系统,其中常见的为离轴三反光学系统。离轴三反系统采用三个纯反射镜器件进行成像,具备良好的成像质量以及紧凑的系统结构,因此应用较为广泛。由于离轴反射式光学系统的无色差结构紧凑的特点,其在近眼显示领域具备一定的应用潜力。但是到目前为止,有报道的纯反射式的近眼显示系统的对角线 FOV 比较狭窄,最大仅为 22°。这是因为,在大视场角系统的设计中利用 Korsch 和 Cook 等人提出的离轴反射系统的设计方法存在比较大的困难,若是应用在近眼显示领域,则需对其提出的设计方法进行改进。在本节中,将介绍离轴三反光学系统应用到近眼显示领域的方法,并介绍一种纯反射型近眼显示系统的设计方法,使得系统的设计优化效率得到提高。在保证图像质量的前提下,采用本节介绍的设计方法可突破传统设计方法在实现大视角设计中的局限。自由曲面离轴四反光学系统如图 8-3-2 所示。

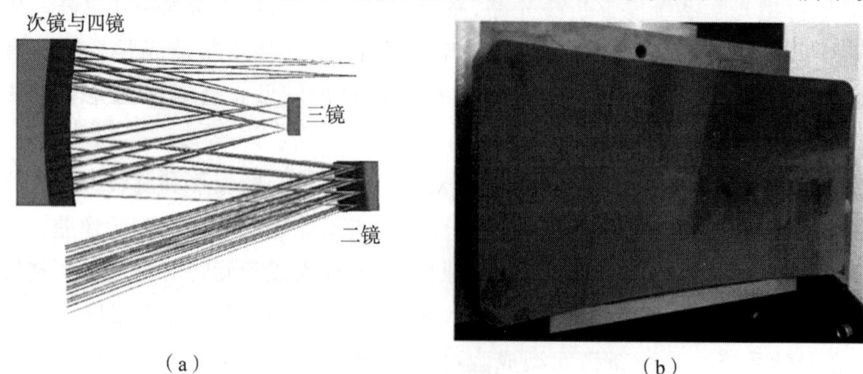

图 8-3-2 自由曲面离轴四反光学系统

(a)光学系统结构;(b)主反射镜

(c)

(d)

图 8-3-2 自由曲面离轴四反光学系统(续)

(c)次镜和四镜;(d)三镜

8.3.2 三反光学系统结构形式

在光学系统的设计中,初始结构的选择至关重要。初始结构的选择直接影响了后续系统优化的成败。因此在进行近眼显示系统优化的时候,需要选择一个合理的初始结构作为系统优化的起点。本节对常见的三反光学系统结构进行总结分析,然后根据近眼显示系统的特点选择合适的结构作为优化的起点。

1.同轴三反光学系统结构形式

(1) Paul 型三反系统

Paul 型三反系统的结构如图 8-3-3 所示,是由 Paul 在 20 世纪 40 年代提出的。整个系统为一次成像,没有中间成像过程。系统采用抛物面面型作为主镜的面型,次镜和三镜均采用球面面型。在 Paul 系统中,光从主镜两端入射,然后依次经过主镜、次镜和三镜,最终成像于次镜和三镜中间。Paul 结构很好地矫正了球差、彗差以及像散的系统初始像差,但是场曲却没能得到消除。

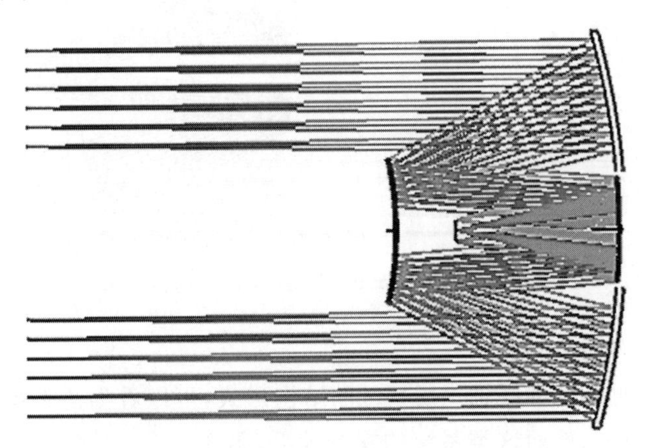

图 8-3-3 Paul 型三反系统结构仿真图

(2) Rumsey 型三反系统

由于受到三片折射型系统——Cooke 系统的启发,Rumsey 在 1971 年提出了“正—

负—正"形式的纯反射形式的三反系统结构，如图 8-3-4 所示。采用这种形式的光焦度分配可以有效地平衡系统的像差。并且在其提出的系统中，主镜跟次镜采用了一体化的形式，可以很好地降低系统的加工及装配难度。但是 Rumsey 型三反系统对中心光线的遮挡过大，使得很大一部分光能无法有效被利用。

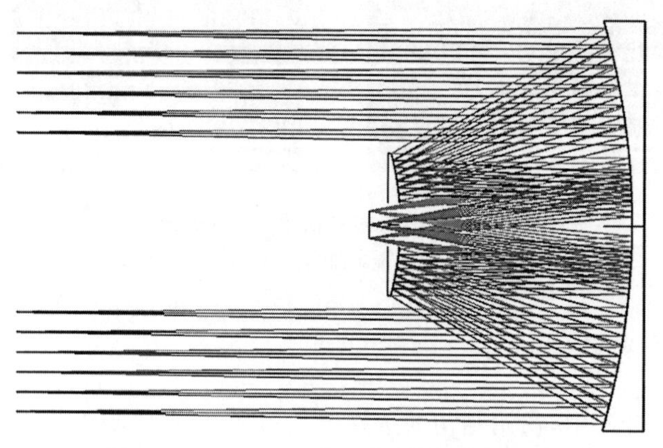

图 8-3-4　Rumsey 型三反系统结构仿真图

(3) Cassegrain 型三反系统

Cassegrain 型三反系统是在传统卡塞格林系统上进行演进而得到的，是目前应用最为广泛的三反系统，该系统结构如图 8-3-5 所示。该系统的主镜及次镜一同构成了普通的卡塞格林系统，之后再经由三镜(作为中继反射镜)进行成像。Cassegrain 三反系统的全部初级像差还平衡了部分高级像差，因此成像质量较高。

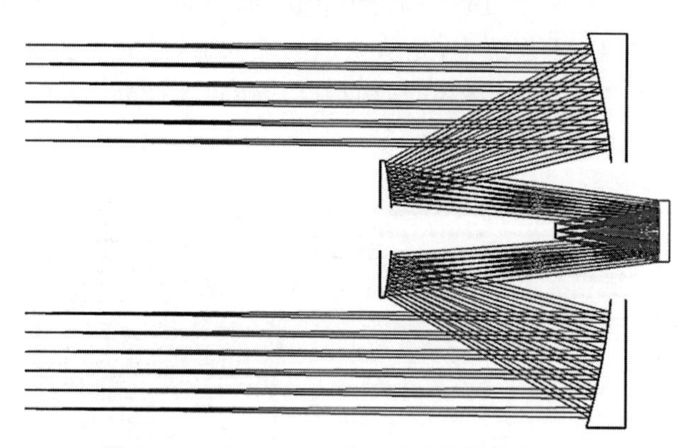

图 8-3-5　Cassegrain 型三反系统结构仿真图

2. 离轴三反系统结构形式

上文介绍了常见的几种同轴三反系统的结构形式，可以看到此类系统中都为一次成像，没有中间成像过程，然而这类系统的视场较低(低于 5°)。下面是几种常见离轴三反系统的介绍。

(1) Cook 型离轴三反系统

Cook 型离轴三反系统是由 Cook 于 1981 年提出，这种结构由共轴的 Cassegrain 型三反系统的离轴形式组成，采用“正—负—正”光焦度分配，该系统在次镜跟三镜之间会成一次像，若是在中间成像位置放置光阑，可以有效消除系统的杂散光。该系统的结构如图 8-3-6 所示。

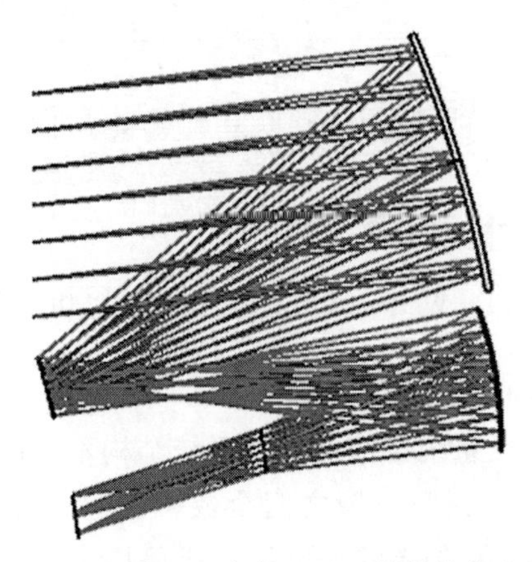

图 8-3-6　Cook 型离轴三反系统结构仿真图

（2）Korsch 型离轴三反系统

Korsch 型离轴三反系统跟 Cook 型不同的是，其中间的成像是位于主镜跟次镜之间，采用“正—负—正”光焦度分配，系统的结构如图 8-3-7 所示。Korsch 型系统能够很好地矫正系统的初级像差，同时很好的平衡高级像差，特别是对于高级像散有很好的优化作用。因为离轴系统的像散影响最为厉害，所以 Korsch 型系统可以实现比较大的视场角。

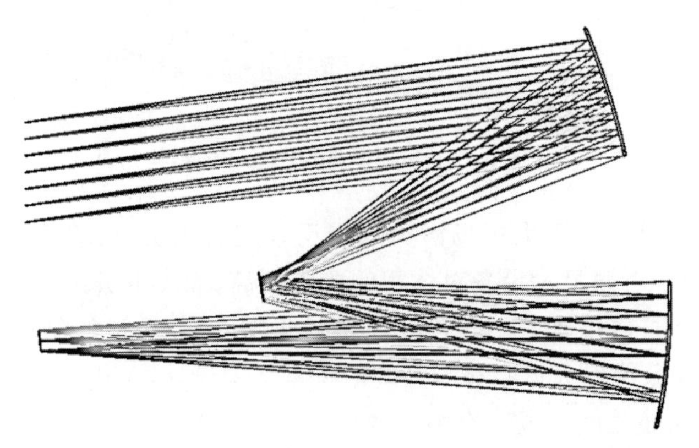

图 8-3-7　Korsch 型离轴三反光学系统结构仿真图

（3）Wetherell 型离轴三反系统

Wetherell 型离轴三反系统是由 Wetherell 于 1980 年提出，同样采用“正—负—正”光焦度分配形式，其系统结构与其他离轴三反系统不同的是，Wetherell 型系统的光阑是位于次镜，并且没有中间成像过程，其系统结构如图 8-3-8 所示。由于其将系统光阑放置于次镜位置，因此可以设计出更加对称的结构形式。结构对称的系统有利于矫正系统的非对称像差，有效控制系统的畸变。

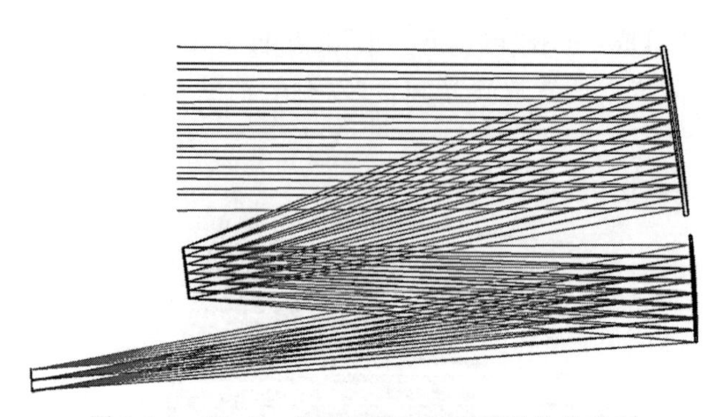

图 8-3-8 Wetherell 型离轴三反系统结构仿真图

(4) Schwarzchild 型离轴三反系统

Schwarzchild 型离轴三反系统与前面三种系统结构不同的是,其采用的是"负—正—正"的光焦度分配形式,并在次镜跟三镜之间会成一次像。合理选择孔径光阑的位置可以将系统的视场角做得很大,但会造成外形尺寸成倍增加。Schwarzchild 型离轴三反系统结构仿真图如图 8-3-9 所示。

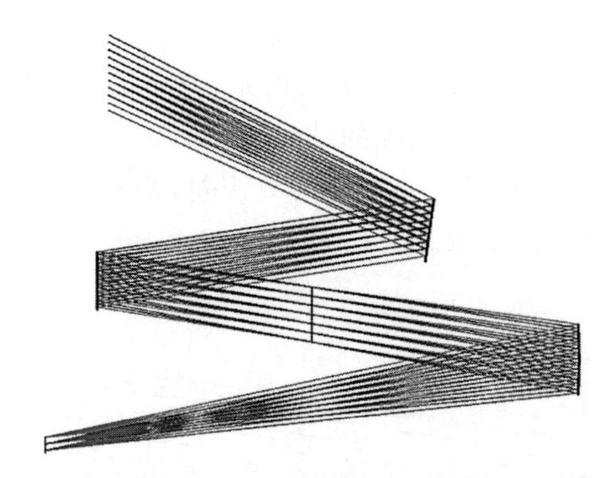

图 8-3-9 Schwarzchild 型离轴三反系统结构仿真图

综上分析,能够具备实现大视场潜力的三反系统有 Korsch 型和 Schwarzchild 型离轴三反系统。但由于近眼显示设备对体积的要求较高,而 Schwarzchild 型系统的体积会随着视场的增大而成倍增加,因此不适宜作为近眼显示系统的结构。因此本节采用 Korsch 型离轴三反系统作为近眼显示系统的参考结构设计:采用"正—负—正"的光焦度分配,并在主镜跟次镜之间会成一次中间像。

8.3.3 基于离轴三反结构的近眼显示系统设计方法

1. 同轴初始结构设计

选用合适的参考结构之后,就可以进行离轴三反射结构的近眼显示光学系统的设计。在传统的离轴三反光学系统设计中,设计的步骤首先是在不考虑光学遮挡的情况下求解一个合适的同轴三反系统,通过给定与反射镜轮廓尺寸相关的遮拦系数和放大率,分别得到三个反射镜系统的间隔、曲率半径,求解时需通过尝试多组遮拦系数和放大率组合才能得到系统长度合适的初始结构。而在近眼显示系统中，本节采用的设计准则为：(1) 系统的光阑位于人眼瞳孔位置；(2) 系统的整体外形尺寸应控制在一定范围内；(3) 在合理的外形尺寸和允许的像差范围内，使得系统的视场角尽可能大。由于系统的外形尺寸是首要考虑的因素，因此本节需要首先定义各个反射镜之间的间距以及各个反射镜的外形尺寸大小。在之前传统的离轴三反系统的初始结构求解中，采用的都是以球面镜作为初始的面型，之后再在球面面型的基础上逐渐引入一定的偏心和旋转量，在优化效果得不到明显提升的时候再逐步改变反射镜的形状。采用这种优化策略虽然可以得到最终的面型参数以及相对位置关系，但由于离轴三反系统为非对称结构，使用旋转对称的球面面型作为初始的面型难免会影响优化的效率，并很容易陷入局部的最优值。为了提升系统的优化效率，本节介绍一种新的优化策略，在初始面型的选择上，本节不是采用传统的旋转对称面型，而是采用理想反射镜。理想反射镜为理想透镜的反射形式，其不受面型的影响，成像满足近轴理想成像规律。采用理想反射镜的方式可以避免初始面型对优化结果的影响，使得系统的优化效率得以提高。

图8-3-10是同轴三反系统的结构图。其中，L_1是人眼离主镜的间距，L_2、L_3和L_4是每相邻反射镜之间在Z轴的间距。正如上文提到的，系统的孔径光阑为人眼瞳孔。由于采用的是理想反射镜，因此可以利用近轴成像定律、各个反射镜之间的位置关系以及各个反射镜的孔径大小来追迹边缘光线，从而求解初始结构中各个反射镜的参数。相邻反射镜之间的关系满足公式(8-43)：

$$-b_n=b_{n-1}+\frac{t_{n-1}}{f_n}$$

$$b_{n-1}=\frac{t_n-t_{n-1}}{L_{n-1}} \tag{8-43}$$

式中，b_n是边缘光线被反射镜n反射后主光线相对于光轴的夹角，f_n是反射镜n的焦距，b_0是系统光阑的半径，b_n $(n\neq0)$是反射镜n的孔径半径。通过事先确定各个反射镜的大小t_n以及各自之间的间距L_n，可以得到一个尺寸合适的初始共轴三反结构，如图8-3-10所示。

2. 离轴理想反射镜系统

初始的共轴三反结构确定之后，下一步设计就是引进偏心跟旋转量，使得系统的光线避免被镜片遮挡。由于是近眼显示系统，因此还需要考虑佩戴的人体工学，系统的结构不能与人脸轮廓相互干扰。在设计过程中，需要有一个合适并且实际可控的方法来限定各个反射镜之间的位置。这一步的优化设计是在光学优化工具的辅助下完成的。在离轴优化过程中，本节选用XY理想反射镜来实现一个基本的离轴三反近眼显示系统。XY理想反射镜与理想反射镜类似，都满足近轴成像规律，不同的是XY理想反射镜在X方向和Y方向具有独立的光焦度参数。参照人体脸部的轮廓，本节对各个反射镜在Z轴方向的间距L_n和X轴方向的间距D_n，以及各个反射镜最大的尺寸做了限制，如表8-3所示。由于最大视场的边缘光线对整个系统的体积起到至关重要的作用，因此本节选用最大视场(0，±16°)的边缘光线作为核心追踪的光线。在优化过程中，本节通过控制核

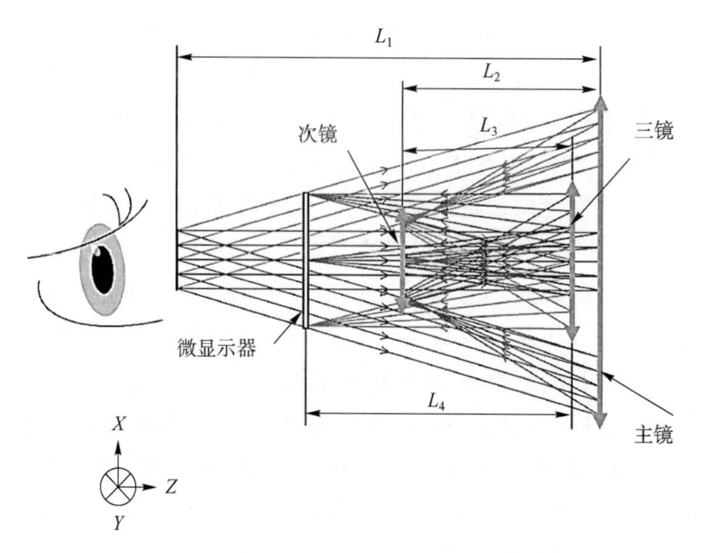

图 8-3-10　基于理想反射镜的同轴三反系统光路图

心光线与反射面上交点的位置来限制核心光线的传播路径。通过该方式,能够让整个系统的外形尺寸得到很好的控制。通过该优化方法,本节得到了一个结构紧凑,符合表 8-3 关系的基于理想反射镜的离轴三反近眼显示系统,其侧视图如图 8-3-11 所示,各个理想反射镜的参数如表 8-4 所示。

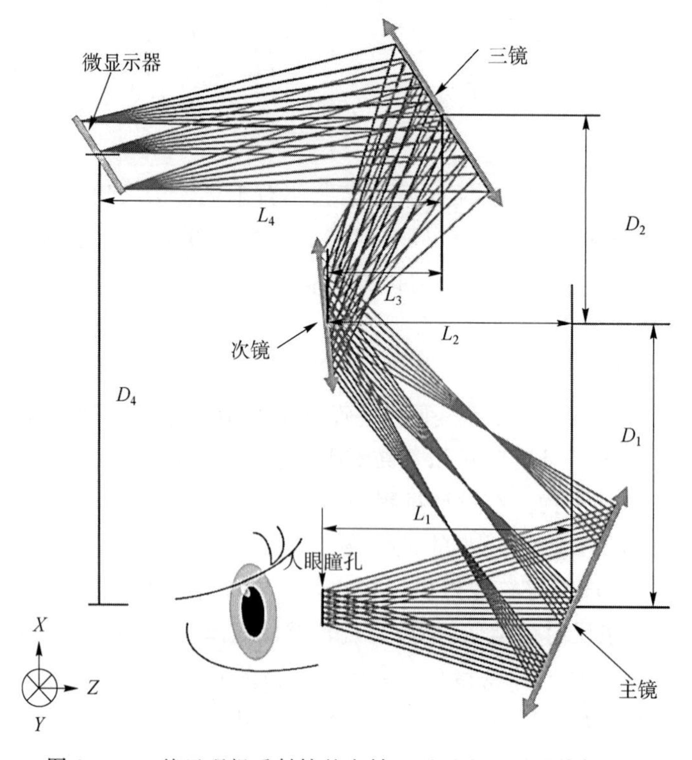

图 8-3-11　基于理想反射镜的离轴三反近眼显示系统侧视图

表 8-3 各个反射镜之间位置的约束

Z 轴方向距离/mm		X 轴方向距离/mm		镜面大小/mm	
L_1	20～25	D_1	28～32	t_1	＜24
L_2	20～25	D_2	15～18	t_2	＜10
L_3	40～45	D_3	50～55	t_3	＜20

表 8-4 离轴三反系统理想透镜的参数

	X 方向的光焦度/mm^{-1}	Y 方向的光焦度/mm^{-1}	X 方向的偏移量/mm	绕 Y 轴的旋转量
主镜	0.057	0.058	0.000	24.541°
次镜	$-7.682e^{-3}$	$-8.066e^{-3}$	22.342	−6.476°
三镜	0.049	0.050	24.360	−33.248°

3. 离轴三反实际面型优化

在前面两步的优化中，采用的面型都为理想面型，但是理想面型在实际中是不存在的，因此需要将理想面型替换成实际可加工的物理面型才能完成最终的设计。最后一个设计步骤就是在满足人体工学要求的前提下，将理想的反射面用实际的物理反射面进行替换，优化它们每个物理反射面的形状，最终得到一个像差符合使用要求的离轴三反近眼显示光学系统。这一步优化的关键是在替换过程中避免破坏前两步得到的整体结构。为了避免引起结构的急剧变化，本节将这一优化过程分成三次进行替换。每一次只替换一个理想反射镜然后进行优化，在这过程中需要同时对剩余两个面的参数进行优化。在每一次替换中，本节选用扩展多项式自由曲面作为优化的面型并以平面反射镜作为初始形状。扩展多项式自由曲面的面型表达式为

$$Z(x,y)=\frac{cr^2}{1+\sqrt{1-(1+k)c^2r^2}}+\sum_{ij}^{N}A_{ij}E_{ij}(x,y) \tag{8-44}$$

式中，$Z(x,y)$是面型的矢高，k 是圆锥系数，c 是曲面的曲率，r 是相对于光轴的高度 $r^2=x^2+y^2$。A_{ij} 是 $x-y$ 多项式系数，表达式为

$$\sum_{ij}^{N}A_{ij}E_{ij}(x,y)=A_{10}x^1y^0+A_{01}x^0y^1+A_{20}x^2y^0+A_{11}x^1y^1+\cdots+A_{ij}x^iy^j \tag{8-45}$$

由于设计的系统是关于 x 轴对称的，因此当 j 为奇数的时候，$A_{ij}=0$。在设计过程中，使用扩展多项式面型依次替换掉主镜位置的反射镜，次镜理想反射镜和三镜理想反射镜。在每一次替换优化过程中，同样需要与第二个优化步骤一样，限制核心光线的传播路径来维持系统的整体结构。每一次的替换过程如图 8-3-12 所示。

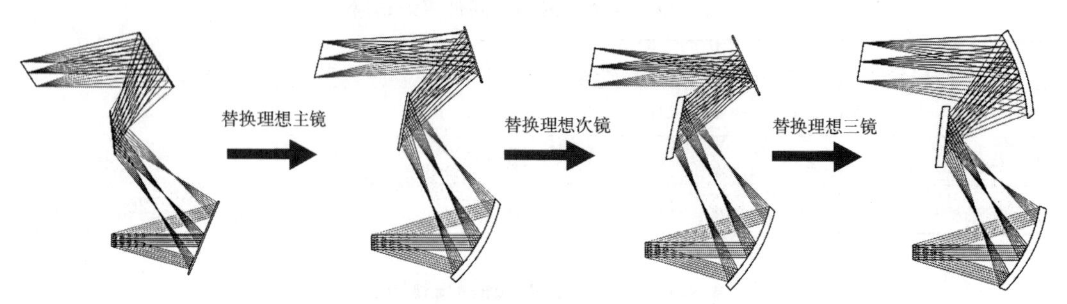

图 8-3-12　每次替换理想反射镜的光路改变

4. 离轴三反近眼显示光学系统实验及结果

按照上文介绍的设计方法，本节得到如图 8-3-13 所示的结构紧凑、轻便并且具有大视场角的基于离轴三反结构的近眼显示光学系统。表 8-5 是优化系统的光学性能参数。在设计中，出瞳的距离被设置为 30 mm。但是在实际的使用过程中，眼球表面的离主镜中心的距离为 18 mm，比设计的出瞳距离要小 12 mm，而这 12 mm 则是人眼眼球转动的平均半径。采用这种设计方式是因为系统的光阑较小(6 mm)，当人眼转动的时候可以让人眼瞳孔接收到经过优化的光线，若眼球表面位于出瞳的位置，则在人眼转动情况下，会偏离优化光阑的位置，使得人眼无法观看到理想清晰的图像。

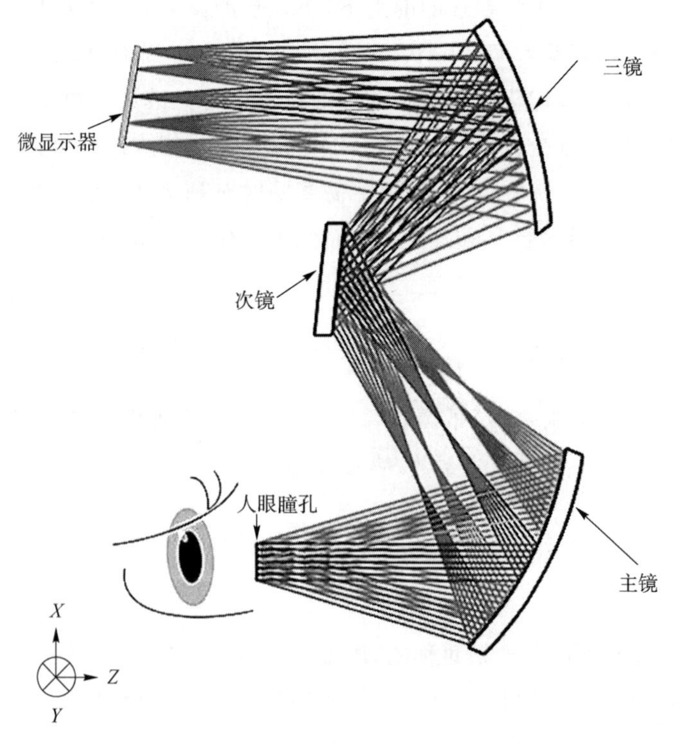

图 8-3-13　最终优化得到的离轴三反近眼显示系统光路图

表 8-5　优化系统的光学性能参数

光学指标	参数
FOV	40°(32°×24°)对角线上
出瞳直径	6.0 mm
出瞳距离	30.0 mm
有效焦距	17.5 mm
适用波长范围	全波长无色差
微显示器大小	0.5 英寸(对角线)
微显示器分辨率	1 280×960
畸变	<5%
图像成像质量	在 50 线对/毫米的 MTF >10%

本节所介绍的系统的对角线 FOV 为 40°,这也是目前公开的最大 FOV 的离轴三反系统。系统的成像畸变效果如图 8-3-14(a)所示,图中黑色图像表示理想无畸变的网格图,红色图像是经过系统后人眼观看到的实际网格图,可以看到系统的畸变得到有效的抑制。最大的畸变位置在右上角边缘视场位置,有 5%的畸变。本节采用调制传递函数(MTF)来评价图像的性能。图 8-3-14(b)中所示的 MTF 曲线是在系统光阑孔径为3 mm下测得。由于系统采用的图像加载源为像素尺寸 8 μm 的 OLED 微显示器,对应的奈奎斯特采样频率为 60 线对/毫米。从图中可以看到,在 60 线对/毫米处,所有视场的 MTF 值都大于 0.1,并且在中心视场(0, 0)的 MTF 值大于 0.3,横向边缘视场(0, ±16),纵向边缘视场(±12, 0)的 MTF 值大于 0.1,在对角视场(12, 16) MTF 值大于 0.1。

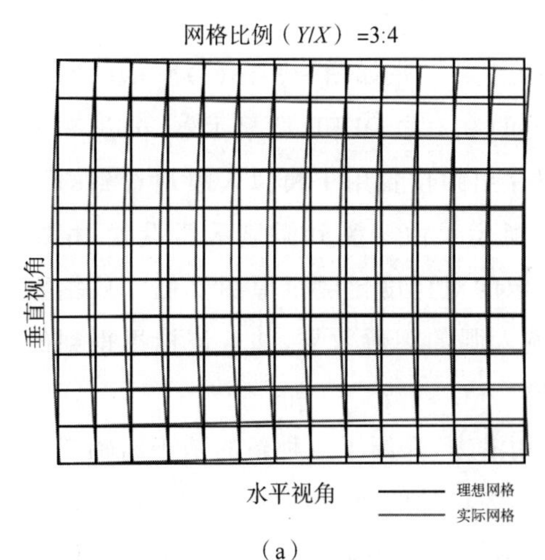

(a)

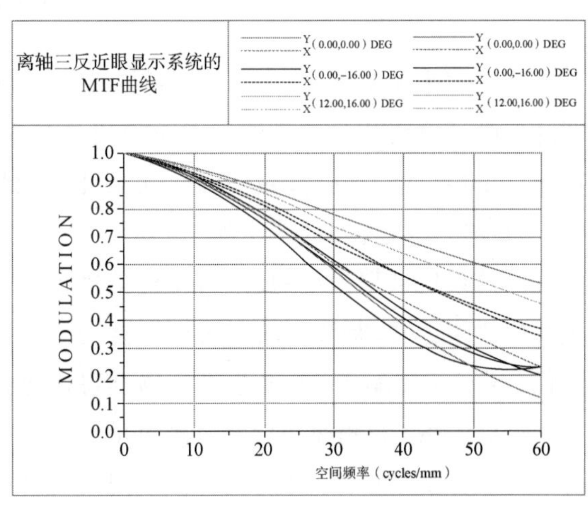

(b)

图 8-3-14　离轴三反近眼显示系统的光学性能

(a)畸变情况;(b)MTF 曲线

图 8-3-15(a)是本节介绍的基于离轴三反结构的近眼显示系统的双目 3D 模型，系统的结构设计是按照成年男性的头部模型作为参考。实际搭建的系统原型如图 8-3-15(b)所示，该系统主要是用于测试所设计系统的光学性能。在实验原型中，为了提高光学器件的精度，使用五轴单点金刚石加工的金属铝作为反射镜。单眼的投影结构只包含三个反射镜，因此相比于传统的透射型近眼显示系统，可以有效节省系统的结构尺寸。本节所介绍的实验原型的整体尺寸大小为 160 mm×56 mm×36 mm。每个金属反射镜的厚度大于 6 mm，若采用高精度模具注塑的方式进行加工，则每个镜片的厚度能够减少到 2 mm以下。

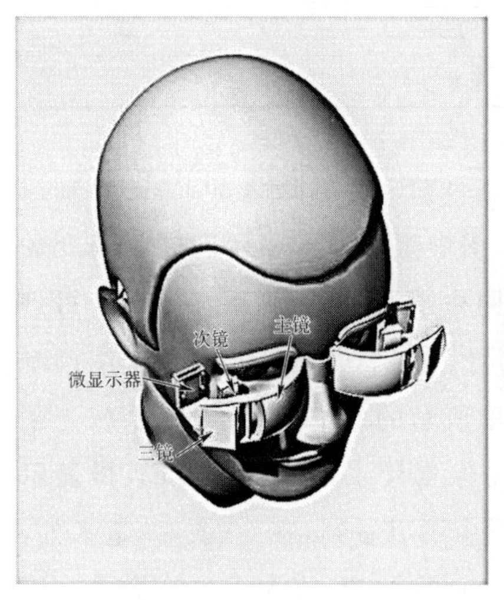

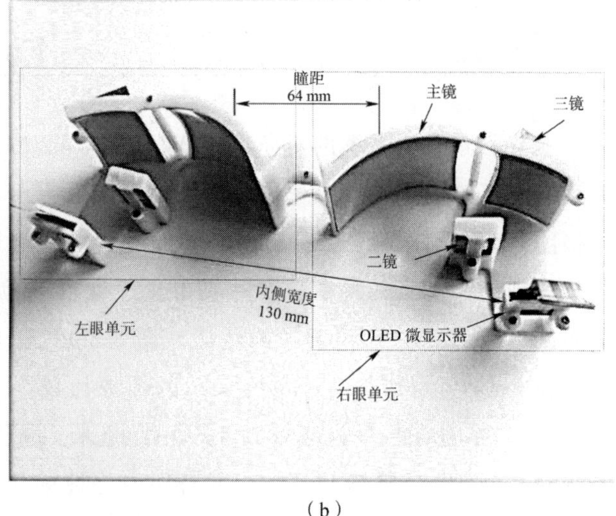

(a) (b)

图 8-3-15 离轴三反近眼系统的 3D 模型和实际测试样机

(a)3D 模型；(b)离轴三反近眼显示系统实际测试样机

使用一张如图 8-3-16(a)中所示的分辨率测试图和一张如图 8-3-16(c)所示的彩色图片来测试系统的光学性能。图像加载源是索尼的 0.5 寸 OLED 微显示器，分辨率为 1 280×960。将 Point Grey Flea 3 工业相机放置在出瞳位置用于模拟人眼观看到的图像。相机所拍摄得到的图像如图 8-3-16(b)、(d)所示。由于受到微显示器设置，相机参数以及系统装配误差的影响，相机拍摄得到图像的对比度比测试原图要低。从拍摄图片的效果上看，系统的畸变可以忽略，并不影响人眼的观看效果，并且该拍摄得到的图像分辨率也比较高，与光学设计吻合得比较好。

本节讲述了反射型系统在近眼显示领域的应用潜力，介绍了一种新的基于离轴三反的光学系统设计方法。该方法采用理想的反射面作为设计的初始面型，突破了传统设计方法的局限。基于该方法所设计的基于离轴三反结构的近眼显示光学系统的 FOV 为 32°×24°(对角线 FOV 为 40°)，这个 FOV 参数属于近眼显示显示器中等视角区间。

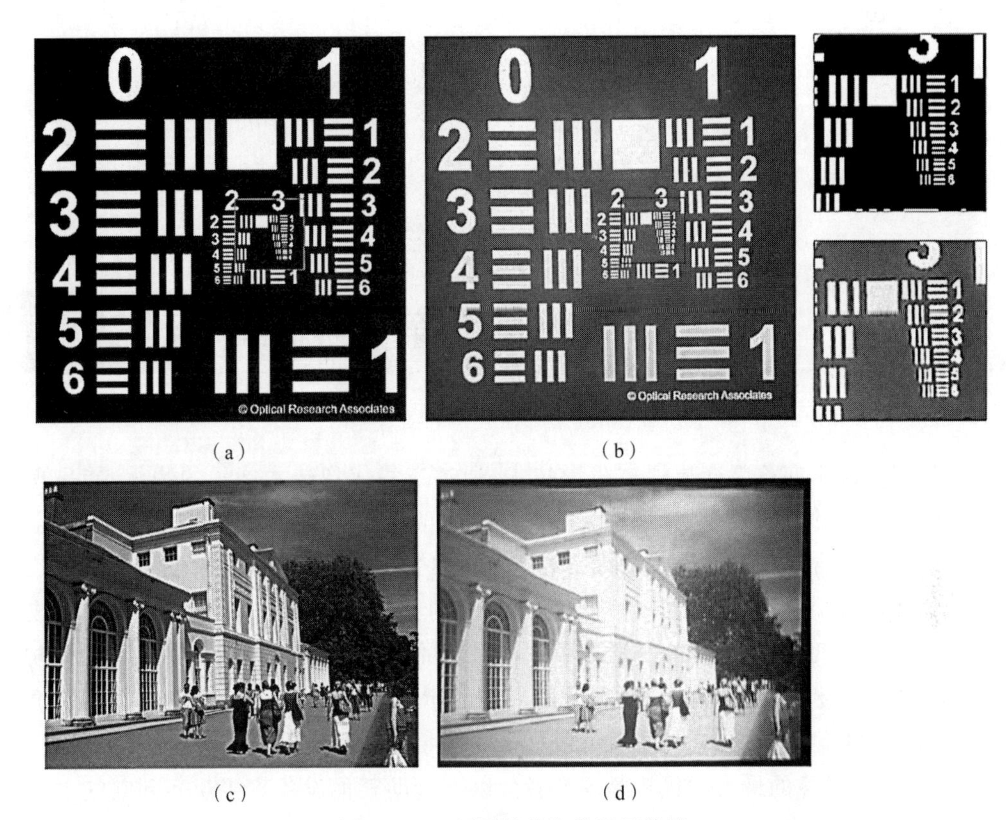

(a) (b)

(c) (d)

图 8-3-16 原型机的光学显示效果

近眼显示技术的发展前景就是在保证轻便的前提下将FOV参数做到最大。本节介绍了反射型系统在近眼显示领域中的潜力。后续可采用以下两种方法来进一步提升FOV参数,一种方式是采用更多的反射镜,采用四反或者五反系统,但这种方法不可避免地会增加系统的体积。另一种方式是在三镜跟微显示器之间插入额外的透镜。由于插入的透镜的体积比较小,因此增加的重量可以忽略不计。另外,由于主镜跟三镜的位置是相邻紧挨着的,并且形状接近,因此可考虑将主镜跟三镜做成一体化的形式,如此一来,可以降低系统的装配难度,提高系统的可靠性。

第9章 空气成像

空气成像技术亦称无介质浮空投影技术，通过空气成像技术展示的物体，能呈现出“飘浮在空气中”的视觉效果，使观察者能在真实的世界中观察到物体的三维形态。空气成像系统一般包含制造物体影像的设备和空气屏幕，其中空气屏幕是通过空气成像技术呈现的物体能被“看见”的关键。通过空气显示屏的种类进行分类，可将现有的空气成像技术大致划分为两种：一种是有介质空中成像显示屏，另一种是无介质空中成像显示屏。

空气成像技术是一种不同于现有普通二维显示技术以及使用二维屏幕实现三维显示的技术的三维显示技术，它能更加真实、全面地将物体展现出来。相较于现有的三维显示技术，空气成像的最大的优势是观察者可以不借助其他设备直接观察到空气中的物体影像。除此之外，因为影像飘浮在空中，不仅能节约屏幕制造的资源，也可以减少影像播放空间上的限制。空气成像会给人带来类似科幻电影的全新的视觉体验，创造全新的观众与影像的交互方式，这将极大程度地革新现有显示技术。

基于空气成像的独有特性，它除了能作为一种新的展示媒体被使用在多种现有的场合外，它还可以利用自身特性创造出不少新的应用场景。如辅助构建沉浸式舞台剧院、主题公园，在为智能车载、商务会议、家用电器、医疗设备提供新的交互方式与体验等方面也会大放异彩。

9.1 全息膜成像技术

全息膜成像技术利用平面镜反射与光的直线传播原理实现空气成像，如图 9-1-1 所示，将一个半透半反射玻璃（50％透射、50％反射）以 45°夹角的位置放置于光源前方，由于一半的光被反射直接到达观察者的眼睛，一半的光正常透过，在位于光源 90°夹角的位置，观察者可观察到一个光源的虚像。此成像技术系统构造原理十分简单，成像原理也易于实现，现市面上已存在不少应用场景。由于是利用反射原理，所以影像显示在屏幕内，观察者无法触碰到影像，不能进行肢体交互。全息膜成像技术在现实中已有多个应用实例，如全息金字塔、全息舞台等，如图 9-1-2 所示。

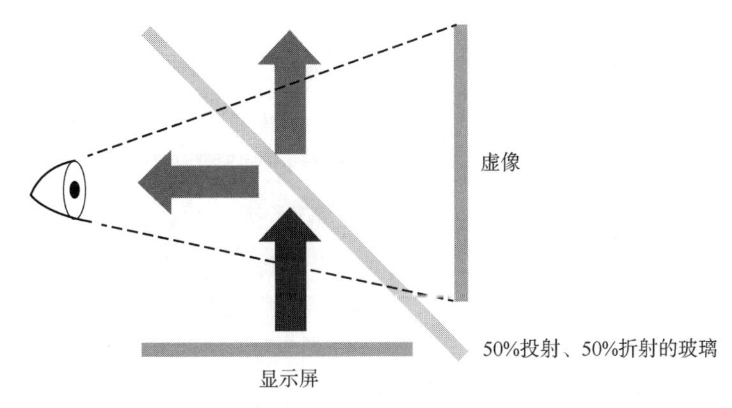

图 9-1-1　全息膜成像原理

图 9-1-2　全息金字塔和全息舞台

悬浮光场立体显示效果

9.2　逆反射膜空气成像技术

逆反射膜实现空气成像的系统主要由半透半反射玻璃(50%透射 50%反射)、显示屏和逆反射膜组成。其中逆反射膜在整个系统中起到关键作用,与普通的镜面反射不同,逆反射膜能将一束光线按照其入射方向再"原路"反射回去,其光路如图 9-2-1 所示。

逆反射膜空气成像技术成像系统构造原理可以从图 9-2-2中看到,显示屏发出的光源第一次到达半透半反射玻璃后将一半的光源反射到逆反射膜表面(如实线光路所示)。而后,这些光线在逆反射膜处发生逆向反射,逆向反射的光线一半会透过玻璃(第二次到达半透半反射玻璃),穿过玻璃后,在系统上方汇聚成为一点(如虚线光路所示),从而形成一个飘浮在空气中的实像,方便观察者在显示系统的外部与空气中的成像进行肢体交互。

由于光源在穿过逆反射膜时发生了两次透射和两次反射,但其中各有一次透射和一次反射是不期望发生的,这将降低最后的成像质量,最终观众看到的显示结果将仅仅是光源亮度的 25%,所以在相同的显示器亮度下,使用逆反射膜成像技术的显示结果亮度较低。

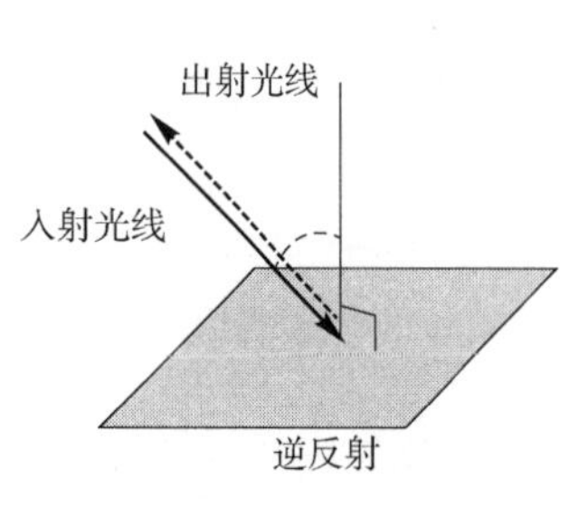

图 9-2-1　逆反射膜工作光路图

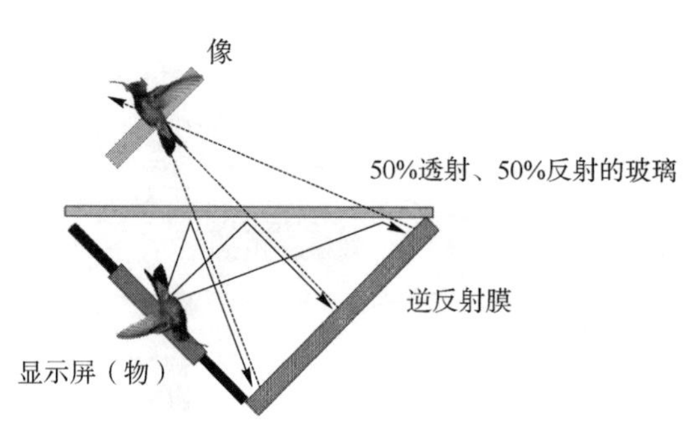

图 9-2-2　逆反射膜成像系统结构

9.3　雾幕/雾屏投影成像技术

雾幕投影成像技术是将物体影像投射到一层或多层薄雾(水分子颗粒)上,该系统的硬件设备主要由投影机和薄雾发生器构成。由于空气与雾幕的分子震动不均衡,具有流层结构的"雾墙"成为影像显示的载体,可以形成层次立体感很强的图像。雾幕成像技术与海市蜃楼的成像原理相似,即借助空气中存在的微粒将影像呈现。这种成像原理与现有的屏幕投影技术在本质上是相同的,且现有的投影设备与造雾设备已经具备实现本技术的条件。但是由于薄雾并不完全反光,影像被投射在薄雾上之后部分光线被薄雾吸收,影像的亮度、色度等参数都一定程度上被消减了;其次薄雾也并不完全透明,影像从投影机发出后部分光线被薄雾遮挡,所以其成像效果欠佳。而且同时,薄雾是飘浮在空气中细小的水分子颗粒,伴随着薄雾的潮湿感会使得部分观察者不适。雾幕投影技术显示效果如图 9-3-1 所示。

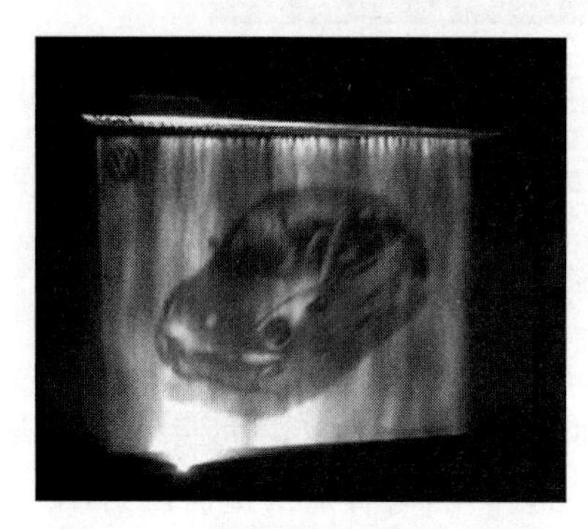

图 9-3-1　雾幕投影技术显示效果

9.4　旋转风扇屏成像技术

旋转风扇屏成像技术就是在特定的位置将合适的高速运动着的像素点(LED 发光体)点亮,利用人体视觉系统的视觉暂留效应(Persistence of Vision,POV)实现在空气中显示的技术。视觉暂留效应即当人眼在观察物体时,光信号传入大脑神经,这个过程需经过一段短暂的时间,光的作用结束后,视觉形象并不立即消失,人眼仍能继续保持其影像 0.1 s左右,营造出完整连续影像的"幻觉"。通过这项技术实现的成像系统构造原理简单,通过编写计算机算法,即可得到点亮像素点的时间和方式。而且系统发出的光将直接传入观察者的眼睛，光波的衰落很小，影像的色彩、亮度都将与像素点所显示的相差无几。但是旋转风扇在空间中高速运动时会对附近的物体造成一定的危险，若需要在人类、动物以及物体附近使用时，则应当在旋转风扇周围加装保护罩来隔绝观看者和旋转风扇屏，而且当旋转风扇屏体积增大时，需要克服较大的空气阻力才能实现高速转动/移动，所以此种系统能耗高且噪声大。旋转屏产品如图 9-4-1 所示。旋转屏显示效果如图 9-4-2 所示。

图 9-4-1　旋转屏产品

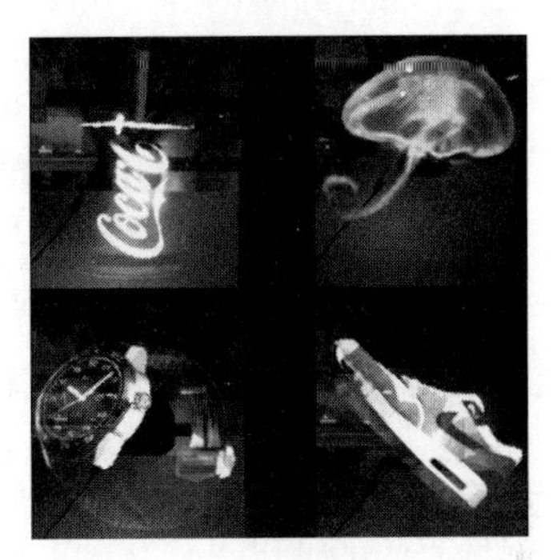

图 9-4-2　旋转屏显示效果

9.5　ASKA3D Plate/负折射平板透镜技术

ASKA3D Plate 技术应用光场重构原理，通过一个具有负折射率的玻璃（由两层平行微镜面组成，镜面方向相互垂直，镜面之间的空间等距且由玻璃介质填充，如图 9-5-1 所示），显示器光源经过两次相互正交的反射后，将二维图像发送到一个旋转了 45°的三维空间，从而可以将发散的光线在空中重新汇聚，使得观察者在光源以负折射平板透镜微镜面对称的位置观察到光源的实像，如图 9-5-2 所示。

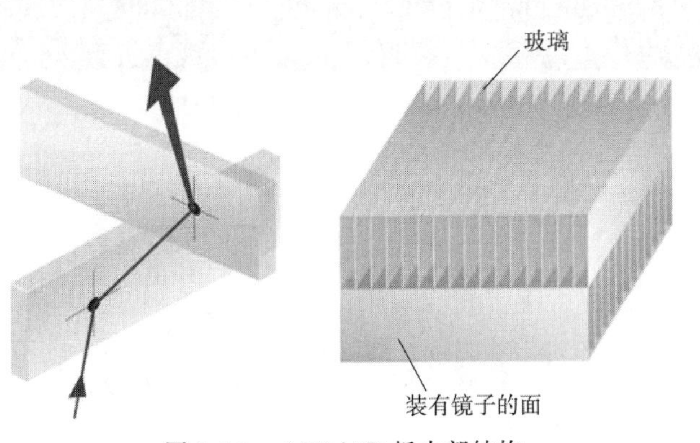

图 9-5-1　ASKA3D 板内部结构

ASKA3D 空气成像

特别需要注意的是，ASKA3D Plate 需要相较于水平方向倾斜 45°放置于显示器前方，显示器与观察者之间也需要有 45°的倾斜角，如图 9-5-3 所示，以防止观察者直接透过

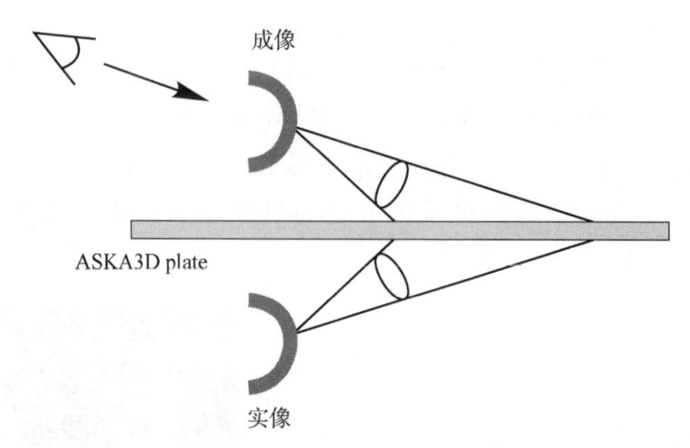

图 9-5-2　ASKA3D 板成像位置

微镜面之间的缝隙看到显示屏。相比于成虚像的空气成像方式(如全息膜成像)，ASKA3D Plate 技术所成像为实像，观察者可与影像发生肢体接触，且影像画面可以直接呈现在空气中。由于光在既定镜面上发生反射的光路是固定的，视角过大时光源将在两个微镜面之间发生多次反射，如图 9-5-4 所示，从而无法将此束光线与其他光线汇聚，观察者就无法看到清晰的像。所以观察者只有站在适当的位置时，才能观察到空气中的影像，因此选择合适的微镜面间距和微镜面大小是决定成像质量的关键问题。

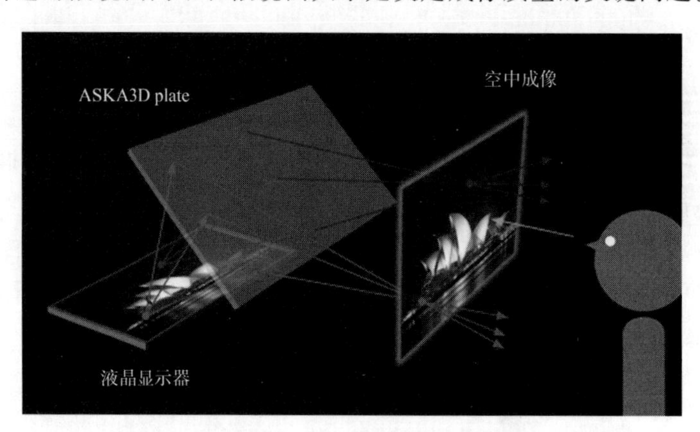

图 9-5-3　ASKA3D 板成像原理

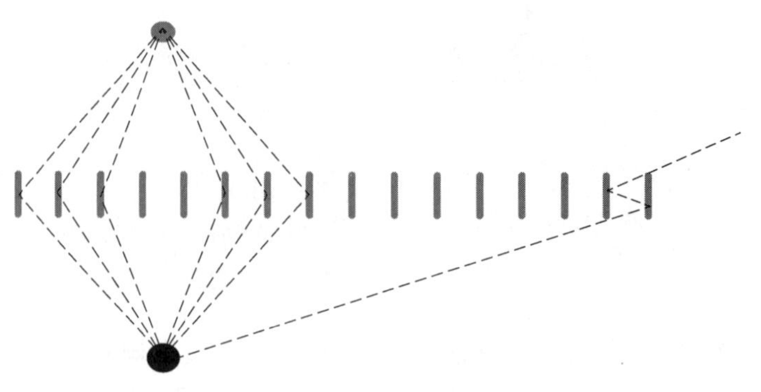

图 9-5-4　光线在较远处的 ASKA3D 板的单个狭缝中发生多次反射

9.6 电离空气成像技术

电离空气成像

电离空气成像技术是将激光器发出的激光在空间中聚焦，利用激光极高的功率瞬间电离焦点位置处的空气，使得空气发出光点，再利用扫描装置让空气中的光点在空间中快速移动，从而达到空间成像的效果，如图9-6-1、图9-6-2所示。电离空气成像技术能满足空间中360°观看的需求，也是目前唯一的以空气为介质成像的技术。当使用激光电离空气时，空气只能发出亮白色的光，所以单个成像系统显示颜色单一。且因为单束激光只能制造一个等离子发光体，系统目前可实现的影像分辨率较低，只能做到物体大致轮廓的展示。起初这项技术都是通过激光加热以实现空气的电离（皮秒级激光），伴随激光发出的热能会灼伤人体、动物以及各类物体，但通过加快激光脉冲速度（提升至飞秒级）的方式，可以缩短等离子体爆发的时间，使得激光不会持续对焦于单一区域，从而消除了高温对此系统的使用限制。图9-6-3为目前已经实现的电离空气显示效果，前者只能做到描绘出图像的大致轮廓；而后者显示图像体积较小但是具有较高的连续性，它的实现是利用飞秒激光使用空间光调制技术的全息图和电流镜扫描激光束两种方式对图像进行渲染，其显示图像的大小和工作空间大小最大分别为1 cm^2和5 cm^3。由于电离空气需要发射超高功率激光，激光发生器需要较大的腔体，且单台激光发射设备的成本昂贵，目前此技术并未被广泛使用。

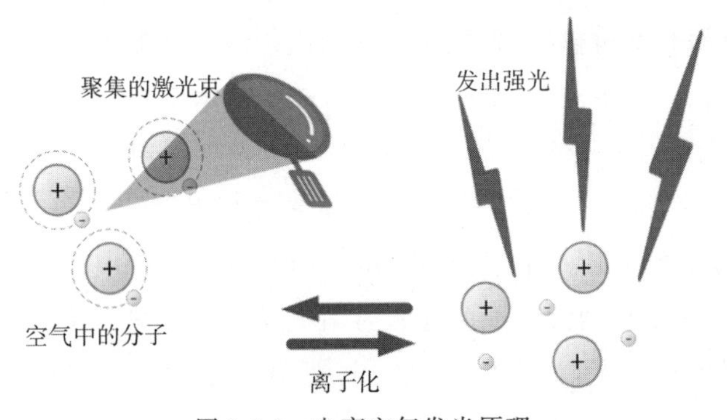

图9-6-1 电离空气发光原理

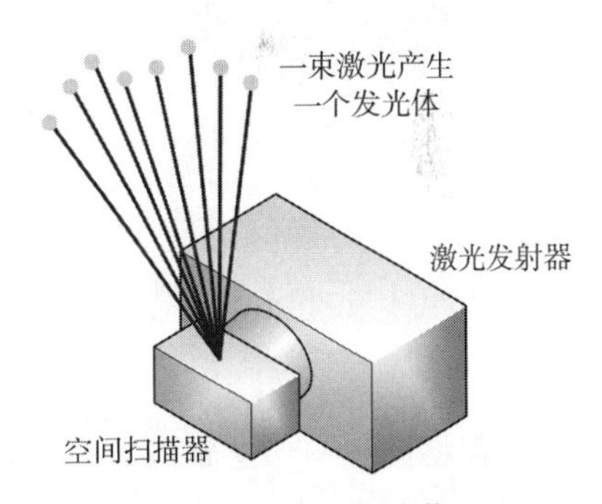

图9-6-2 电离空气成像原理

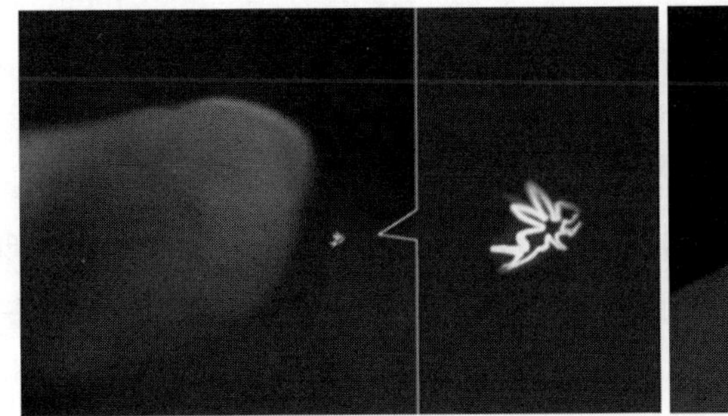
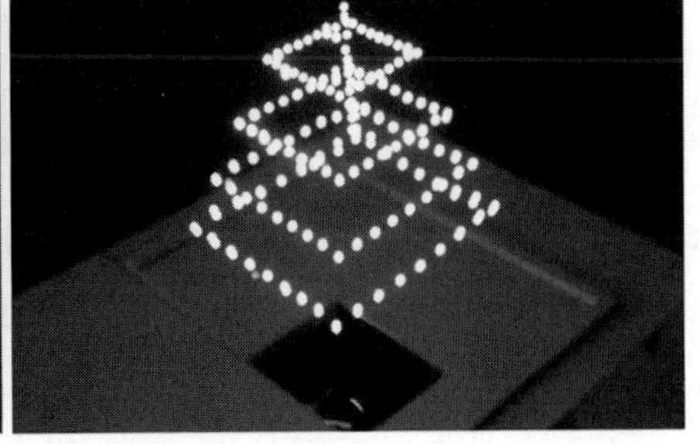

图9-6-3 电离空气成像显示效果

9.7 光镊技术

光阱(光镊)
空气成像

当一束激光射向微米微粒时,该微粒会受到一个沿光线传播方向的推力,用两束激光对射时就可以将微粒夹持住(Arthur Ashkin, 1970年)。Ashkin 进一步发现利用一束会聚激光可以在三维方向上控制微粒,由此开拓了光捕获微粒研究的新领域,并借此获得 2018 年诺贝尔物理学奖,这就是光镊技术。

光镊可以使物体整个受到光的作用力“悬停”在空间中,从而达到“钳住光”的效果,然后通过移动光束或改变物体的环境来实现物体的移动。想要使得物体被束缚在空间中,根据牛顿第三定律,物体需要处于一种受力平衡的状态,当物体处于以形成光镊的光为中心的一定区域内(阱)时,物体有自动从各个方向移向光束中心的趋势(受到指向光束中心的牵引力)。已经落入光阱中的微粒,若没有外界力的扰动,微粒将不会偏离光束中心,以此实现使用光束对空间中微粒的控制。图 9-7-1 所示为三维光阱的原理,从激光器直接出射的 TEM_{00} 模高斯光束通过大孔径短焦距透镜的强会聚可以形成高梯度光场,光束的会聚角越大,光强的梯度越大。一旦梯度力大于散射力,就达到单光束梯度力光镊形成的基本条件。入射的高斯光束经过透镜后形成高度会聚的光束作用在小球(微粒)上。当轴外光线穿过小球时,光线被折射,如图 9-7-1 中的光线 a 和 b,其传播方向更趋向于平行光轴 a′和 b′,即光子的轴向动量增大了。所有照射到小球上的光被小球折射后都将产生一份逆轴向的力并作用到小球上,根据牛顿第三定律,小球获得了逆光轴方向的动量 F_a 和 F_b,其合力为 F,它趋向于把小球拉向焦点,即微粒受到了指向焦点的轴向拉力 F。

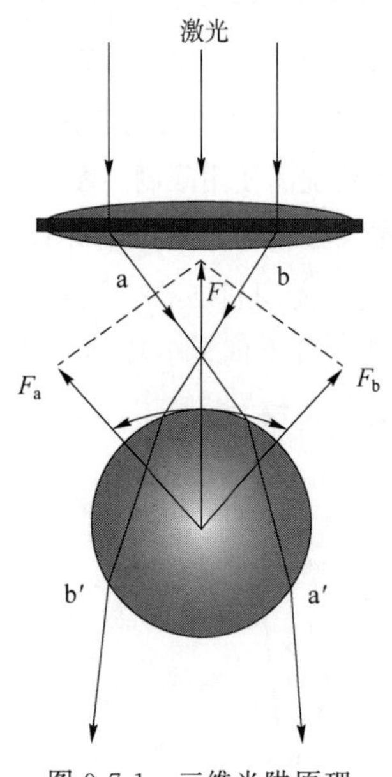

图 9-7-1　三维光阱原理

使用光镊技术的空气成像利用光阱束缚住空间中的微粒后,通过投影设备将红、绿、蓝三种光打在微粒上,就可以在三维自由空间中显示出色域大、细节精、低斑点的影像,D. E. Smalley 等人根据这一原理设计出了光阱显示器(Optical Trap Display,OTD)。因为光具有穿透特性,所以光镊可以无阻挡越过透明屏障对处于不同空间下的物体实现控制。光阱显示器结构如图 9-7-2 所示。光阱显示器及光阱显示器显示效果如图 9-7-3 所示。

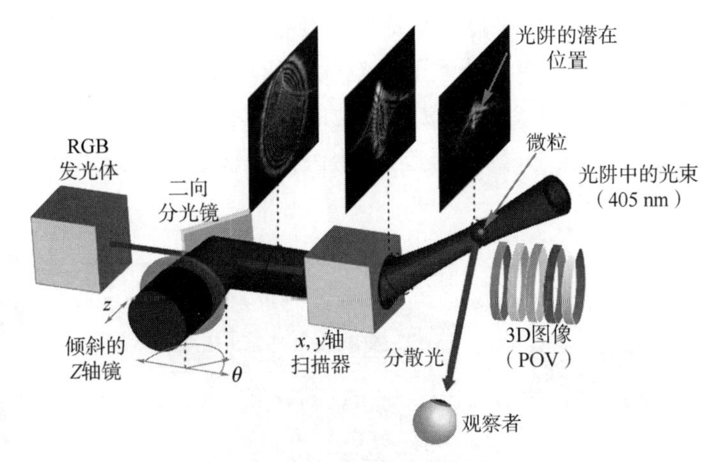

图 9-7-2　光阱显示器结构

图 9-7-3　光阱显示器及光阱显示器显示效果

9.8　声镊技术

与光镊技术相似，声镊技术就是使用声波实现对空间中的颗粒控制的一种技术，通过对多个声源产生的声波进行精密的计算，也可以在空间里制造出一个和“光阱”类似的陷阱以束缚住空间中的微粒。

2019 年，来自英国萨塞克斯大学的研究人员介绍了一种多模态声阱显示器（Multimodal Acoustic Trap Display，MATD）。MATD 包含两个由 256 个微型扬声器阵列，扬声器发出超声波制造“声镊”控制微粒悬浮在空气中，再将光投射在悬浮的微粒上，便产生了可以从各种角度观察的彩色的立体影像。通过移动控制微粒的陷阱便可以移动微粒，该系统可以在竖直方向上以 8.75 m/s、水平方向上以 3.75 m/s 的速度操控微粒，如此快速的移动微粒的能力使得

MATD具备了目前为止其他陷阱显示系统所不具备的能力——可以展示较为复杂的立体影像。值得一提的是，使用声镊技术下的空气成像可以实现满足视觉、听觉、触觉（人体表皮有一种可以感受到几十到几百赫兹振动的圆形小体）的三合一体验，这将为声镊空气成像技术应用在影音娱乐、智能制造、生物医学等领域创造无限可能。多模态声阱显示器工作原理如图 9-8-1 所示。

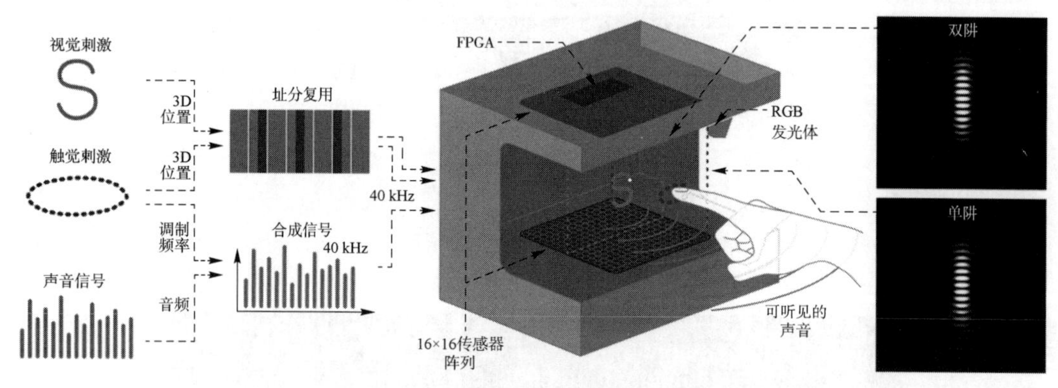

图 9-8-1　多模态声阱显示器工作原理

本章参考文献

［1］ 谭政，相里斌，吕群波，等. 基于像差选择性校正的光学-数字联合设计[J]. 光子学报，2018，47(5)：159-167.

［2］ 白杨. 光学联合设计中的数字校正技术研究[D]. 郑州：郑州大学，2016.

［3］ ROBINSON M D，STORK D G. Joint design of lens systems and digital image processing[A]. //Proc. SPIE[C]，Vancouver：International Optical Design Conference，2006，63421G.

［4］ MIRANI T，RAJAN D，CHRISTENSEN M P，et al. Computational imaging systems：joint design and end-to-end optimality[J]. Applied Optics，2008，47(10)：B86-B103.

［5］ LOHMANN A W. Scaling laws for lens systems[J]. Applied Optics，1989，28(23)：4996-4998.

［6］ COSSAIRT O S，MIAU D，NAYAR S K. Scaling law for computational imaging using spherical optics[J].Journal of the Optical Society of America A，2011，28(12)：2540-2553.

［7］ BRADY D J，HAGEN N. Multiscale lens design[J]. Optics Express，2009，17(13)：10659-10674.

[8] PITAS I. Digital image processing algorithms and applications[M].Hoboken：Wiley-Interscience，2000.

[9] FUNG Y H，CHAN Y H. An iterative algorithm for restoring color-quantized images[A]. //Proceedings. International Conference on Image Processing[C]，Rochester：IEEE，2002，1.

[10] LI W，LIU Y，YIN X，et al. A computational photography algorithm for quality enhancement of single lens imaging deblurring[J]. Optik，2015，126(21)：2788-2792.

[11] SAWCHUK A A. Space-variant image motion degradation and restoration [J]. Proceedings of the IEEE，1972，60(7)：854-861.

[12] COSTELLO T P，MIKHAEL W B. Efficient restoration of space-variant blurs from physical optics by sectioning with modified Wiener filtering[J]. Digital Signal Processing，2003，13(1)：1-22.

[13] BAR L，SOCHEN N，KIRYATI N. Restoration of images with piecewise space-variant blur[A]. //Scale Space and Variational Methods in Computer Vision，Proceesings[C]，Ischia：Springer，2007：533-544.

[14] 冯华君，陶小平，赵巨峰，等. 空间变化 PSF 图像复原技术的研究现状与展望[J]. 光电工程，2009，36(1)：1-7.

[15] 陶小平，冯华君，雷华，等. 一种空间变化 PSF 图像分块复原的拼接方法[J]. 光学学报，2009(3)：648-653.

[16] 吴雪垠，吴谨，张鹤. 逆滤波法在图像复原中的应用[J]. 信息技术 2011(10)：183-185.

[17] 郝建坤，黄玮，刘军，等. 空间变化 PSF 非盲去卷积图像复原法综述[J]. 中国光学，2016，9(1)：41-50.

[18] MIN S W，HAHN M，KIM J，et al. Three-dimensional electro-floating display system using an integral imaging method[J]. Optics Express，2005，13(12)：4358-4369.

[19] LEE B，KIM J，MIN S W. Integral floating 3D display system：Principle and analysis[A]. //Proceedings of SPIE：Three-Dimensional TV，Video，and Display V[C]，2006：63920H.

[20] KIM J，MIN S W，LEE B. Viewing region maximization of an integral floating display through location adjustment of viewing window[J]. Optics Express，2007，15(20)：13023-13034.

[21] YIM J，KIM Y M，MIN S W. Analysis on image expressible region of integral floating[J]. Applied Optics，2016，55(3)：A122-A126.

[22] KIM S C, PARK S J, KIM E S. Slim-structured electro-floating display system based on the polarization-controlled optical path[J]. Optics Express, 2016, 24(8): 8718-8734.

[23] KOOI F, TOET A. Visual comfort of binocular and 3D displays[J]. Displays, 2004, 25(2): 99-108.

[24] THIBOS L, BRADLEY A, STILL D, et al. Theory and measurement of ocular chromatic aberration[J]. Vision Research, 1990, 30(1): 33-49.

[25] 张以谟. 应用光学[M]. 北京:电子工业出版社, 2008.

[26] KWON H, CHOI H J. A time-sequential multiview autostereoscopic display without resolution loss using a multi-directional backlight unit and an LCD panel[A]. //Proceedings of SPIE, Burlingame: Stereoscopic Displays and Applications XXIII[C], 2012, 8288: 82881Y.

[27] 闫国利, 白学军. 眼动分析技术的基础与应用[M]. 北京:北京师范大学出版社, 2018.

[28] DUCHOWSKI A. Eye Tracking Methodology: Theory and Practice (2nd version) [M]. London: Springer-Verlag, 2007.

[29] 张昀, 赵荣椿, 赵歆波, 等. 视线跟踪技术的2D和3D方法综述[A]. //中国电子学会信号处理分会、中国仪器仪表学会信号处理分会. 第十三届全国信号处理学术年会(CCSP-2007)论文集[C]. 中国电子学会信号处理分会、中国仪器仪表学会信号处理分会: 中国电子学会信号处理分会, 2007: 7.

[30] ZHANG B, LI Y. Homography-based method for calibrating an omnidirectional vision system[J]. Journal of the Optical Society of America A, 2008, 25(6): 1389-1394.

[31] QI L, WANG Q H, LUO J Y, et al. An autostereoscopic 3D projection display based on a lenticular sheet and a parallax barrier[J]. Journal of Display Technology, 2012, 8(7): 397-400.

[32] HARRIS C, STEPHENS M. A Combined Corner and Edge Detector[A]. // Proceedings of the 4th Alvey vision conference[C]. United Kingdom: BMVA, 1988: 147-151.

[33] MIN S, HAHN M, KIM J, et al. Three-dimensional electro-floating display system using an integral imaging method[J]. Optics Express, 2005, 13(12): 4358-4369.

[34] KIM J, MIN S W, LEE B. Viewing region maximization of an integral floating display through location adjustment of viewing window[J]. Optics Express, 2007, 15(20): 13023-13034.

[35] KIM S, PARK S, KIM E. Slim-structured electro-floating display system based on the polarization-controlled optical path[J]. Optics Express, 2016, 24(8): 8718-8734.

[36] YIM J, KIM Y, MIN S. Analysis on image expressible region of integral floating[J]. Applied Optics, 2016, 55(3): A122-A126.

[37] XIAO X, JAVIDI B, MARTINEZ-CORRAL M, et al. Advances in three-dimensional integral imaging: sensing, display, and applications[J]. Applied Optics, 2013, 52(4): 546-560.

[38] REN H, WANG Q H, XING Y, et al. Super-multiview integral imaging scheme based on sparse camera array and CNN super-resolution[J]. Applied Optics, 2019, 58(5): A190-A196.

[39] KIM Y, KIM J, KANG J M, et al. Point light source integral imaging with improved resolution and viewing angle by the use of electrically movable pinhole array[J]. Optics Express, 2007, 15(26): 18253-18267.

[40] TAKAKI Y, NAGO N. Multi-projection of lenticular displays to construct a 256-view super multi-view display[J]. Optics Express, 2010, 18(9): 8824-8835.

[41] TAKAKI Y, TANAKA K, NAKAMURA J. Super multi-view display with a lower resolution flat-panel display[J]. Optics Express, 2011, 19(5): 4129-4139.

[42] YU C, YUAN J, FAN F C, et al. The modulation function and realizing method of holographic functional screen[J]. Optics Express, 2010, 18(26): 27820-27826.

[43] SANG X, FAN F C, JIANG C C, et al. Demonstration of a large-size real-time full-color three-dimensional display[J]. Optics Letters, 2009, 34(24): 3803-3805.

[44] SANG X, FAN F C, CHOI S, et al. Three-dimensional display based on the holographic functional screen [J]. Optical Engeering, 2011, 50(9): 091303.

[45] SANG X, GAO X, YU X, et al. Interactive floating full-parallax digital three-dimensional light-field display based on wavefront recomposing[J]. Optics Express, 2018, 26(7): 8883-8889.

[46] YANG S, SANG X, YU X, et al. 162-inch 3D light field display based on aspheric lens array and holographic functional screen[J]. Optics Express, 2018, 26(25): 33013-33021.

[47] YANG S, SANG X, YU X, et al. High quality integral imaging display based on off-axis pickup and high efficient pseudoscopic-to-orthoscopic conversion method[J]. Optics Communications, 2018, 428: 182-190.

[48] BERKEL C V. Image preparation for 3D-LCD[A]. //Proceedings of SPIE: Stereoscopic Displays and Virtual Reality Systems VI[C], 1999, 3639: 84-91.

[49] 王琼华，陶宇虹，李大海等. 基于柱面光栅的液晶三维自由立体显示[J]. 电子器件，2008，31(1)：296-298.

[50] YU X, SANG X, CHEN D, et al. Autostereoscopic three-dimensional display with high dense views and the marrow structure pitch[J]. Chinese Optics Letters, 2014, 12(6): 060008.

[51] 赵悟翔，胡建青. 弱化莫尔条纹的 LED 裸眼 3D 显示[J]. 电子技术与软件工程，2017(23)：83-84.

第10章 投影与定向扩散膜的3D显示

10.1 基于投影阵列和定向扩散膜显示技术

基于投影仪和定向扩散膜的显示技术

10.1.1 显示原理

显示系统由多台投影仪和一个环形的扩散膜构成，如图 10-1-1 所示。投影仪以环状排列在扩散膜的下方，同时，投影仪在水平方向上交错设置，以压缩光瞳阵列。投影仪发出的图像以相同的高度被投影到屏幕的另一侧。所有的投影仪都排列在相同的圆(圆心与扩散膜所在的圆心相同)上，每个投影仪的光轴都指向圆心，该圆心也是整个系统的中心。由于该显示系统仅提供水平视差，因此需要设置一个优化的观看距离，以满足垂直方向上的透视关系。所以，扩散膜在垂直方向上有很大的扩散角用于图像透视，但在水平方向上只有一个较小的扩散角用于连接光瞳。通过扩散膜，投影仪的出瞳光线被扩散呈条带状的图像，从而重构出可以被观察到的 3D 图像。如图 10-1-2 所示，在视点 V_1 和 V_2 处，可以分别看到空间中的两点“A”和“B”上的信息由不同的投影仪来提供，从而就产生了视差。通过在适当的间隔内放置充足的投影仪，条带状的图像(由单个投影仪提供的信息)将连接在一起形成一个完整的图像。

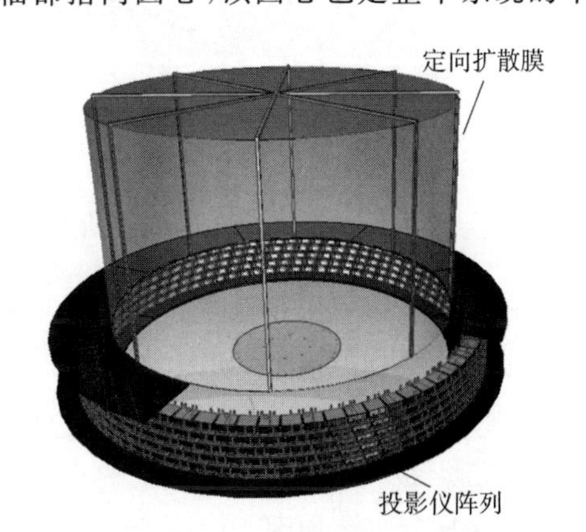

图 10-1-1　基于投影阵列和定向扩散膜显示系统的示意图

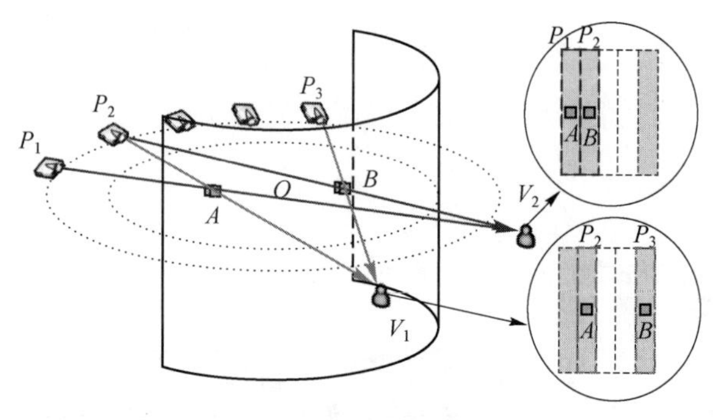

图 10-1-2　显示原理的示意图

10.1.2　重建算法

1. 多视点重建

首先，需要在显示系统周围设置一定数量的静态视区，用于标记观察者的观察位置。视区的数量等于投影仪的数量，视区的中心位于投影仪和系统中心的连接线上，如图 10-1-3 所示。因此，视区的间隔角等于投影仪的间隔角。

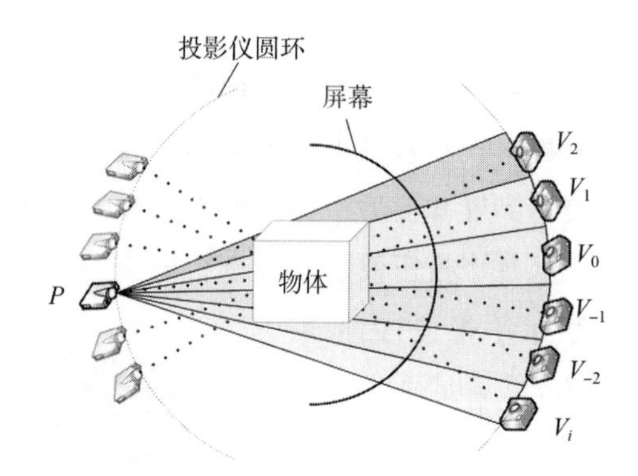

图 10-1-3　多视点显示的重建方法

在每个投影仪上都建立一个右手坐标系，其出瞳光线可以被近似视为一个点。以系统的中心为坐标原点 O，如图 10-1-4(a)所示。投影仪放置在距 O 点水平距离 D、低于 O 点 h_D处，从而避免显示时出现阴影。点 $P(0,h_D,-D)$为投影仪的出瞳位置，$A(x_1,y_1,z_1)$是投影仪将要显示的物体上的点。V_i 为第 i 个视区(视区以逆时针计数)，投影仪 P 对应的区域为 V_0，如图 10-1-4 所示。点 $B(x_s,y_s,z_s)$为投影仪以 R 为半径进行投影并将在视区 V_i 中看到的点，B 点为 V_i 和 A 连线与屏幕的交点，屏幕(定向扩散膜)以一定角度进行扩散以确保在 V_i 处可以看到 B 点。为了简化算法，像素的计算将仅在 $x-y$ 平面上进行，从而避免引入 z 轴坐标。下面，将分别在 $x-z$ 平面和 $y-z$ 平面进行算法的推导。

在 $x-z$ 平面，如图 10-1-4(b)所示，交点 $B(z_s,x_s)$由包含线和圆的方程组确定：

$$\begin{cases} \dfrac{z_s - z_1}{R_V \cos\theta(i\delta) - z_1} = \dfrac{x_s - x_1}{R_V \sin\theta(i\delta) - x_1} \\ z_s^2 + x_s^2 = R^2 \end{cases} \tag{10-1}$$

式中，δ为相邻投影仪的间隔角，R_V为优化观看距离（从系统中心计算），出瞳点P与点B光线和平面$x-y$的交点对应于投影仪投射出的一个图像像素。投影仪给视区V_i提供的只是一个条带状的图像用于视区填充，如图10-1-4(b)中两条灰色虚线之间的范围所示。这意味着像素只能存在于一定的区域内，即点A的可能出现位置也是受限的。所以，在计算x轴上的像素时，由于像素的位置是受限的，其计算也将在x轴上进行。对于B点，PB与平面$x-y$的交点的x值为

$$x_i = \frac{Dx_s}{z_s + D}, x_i \in \left[\frac{DR_V \sin(\theta_i - \delta/2)}{D + R_V \cos(\theta_i - \delta/2)}, \frac{DR_V \sin(\theta_i + \delta/2)}{D + R_V \cos(\theta_i + \delta/2)}\right] \tag{10-2}$$

式中，$\theta_i = i\delta$决定V_i的位置，从而得到V_i中的图像。通过计算所有视区，可以得到完整的投影图像为

$$x = \{x_i \mid i \in \mathbb{Z}, |\theta_i| < \omega\} \tag{10-3}$$

式中，ω是投影仪的半投影角。

在$y-z$平面上，由于定向扩散膜的垂直扩散角较大，从A点进入到人眼V的光线实际上来自光线PB（B点为AV与屏幕的交点），如图10-1-4(c)所示。PB与$x-y$平面交点坐标的y值为

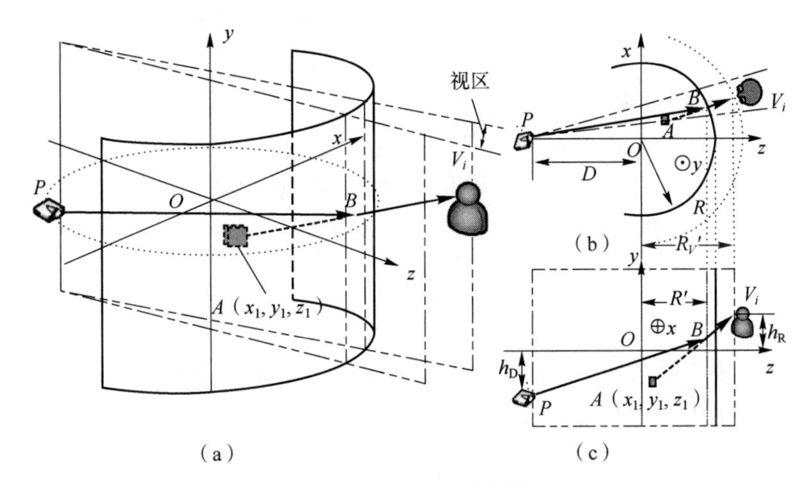

(a) (c)

图10-1-4 多视点重建算法

(a)总视图(b)$x-z$平面视图(c)$y-z$平面视图

$$y = \frac{D}{D+R'}\left[\frac{(y_1 - h_R)(R_{V'} - R')}{R_{V'} - z} + h_R - h_D\right] + (D+R')h_D \tag{10-4}$$

式中，R'和$R_{V'}$是交点B和视点V_i的z分量，$R' = z_s$，R_V可由公式(10-1)解得（用R_V代入R得到R'）。

为了获得间隔角为θ的相邻投影仪之间的映射关系，需要建立一个新的坐标系。点(x_1, y_1, z_1)的新坐标(x_2, y_2, z_2)可为

$$(x_2, y_2, z_2) = R(\theta)(x_1, y_1, z_1) \tag{10-5}$$

式中，$R(\theta)$是点 x 以 O 为原点、以 θ 夹角旋转的旋转方程。将新的点坐标(x_2, y_2, z_2)代入公式(10-3)和公式(10-4)，可以得到投影仪在新坐标系中的关系式。

2. 带有子视区的多视图重建

为了比较多视图重建和光场重建的性能，这里引入子视区(Sub-View-Zones，SVZ)的概念。SVZ 的多视图重建不改变系统结构，而是对视区进行细分并将它们视为更小的独立视区，因此在本小节中，提到的视区的数量将大于投影仪的数量。这意味着，从视区 V_i 看到的由投影仪 P 提供的图像现在由 n 个基元图像组成，这些基元图像由每个 SVZ 分别计算而得到，其中，n 为 SVZ 的数量。图 10-1-5 所示为了 SVZ 的建立过程，因为设置了更多的视区，所以使得视区的间隔角减小到 δ/n。由此，公式(10-1)和公式(10-2)转换为

$$\begin{cases} \dfrac{z_s - z_1}{R_V \cos\theta(i\delta/n) - z_1} = \dfrac{x_s - x_1}{R_V \sin\theta(i\delta/n) - x_1} \\ z_s^2 + x_s^2 = R^2 \end{cases} \tag{10-6}$$

$$x_i = \frac{Dx_s}{z_s + D}, x_i \in \left[\frac{DR_V \sin(\theta_i - \delta/2n)}{D + R_V \cos(\theta_i - \delta/2n)}, \frac{DR_V \sin(\theta_i + \delta/2n)}{D + R_V \cos(\theta_i + \delta/2n)}\right] \tag{10-7}$$

式中，n 为 SVZ 的数量，$\theta_i = i\delta/n$。由此，视区的总数量增加到传统多视点算法的 n 倍，在这种情况下，由公式(10-3)～公式(10-5)描述的映射关系仍然正确。

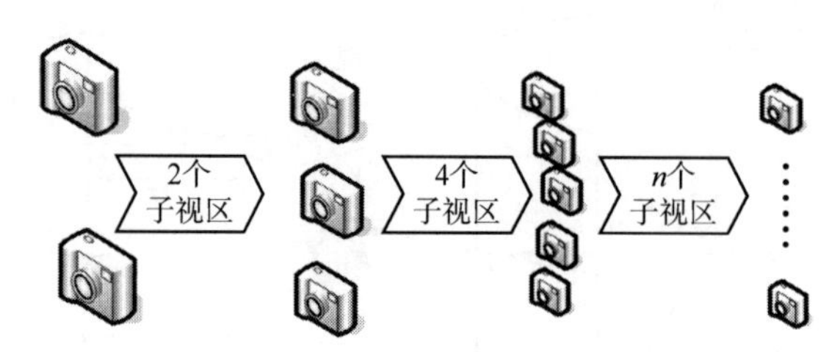

图 10-1-5　构建子视区的示意图

在传统的多视图重建中，条带状的视区图像被用来填充投影仪瞳间的宽度，使得在每个优化位置都能看到完整的图像。使用 SVZ 的多视点重建将原来的视区划分为若干个部分，并为其提供不同的视点图像，使得有两个或更多个窄条带占据原来一个视点带的位置。与此同时，投影仪的瞳间宽度保持不变，所以，将会有两个或多个图像在一个优化位置被同时看到。将“看到不属于本视区的图像”称为发生了串扰，串扰会导致图像质量的降低，且串扰会随着 SVZ 数量的增加而加剧。

3. 三维重建

与传统的多视图概念不同，重建算法不是针对特定视图而设计的，是对空间中基本均匀分布的各个方向的光线上的点进行跟踪，如图 10-1-6 中梯度区域所示，可以将这一情况视为设置了无限个相机和 SVZ 的极端情况。

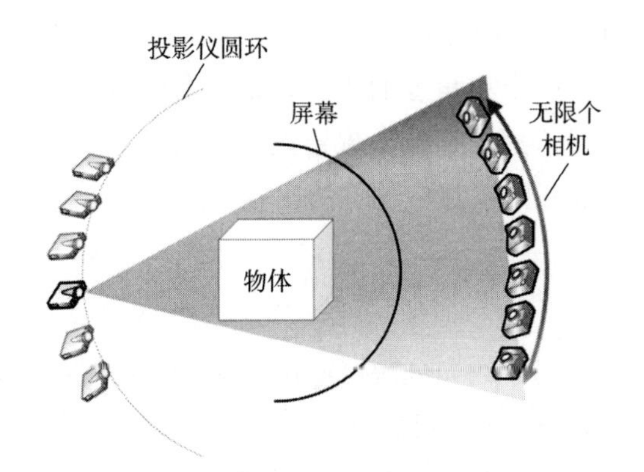

图 10-1-6　构建子视区的示意图

在这一如图 10-1-7 所示的极端情况下，视区的间隔角减小为 δ/n，n 趋于无穷大。因此，公式(10-7)中区间的两个极限趋近相同，使其成为一个点。代入公式(10-3)，公式(10-7)转化为

$$x_i=\frac{Dx_s}{z_s+D}=\frac{DR_V\sin\theta}{R_V\cos\theta+D} \tag{10-8}$$

式中，θ 决定视点 V 的位置。

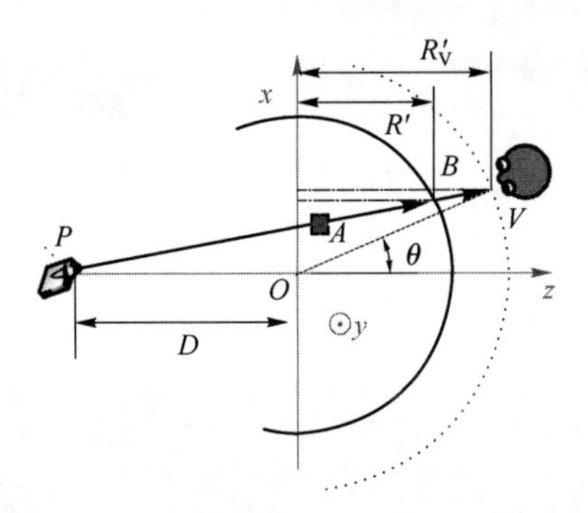

图 10-1-7　重建算法在 $x-z$ 平面上的示意图

在 $x-z$ 平面内，由于视区数量为无限，在映射关系中不考虑屏幕的水平扩散，因此点 A 只能被沿线 PA 的水平方向看到。在其他水平视图方向上，到点 A 的光线需要由其他投影仪提供。显然，在这一情况下，点 P、点 A、点 B 和点 V 在同一条线上，因此，重建算法将先使用公式(10-6)得到 B 点坐标，然后再使用公式(10-8)完成计算。由于 A 点与 B 点在同一条线上，可以将计算简化为直接计算 A 点：

$$x=\frac{Dx_1}{z_1+D} \tag{10-9}$$

总之，完整的重建算法通过公式(10-9)、公式(10-4)和公式(10-5)，使用了一个类似于 SVZ 的多视图重建算法的过程。

上述算法是在投影仪数量为无限多的理想情况下推导出来的，实际上，由于投影仪的数量是有限的，因此需要一个小角度的水平扩散，如图 10-1-7 中的 A 点可以在等于扩散角的范围内被看到。然而，这会导致出现错误的映射关系，从而导致图像质量的下降，这个问题在使用 SVZ 的多视图重建中被称为串扰。

10.1.3 显示效果

搭建的系统采用 60 个基于数光处理(Digital Light Processing，DLP)的微型投影仪，每个投影仪的分辨率为 800×600。投影仪的放置如图 10-1-8 所示，单个投影仪到系统中心的距离为 1.7 m，屏幕半径为 0.9 m，相邻投影仪的间隔角为 1°(由此，相邻投影仪的水平间隔约为 26 mm)。投影仪所提供的图像高度为 0.8 m，观看位置为屏幕前 1 m 处。

图 10-1-8 投影仪原型布置图

图 10-1-9 所示为无 SVZ、2 个 SVZ、4 个 SVZ 和 8 个 SVZ 多视图重建和光场重建的显示效果的比较。

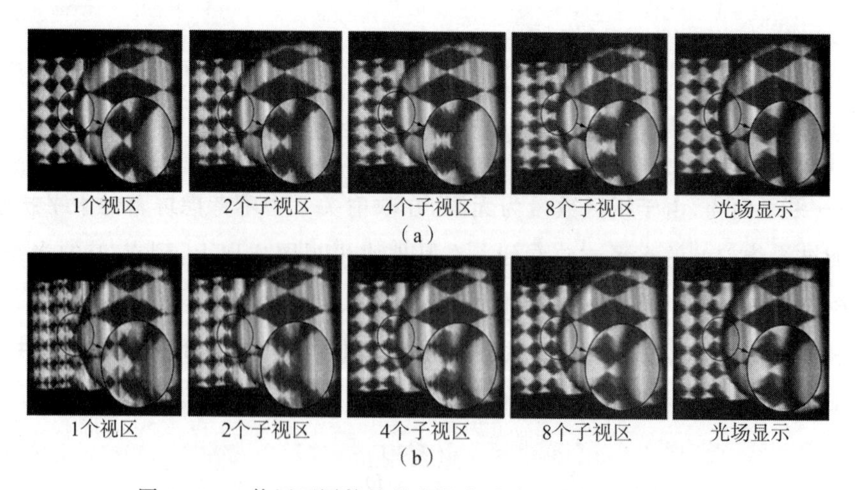

图 10-1-9 使用不同数量的多视点重建和光场重建的比较

(a)相机恰好设置在视图区域的中心；(b)相机设置在相邻视区的中间区域

10.2　基于高速投影仪和高速旋转定向扩散膜的显示技术

基于高速投影仪和旋转屏的显示技术

10.2.1　全景视差三维显示原理

理想的三维显示系统可供多人在裸眼条件下，同时在任意角度观察显示的物体。而不同角度看到的图像也应该根据所在位置的不同而看到同一物体的不同侧面。传统的平板三维显示器运用光栅遮挡对光路进行限制的原理，为左右眼提供不同的图像，从而实现三维效果。但这种装置对人眼的观察位置限制很大，只有在一定的范围内才能正常产生立体感，在其他位置看到的都是错误的体视图，甚至左右眼还会看到左右相反的图像。提高再现视场数目，人眼可观察的位置也会随之增多，图像的细腻程度与逼真程度都会大大提升。在水平 360°方向上依次显示一系列视图，人们绕其一周可以看到物体 360°的不同视图，就实现了全景视场三维显示。

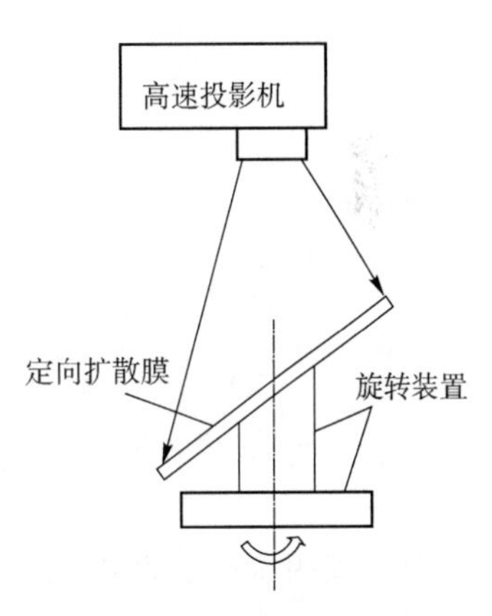

图 10-2-1　全景视差三维显示系统结构

1. 全景三维视场分析

全景视差三维显示系统主要包括高速投影仪、反射屏幕、旋转装置等，其机构如图 10-2-1 所示。使用高速投影仪将各个视场的图像顺次投影到定向扩散膜构成的反射屏幕，反射屏幕将光线反射至人眼成像，随着反射屏幕的旋转，在水平 360°方向即可投影出一周的视场图像。

为了实现视差效应，即在一定的视点范围仅能观察到对应的视场图像，采用了定向扩散膜作为反射屏幕。定向扩散膜具有定向散射特性，将投射到其表面的光线定向散射到周围的不同方向去。定向扩散膜可以在水平方向限制光线的发光角度，如图 10-2-2(a)所示，一束光线经过其反射以小角度 δ 发散；而在竖直方向却是大角度散射出去，如图 10-2-2(b)所示，使得人们在水平方向仅能观察到很小范围内的光线，但在竖直方向上有很大的观察范围。当投影仪投影图像到定向扩散膜后，在某一时刻只能看到对应的水平方向很窄，竖直方向几乎无限制的狭长图像。令人眼距离定向扩散膜距离为 D 时，观察到的图像的宽度为

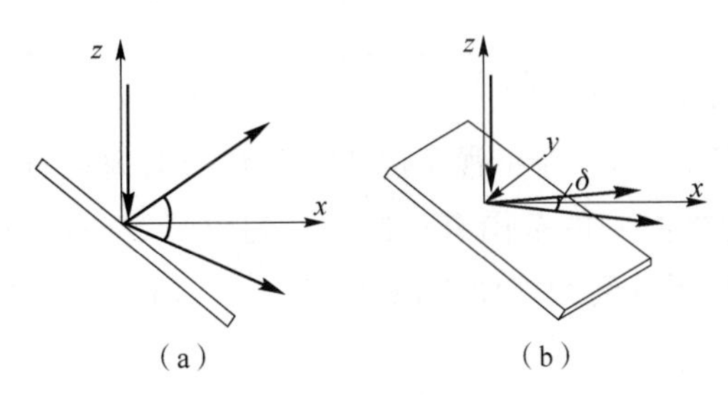

图 10-2-2　定向扩散膜散射特性

(a)水平方向；(b)竖直方向

$$W = D \cdot \tan\delta \tag{10-10}$$

如图 10-2-3 所示，过 O 点的直径表示定向扩散膜的位置。当定向扩散膜绕中心轴 O 转动时，每转过一定角度 $\varphi(\varphi\leqslant\delta)$，投影仪投影一幅图像。每周投影的视图数为

$$n=360/\phi \tag{10-11}$$

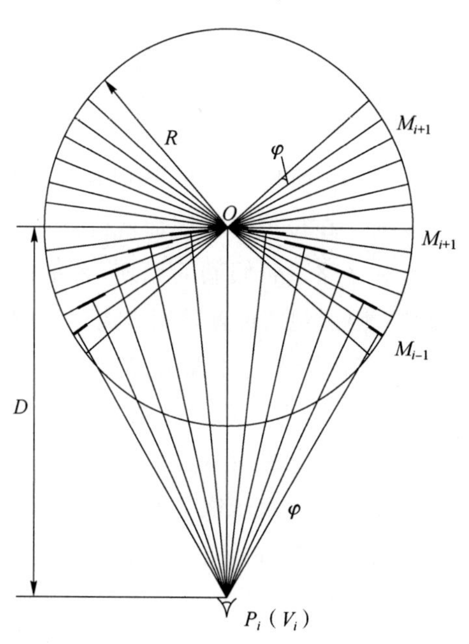

图 10-2-3　三维显示单点成像原理

每一幅图像对应的定向扩散膜的位置，以如图 10-2-3 中的直径表示，依次标为 $M_0,\cdots,M_{n-1}$。当人眼位于 P_i 点观察时，屏 M_i 正对应 P_i 点($OP_i\perp OM_i$)，人眼不是观察到整个屏 M_i 的图像，而是只能观察到其中的一小段宽度的图像。同样，对应屏 $M_{i-t},\cdots,M_{i+t}$，都能在点 P_i 观察到一小段宽度的图像。但是每个屏 M_j 所看到的宽度也各不相等。令屏 $M_j(j=i-t,\cdots,i+t)$能看到的宽度为

$$W_j=\begin{cases}D\tan\varphi\cdot\cos[j-i]\varphi & j=i-t+1,\cdots,i+t-1\\ R-D\sin[(t-1)\varphi]-W_{i+t-1}/2 & j=i-t,i+t\end{cases} \tag{10-12}$$

式中，R 为定向扩散膜宽度的一半，$2t+1$ 为在 P_i 点能观察到的不同位置的定向扩散膜的总数：

$$t=\mathrm{ceil}\{[\arctan(R/D)]/\phi\} \tag{10-13}$$

式中，ceil{ · }为顶部取整运算。当 $j=i$ 时，W_j 最大，即正视于屏 M_j 看到的图像最宽；当 $j=i-t,i+t$ 时，W_j 最小。因为最边缘的能看到的范围有可能已经超出了定向扩散膜显示的范围。所以，当人眼位于 P_i 位置时，所看到的视图是由屏 $M_{i-t},\cdots,M_{i+t}$ 共同组成的，视图的宽度为 $2R$。

由以上分析可知，对于单一视角 V_j，观察者所看到的图像是由所正对的屏幕的部分图像及其附近的屏幕位置对应于该视角的部分图像的组合。对于单一固定视角片，其所观察到的图像并不是平面图像，而是一个曲面图像。由于每一个视角所对应的图像都是

不一样的，且视角间隔小于一般观察者的瞳距对中心的张角，观察者的两只眼睛所看到的图像也是不一样的，这样就形成了体视图像对，产生了立体感知。

2. 全景三维投影图像构成分析

由上文可知，对于单一视角 V_j，观察者所看到的图像是多个屏幕位置投影图像的组合，同理屏幕位置投影图像，也是由多个视角的图像组合而成的。为了获得投影图像，首先对某一点视图中 $V_j(i=0,\cdots,n-1)$ 的图像的构成进行分析。令某一屏 M_i 上所投影的图像为 $f_i(x_t,y_t)$，其中 x_i，y_i 分别为屏 M_i 上的坐标。对应于屏 M_i 在其正前方 P_i 位置能看到一段宽度为 W_j 的图像 $g_j(x_j,y_j)$。投影到屏 $M_j(j=i-t,\cdots,i+t)$ 的图像为 $f_i(x_i,y_i)$，在 P_i 位置观看到的图像为 $g_j(x_j,y_j)$。图像 $g_j(x_j,y_j)$ 中心的水平坐标 L_j 为

$$L_j=\begin{cases}D\sin[(j-i)]\varphi & j=i-t+1,\cdots,i+t-1\\ D\sin[(t-1)\varphi]+W_{i+t}/2 & j=i-t,i+t\end{cases}\tag{10-14}$$

而对应于 $f_i(x_i,y_i)$，在 P_i 位置能看到的图像为

$$g_j(x_j,y_j)=f_j(x_j,y_j)\times \operatorname{rect}\{2(x_j-L_j)/W_j\}\quad j=i-t,\cdots,i+t\tag{10-15}$$

式中，rect{ · }为矩形算符。因此，在 P_i 位置能看到的图像 $V_i(x_j,y_j)$ 为

$$V_i(x_i=x_j,y_i=y_j)=\sum_{j=i-t}^{i+t}g_j(x_j,y_j)\tag{10-16}$$

P_i 点的视图 $V_i(x_i,y_i)$ 由 $2t+1$ 幅 $f_i(x_i,y_i)$ 中各取一部分所组成、而对于其他位置的视图只 $V_t(x_t,y_t)(i=0,\cdots,n-1)$ 分别由其对应的 $2t+1$ 幅 $f_j(x_j,y_j)(j=i-t,\cdots,i+t)$ 中各取一部分所组成。

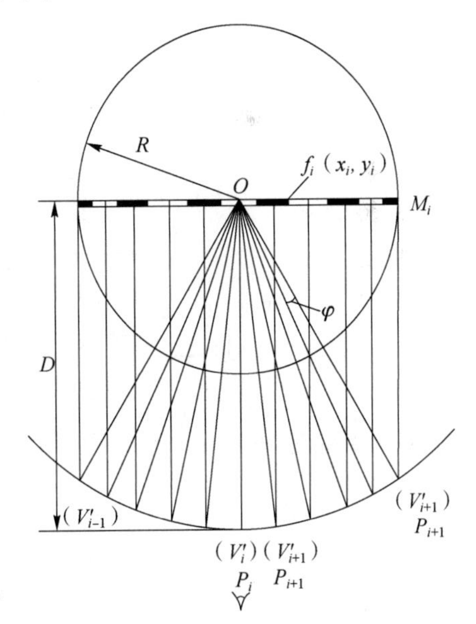

图 10-2-4 投影图像与显示图像的组成

根据单一视点的图像构成，对单一屏幕位置的投影图像进行分析。投影图像 $f_i(x_i,y_i)$ $(i=0,\cdots,n-1)$ 是由一系列的三维物体原型的不同视角的视图 $V'_j(x_j,y_j)(j=i-t,\cdots,i+t)$ 组成的。$f_i(x_i,y_i)$ 为投影到屏 M_i 上的图像，如图 10-2-4 所示，P_i 点位于屏 M_i 的正前方。$V'_i(x_i,y_i)$ 为原三维模型在 P_i 点所观察到视图。由上述几何关系可得，$f_i(x_i,y_i)$ 是由 $2t+1$ 幅视图 $V'_j(x_j,y_j)(j=i-t,\cdots,i+t)$ 组成的，依次从 $V'_j(x_j,y_j)$ 中截取一小段宽度为 W_j 的图像组合而成。

$$f_i(x_i=x_j,y_i=y_j)=\sum_{j=i-t}^{i+t}V'_j(x_j,y_j)\times \operatorname{rect}\{2(x_j-L_j)/W_j\}\quad j=i-t,\cdots,i+t\tag{10-17}$$

式中，W_j 和 t 分别由公式(10-12)、公式(10-13)计算而得。由于投影仪为固定的，不与定向扩散膜同步旋转，所以实际投影的图像 $f_i(x_i, y_i)$ 还要进行图像的旋转变换处理。至此，为大家介绍了投影仪投影原始图像的获取方法，为后续系统的搭建做了有力的铺垫。

3. 全景三维显示范围分析

对高速投影机进行镜像，系统俯视图如图 10-2-5 所示。设高速投影机镜头出瞳到屏幕中心的距离为 h_p。这样高速投影机在转动装置旋转一周的时间内顺序投影出与 n 个视角相对应的 n 幅组合图像。屏幕的截线用 PQ 表示；屏幕上距离 PQ 为 h 的截线，用 $P'Q'$ 表示。对于某一时刻固定位置的屏幕 PQ 上所显示的图像则为多个相邻连续视角图像的相应部分的组合。在距离中心 D 的圆周上对应有 n 个视角区域依次表示为$V_1, \cdots, V_n$。与屏幕位置正对的在距离中心 D 的圆周上的视角区域为 V_i，其对应的屏幕中心 PQ 上显示部分宽度为 $W_{i,o}$；视角 V_i 附近的视角 V_{i+k} 或 $V_{i-k}(k \geqslant 1)$，其对应的屏幕顶端 PQ 上显示部分宽度分别为 $W_{i+k,o}$ 或 $W_{i-k,o}(k \geqslant 1)$。由几何近似关系，可得

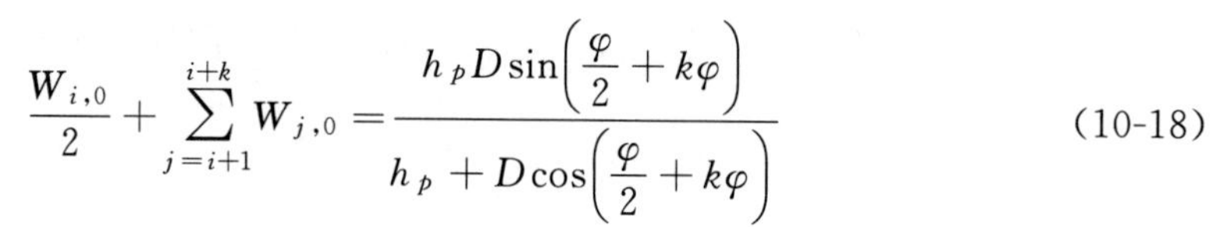

$$\frac{W_{i,0}}{2} + \sum_{j=i+1}^{i+k} W_{j,0} = \frac{h_p D \sin\left(\frac{\varphi}{2} + k\varphi\right)}{h_p + D\cos\left(\frac{\varphi}{2} + k\varphi\right)} \tag{10-18}$$

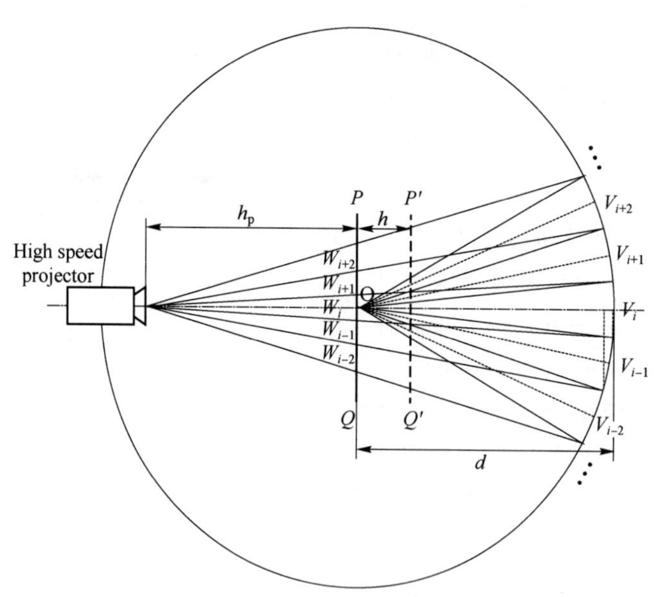

图 10-2-5　投影系统俯视图

由此，可以推导出在屏幕中心位置上 PQ 对应于不同视角的图像组成情况，即对应于视角 V_i 及其附近视角 V_{i+k} 或 $V_{i-k}(k \geqslant 1)$的图像宽度。屏幕中心 PQ 位置上对应于 V_i 视角图像的宽度$W_{i,o}$为

$$W_{i,0}=\frac{2h_{\mathrm{p}}D\sin\left(\frac{\varphi}{2}\right)}{h_{\mathrm{p}}+D\cos\left(\frac{\varphi}{2}\right)} \tag{10-19}$$

屏幕中心 PQ 位置上对应于 V_{i+k} 或 V_{i-k} ($k\geqslant 1$) 视角图像的宽度 $W_{i+k,o}$ 或 $W_{i-k,o}$ 为

$$W_{i+k,0}=W_{i-k,0}=\frac{2h_{\mathrm{p}}D\sin\left(\frac{\varphi}{2}\right)\left[D\cos\frac{\varphi}{2}+h_{\mathrm{p}}\cos(k\varphi)\right]}{\left[h_{\mathrm{p}}+D\cos\left(\frac{\varphi}{2}+k\varphi\right)\right]\left[h_{\mathrm{p}}+D\cos\left(-\frac{\varphi}{2}+k\varphi\right)\right]} \tag{10-20}$$

由公式(10-19)、公式(10-20)可知，在屏幕中心 PQ 位置上，对应于不同视角在 PQ 上的显示图像的宽度是不等的，且关于屏幕中央对称分布。从图 10-2-5 中，在俯视图中当屏幕 PQ 移动到 $P'Q'$ 处，即屏幕截线 $P'Q'$ 在垂直方向上与 PQ 的距离为 h。对正对屏幕的视角区域 V_i 进行分析，由投影变换几何关系可以得到在距离 PQ 为 h 的高度上视角 V_i 所对应的组合图像宽度为

$$W_{i,h}=2\frac{(h_{\mathrm{p}}+h)D\sin\left(\frac{\varphi}{2}\right)}{h_{\mathrm{p}}+D\cos\left(\frac{\varphi}{2}\right)}=\left(1+\frac{h}{h_{\mathrm{p}}}\right)W_{i,0} \tag{10-21}$$

同理，也可以推导出在距离 PQ 为 h 的高度上对应于视角 V_i 及其附近视角 V_{i+k} 或 V_{i+k} ($k\geqslant 1$)的图像 $W_{i+k,h}$ 或 $W_{i-k,h}$ 为

$$W_{i+k,h}=W_{i-k,h}=\left(1+\frac{h}{h_{\mathrm{p}}}\right)W_{i+k,0} \tag{10-22}$$

这样就得到了整个屏幕上的图像构成情况。在屏幕的不同高度上，对应于同一视角的图像宽度是不同的，在屏幕上的分布呈上窄下宽的形态。当高速投影机的出瞳距离 PQ 比较大且屏幕尺寸不大时，屏幕上的图像分布趋近于理想情况，对应于同一视角的窄条上下宽度相等。

4. 全景三维数据量分析

作为一种旋转式三维显示系统，其显示的刷新频率与视角分辨率是影响观察效果的重要因素之一，而刷新频率与视角分辨率都直接决定了系统的数据量。刷新率越高，图像的闪烁效应越小，视角个数越多，图像越细腻。目前，制约三维显示系统快速发展的问题之一就是海量数据的处理，所以本节从系统发的刷新频率与视角分辨率出发，对全景视差三维显示系统的数据流量进行了分析。

对于单色显示系统，系统的刷新频率即反射屏的旋转速率，视角个数即反射屏旋转一周的过程中所投射的图像个数，系统的数据流量即刷新频率乘以视角个数。但作为一种虚拟现实的三维显示系统，色彩的变化是必不可少的，系统实现彩色有几种方式。透镜仪通常通过色轮实现彩色图像的显示，但对于视差型三维显示系统，每个图像具有对

应色彩,这就要求高速变化的图像要同时对应高速变化的照明色彩,这在技术实现上是有难度的。具有实际意义的方法是通过采用三色高响应速度的 LED 作为高速投影仪的光源,分时投影 R、G、B 三通道的图像的方式来实现。每转一圈 LED 切换一种颜色,定向扩散膜转动三圈,实现对彩色三维图像的一次刷新。由于单片式的高速投影仪只能分时显示 R、G、B 三种颜色分量的图像,这样无形中就降低了显示三维图像的刷新频率,仅为反射屏旋转速度的 1/3,单位时间内的系统数据流量保持不变。要提高彩色三维图像的刷新频率,可以采用三片式高速投影仪。利用三片高速 DMD 同时投出 R、G、B 三种颜色分量的图像,这无疑是一种比较好的方式,在系统数据流量增大到三倍的基础上,保证了刷新率不变。

由于机械系统的限制,反射屏的旋转速率是非常有限的,达到 24 Hz 的视觉观察要求也是有一定难度的。所以三维显示系统的视觉效果的主要限制就是反射屏的旋转速率即刷新率的限制,尽可能提高刷新率是系统的首要任务。可以通过将定向扩散膜的结构变为双面屏的手段,将刷新率提高一倍。所以选择三片式高速投影仪与双面屏实现系统是比较理想的。

实现彩色灰度图像的显示也是我们追求的目标。灰度等级是通过对像素二进制脉冲宽度调制(PWM)实现的。PWM 的原理是将图像的每帧时间等分成若干二进制时间间隔,不同的灰度级对应不同的二进制时间间隔,通过人眼的视觉暂留效应,实现灰阶的显示。对于 24 bit 真彩色图像,将其 RGB 分量分开得到 3 幅 8 bit 的灰度图,对灰度图继续拆分,在对应位置连续显示 256 幅二进制图像,完成像素的灰度调制,实现图像的彩色灰阶,原理如图 10-2-6 所示。由于反射屏处于高速旋转状态,这就要求投影仪的图像投射速度非常快。设双面屏转速为 24 Hz,系统刷新率是 48 Hz,一周视角个数为 250,则显示 24 bit 真彩色图像所需要的数据流量为每秒 24×250×256×324×250×3 帧,单台投影仪的每秒数据流量达到 24×250×256=1 536 000 帧,这在当前技术情况下远远达不到,只能牺牲掉部分图像灰度。对于 RGB 彩色 4 阶灰度图像,显示所需数据为 24 000 帧,这也是本文的研究目标。投影系统与上位机的数据接口一般为串行总线的形式,这就需要24 000×1 024×768=17.6 Gbits/s 的串行传输速率,若考虑串行总线的 8b/10b

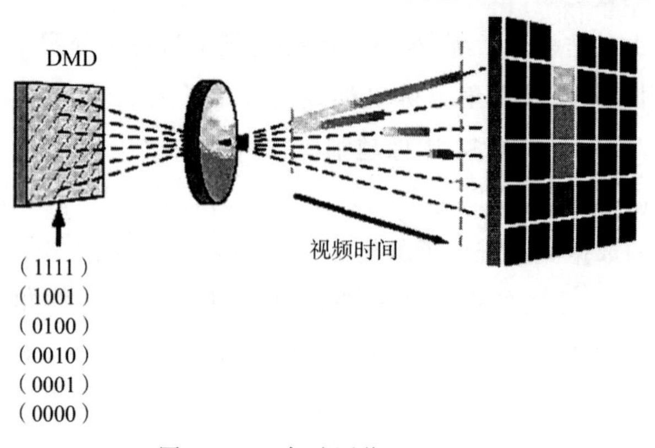

图 10-2-6　灰阶图像显示原理

编码方式,例如通常采用的8b/10b编码机制,总线会有1/5的数据开销,这就要求串行总线的速率达到17.6×5=22 Gbits/s。这样的传输速率要求在目前技术实现上是非常有难度的。所以,系统中设计了存储模块,将图像低速批量下载存储完毕,再进行显示。采用这种方法避开了高速串行传输的难题,但也在一定程度上制约了系统的应用。

10.2.2 全景视差三维显示系统

1. 三维显示系统架构

基于上文的分析,确定了全景三维显示系统的架构。全景视差三维显示系统主要包括三片式高速投影仪、双面反射式定向扩散膜和转动装置,如图10-2-7所示。高速投影仪位于系统中心上方,双面反射屏位于高速投影仪下方,并安装在转动装置上随之旋转,反射屏的两面分别与水平面的夹角为45°,屏幕呈直角状。高速投影仪的光轴与反射屏的中心轴线重合。系统工作时,转动装置带动反射屏高速旋转,高速投影仪将一系列对应圆周各个位置的图像投影到反射屏上,每幅图像包含两个相差180°视角的组合视图。屏幕采用由柱面光栅实现的定向扩散膜,由于屏幕的定向散射作用,在不同位置可以获得不同的视场图像,环一周360°可视,实现全景视场的三维显示。

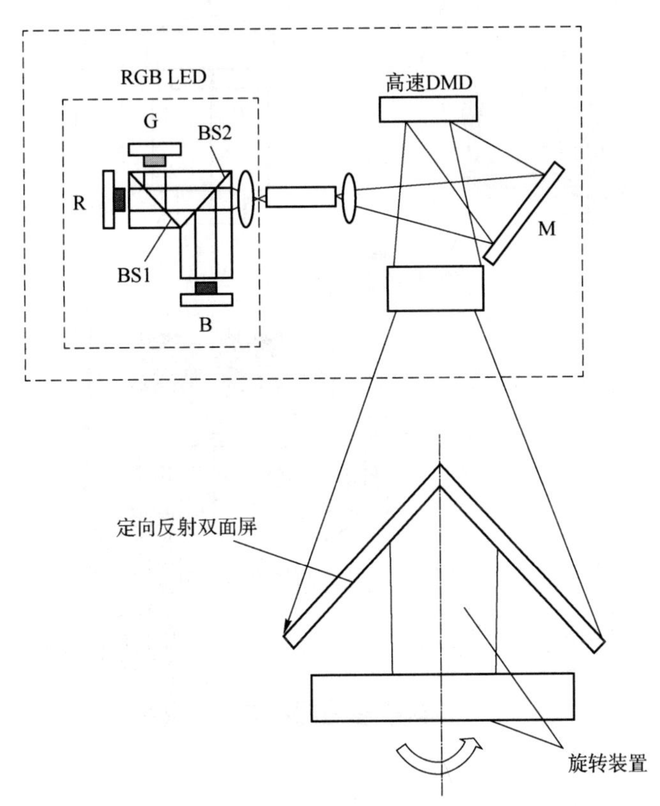

图10-2-7 全景视差三维显示结构

2. 三片式高速投影仪架构

由上文分析可知，系统要求刷新速率极高的投影仪作为图像源，基于数字微镜元件(DMD)的 DLP 投影仪的高速显示特性恰恰可以满足该系统要求。为了满足全景三维显示技术的要求，设计制作了基于 DMD 的三片式高速投影仪。三片式高速投影仪内部结构框图如图 10-2-8 所示。投影仪采用三片 DMD 作为高速空间光调制器，分别调制红绿蓝三色，从而减少光能损失，时间利用率更高。投影光源分别采用 R、G、B 三种颜色的 LED，LED 因其体积小，发光效率高，响应速度快的特点，非常适合于本系统的应用，目前随着工艺的提高，高亮度的 LED 已经被广泛使用，为系统的开发奠定了基础。以方棒作为积分器件，方棒的作用就是对光源进行矩形整合和均匀照明，是一种叠加型非成像光学元件，具有结构紧凑的特点。采用 TIR 棱镜，利用其折反射原理将信号光路与照明光路分离，同时滤去无效信号光路，使得光路结构紧凑获得较好的成像效果。RGB 三种颜色的光束通过 X 棱镜合成一个全色光，通过投影物镜放大投射出去成像，计算机通过 USB 串行总线接口将处理好的图像数据传输到 DMD 驱动控制电路上缓存，以供 DMD 刷新显示。三片 DMD 驱动控制电路的图像同步由外部输入的检测系统旋转的光耦产生。三种颜色分量的图像必须严格同步才能保证系统显示图像稳定。

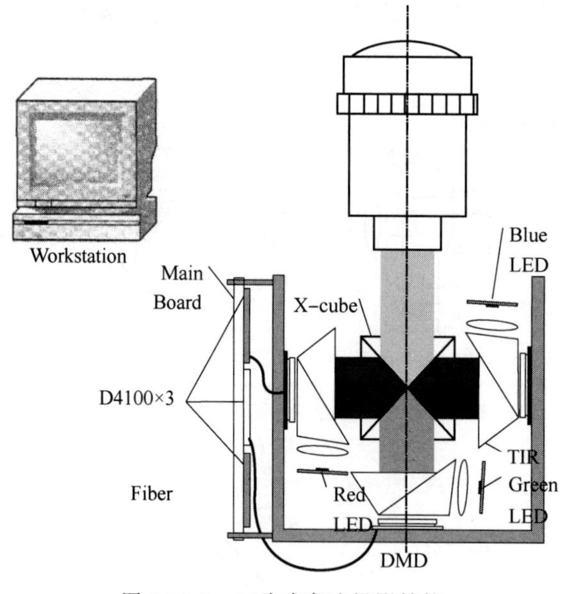

图 10-2-8　三片式高速投影结构

本章参考文献

[1] YAN C, LIU X, LI H. Color three-dimensional display with omnidirectlonal view based on a light-emitting diode projector[J]. Applied Optics, 2010, 48(22): 4490-4495.

[2] OTSUKA R，HOSHINO T，HORRY Y. Transpost：all-around three-dimensional display system[J]. Proceedings of SPIE，2004，5599：56-65.
[3] TEW C，et al. Electronic Control of a Digital Micromirror Device for Projection Displays[J]. Solid-State Circuits，1994，37：130-131.
[4] PORADISH F J，DEWALD D S. Stable Enhance Contrast Optical System for High Resolution Displays. United States Patent，6249387[P].2001.
[5] 缪莹莹. 基于LED照明的DLP投影显示系统研究[D]. 浙江：浙江大学，2007.
[6] 刘旭，李海峰. 现代投影显示技术[M]. 杭州：浙江大学出版社，2009.
[7] MAGARILL S. Optical system for Projection Display[P]. US Patent：5552922，1996.